Urban Environment
# 都市環境学 第2版

都市環境学教材編集委員会 編

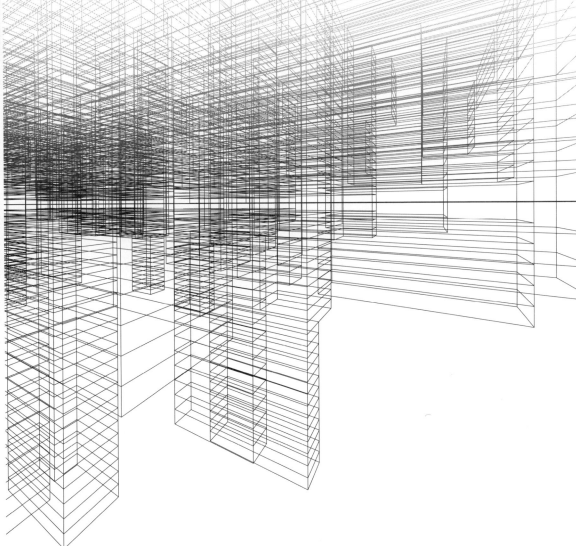

森北出版株式会社

●本書の補足情報・正誤表を公開する場合があります．当社 Web サイト（下記）で本書を検索し，書籍ページをご確認ください．
https://www.morikita.co.jp/

●本書の内容に関するご質問は下記のメールアドレスまでお願いします．なお，電話でのご質問には応じかねますので，あらかじめご了承ください．
editor@morikita.co.jp

●本書により得られた情報の使用から生じるいかなる損害についても，当社および本書の著者は責任を負わないものとします．

JCOPY 〈(一社)出版者著作権管理機構 委託出版物〉
本書の無断複製は，著作権法上での例外を除き禁じられています．複製される場合は，そのつど事前に上記機構（電話 03-5244-5088, FAX 03-5244-5089, e-mail: info@jcopy.or.jp）の許諾を得てください．

● **都市環境学教材編集委員会**

| | | |
|---|---|---|
| 尾島　俊雄 | 早稲田大学名誉教授 | |
| 尹　　　軍 | 長春市水務集団公司 | |
| 王　　世燁 | 国立台北大学不動産與城郷環境学系 | |
| 大﨑　一仁 | 株式会社日建設計 | |
| 岡　　建雄 | 宇都宮大学名誉教授 | |
| 鍵屋　浩司 | 東北工業大学建築学部 | |
| 金子　千秋 | 鹿島建設株式会社建築設計本部 | |
| 高　　偉俊 | 北九州市立大学国際環境工学部 | |
| 洪　　元和 | 慶北大学校工科大学 | |
| 佐土原　聡 | 横浜国立大学名誉教授 | |
| 須藤　　諭 | 東北文化学園大学工学部 | |
| 高口　洋人 | 早稲田大学理工学術院創造理工学部 | |
| 外岡　　豊 | 埼玉大学名誉教授 | |
| 中島　裕輔 | 工学院大学建築学部 | |
| 長谷見雄二 | 早稲田大学名誉教授 | |
| 福田　展淳 | 北九州市立大学国際環境工学部 | |
| 増田　幸宏 | 芝浦工業大学システム理工学部 | |
| 三浦　秀一 | 東北芸術工科大学デザイン工学部 | |
| 三浦　昌生* | 芝浦工業大学名誉教授 | |
| 村上　公哉 | 芝浦工業大学建築学部 | |
| 持田　　灯 | 東北大学名誉教授 | |
| 森山　正和 | 神戸大学名誉教授 | |
| 八十川　淳 | 東北文化学園大学工学部 | |
| 横尾　昇剛 | 宇都宮大学地域デザイン科学部 | |
| 依田　浩敏 | 近畿大学産業理工学部 | |
| 李　　海峰 | 佐賀大学理工学部 | |
| 渡辺　浩文* | 東北工業大学建築学部 | |

（*印は編集幹事，所属は2024年12月現在のものです）

# はじめに

　都市が居住の中心の場となった今，たえず都市環境を改善し維持することは重要な課題である．建築・都市を学ぼうとする者にとって都市環境学の理解は欠かせない．ところが，これまで都市環境という広い分野を一冊にコンパクトにまとめた教材はなかった．そこで，都市環境学の基礎を学ぶスタンダード版教科書として本書を企画した．

　本書は，工学系教科書の特色である専門知識や技術の解説という枠組みにとどまらず，都市環境の設計・計画の理念を包含する広い視野から都市環境学を捉えている．

　建築学科や土木工学科など建設系学科の学生や環境問題を扱う学科に属する学生にとっては，カリキュラムに組み込まれた都市環境に関連する科目の教科書として利用できる．通常，大学の半期の講義が14週であることから本書も14章で構成した．初めて都市環境学に接する学生が理解しやすいよう平易な解説を目指している．

　専門を身につけた大学院生レベルの学生や都市環境整備に携わる実務者にとっては，都市環境学の基礎知識を確認する際に役立つだろう．理系・文系を問わず建築，都市，環境に興味をもつ学生や都市環境問題に関心のある一般読者にとっては，本書を通じて現代社会における都市環境学の必要性とその基本を容易に理解することができよう．

　本書は，序章に続き「第Ⅰ部　自然と共生した都市環境」「第Ⅱ部　インフラストラクチャー整備と都市環境」「第Ⅲ部　まちづくりと都市環境整備」の3部で構成した．序章では，本書出版の経緯と地球環境時代にあって日本の都市構造を踏まえた都市環境学の課題を述べている．

　自然をキーワードとした第Ⅰ部では，都市型社会の到来，今や社会問題となったヒートアイランドの理論と実態，都市の大気汚染の現況と対策，都市防災の考え方を解説した．また，都市環境を計測する手法と数値流体力学を用いてシミュレーションする手法を解説するとともに，自然や気候を生かした都市熱環境の改善手法を解説した．

　都市を支える基盤施設を都市インフラストラクチャーと呼ぶが，そのうち供給処理系の都市インフラストラクチャーは都市環境と密接に関連している．第Ⅱ部では，都市インフラストラクチャー整備のあり方を解説した上で，都市のエネルギー供給システム，水供給処理システム，廃棄物処理システムについてその考え方と事例を解説した．

　都市環境整備をまちづくりといかに連動させるかについて各地で試みられている．都市環境の主体である市民の取り組みに焦点を当て，第Ⅲ部では，都市環境計画と環境管理，環境を軸としたまちづくりの事例，環境評価手法を解説した．

　本書が，都市環境整備にかかわる人材育成に，ひいては新たな都市環境の創造に資することができれば幸いである．

　2003年3月

　以上が2003年3月の「はじめに」の言葉であるが，2011.3.11の東日本大震災は大地震・大津波に加えて福島原発事故で，「戦後」時代から「災後」時代といわれるほど，価値観の転換や生活様式のあり方を考え直させる時代になった．私たちもこの機に本書を再吟味し，今度の改訂にふみきった．同時に，この姉妹編として『都市環境から考えるこれからのまちづくり』を出版する予定である．本書同様，手にとってみて下されば幸いである．

　2016年5月

都市環境学教材編集委員会

# 目　次

## 序章 ——————————————————————— 1
　　1　都市環境学教科書の発行にあたって　1
　　2　生活機能を重視した都市環境学　2
　　3　日本の都市構造の変遷　2
　　4　地球環境からの都市環境学　4

## 第Ⅰ部 ｜ 自然と共生した都市環境

### 第1章　都市型社会の到来 ——————————————— 8
　　1.1　都市環境とは　8
　　1.2　都市への人口集中に伴う環境問題の発生　10
　　1.3　都市の拡大　12
　　1.4　都市環境整備の視点　15

### 第2章　ヒートアイランド ——————————————— 18
　　2.1　都市内外の熱バランス　18
　　2.2　ヒートアイランドの構造　19
　　2.3　都市表面からの放散熱量　23
　　2.4　土地利用形態と気温上昇の相関　25
　　2.5　ヒートアイランド強度の簡易計算法　26
　　2.6　首都圏のヒートアイランド実態　27

### 第3章　都市の大気環境 ——————————————— 33
　　3.1　都市大気汚染の歴史　33
　　3.2　環境基準　34
　　3.3　都市大気汚染の現況　35
　　3.4　発生源と排出量　37
　　3.5　防止対策　39

### 第4章　都市災害 ——————————————————— 43
　　4.1　災害と都市の防災　43
　　4.2　巨大地震の広域影響—東日本大震災を例に—　48
　　4.3　市街化による災害危険の変貌　52
　　4.4　都市の緑と地震火災　57
　　4.5　事業継続の取り組みと建築・都市のレジリエンス　60

## 第5章　都市環境計測手法 ── 66
 5.1 地理情報システム 66
 5.2 リモートセンシング 70
 5.3 都市環境計測手法の応用例 73

## 第6章　CFDを利用した都市気候シミュレーション ── 79
 6.1 対象とする空間スケールと関係する物理現象 79
 6.2 CFDに基づく気候数値解析手法の概要 81
 6.3 街区スケールの解析事例 85
 6.4 都市スケールの解析事例 87

## 第7章　自然や気候を生かした都市熱環境の改善 ── 94
 7.1 都市・地域計画におけるクリマアトラスの活用 94
 7.2 風通しを考慮した住宅地計画 99
 7.3 緑の計画による都市熱環境の改善策 103

# 第Ⅱ部　インフラストラクチャー整備と都市環境

## 第8章　都市のインフラストラクチャー整備 ── 110
 8.1 都市インフラストラクチャー整備と都市環境 110
 8.2 都市インフラストラクチャーの地下利用 114
 8.3 需要量の推計手法 118
 8.4 近郊都市のインフラストラクチャー整備 122
 8.5 非常時のインフラストラクチャー機能 126
 8.6 都市の情報インフラストラクチャー 129

## 第9章　都市のエネルギー供給システム ── 133
 9.1 電力・都市ガス供給施設 133
 9.2 新エネルギー 136
 9.3 地域冷暖房 144

## 第10章　都市の水供給処理システム ── 155
 10.1 都市の水供給・処理システム 155
 10.2 循環型水供給処理システム 159

## 第11章　都市の廃棄物処理システム ── 166
 11.1 廃棄物処理システム 166
 11.2 循環型廃棄物処理システム 169
 11.3 建設廃棄物の処理 172
 11.4 建設資材のリサイクル 175

# 第Ⅲ部 | まちづくりと都市環境整備

**第 12 章　都市環境計画と環境管理** ────────────── 184

　**12.1**　地球温暖化対策と地域計画　184
　**12.2**　都市環境管理とまちづくりの担い手　189
　**12.3**　都心居住　192
　**12.4**　都市分散とエネルギー　194

**第 13 章　環境のまちづくり事例** ─────────────── 196

　**13.1**　持続可能な発展と都市・農山村の環境　196
　**13.2**　地域の環境計画とまちづくりの手法　198
　**13.3**　環境のまちづくり事例　201

**第 14 章　環境評価** ──────────────────────── 206

　**14.1**　環境アセスメントと都市環境　206
　**14.2**　環境共生建築と都市環境　210
　**14.3**　都市環境に対する住民の意識　213
　**14.4**　建築 LCA による地球環境負荷の低減　217

おわりに ───────────────────────────── 223

索引 ─────────────────────────────── 225

## ● 執筆分担

| | |
|---|---|
| 尾島　俊雄 | 序章 |
| 三浦　昌生 | 1.1, 1.2, 1.4.1, 1.4.4, 7.2, 8.4, 14.3 |
| 八十川　淳 | 1.3.1, 1.4.2 |
| 渡辺　浩文 | 1.3.2, 1.4.3, 2.6, 4.2, 5.1, 5.2.1, 5.2.2, 5.2.3, 5.3.2, 5.3.4, 12.2 |
| 岡　　建雄 | 2.1, 2.2.2, 2.2.3, 2.3, 2.4, 2.5 |
| 李　　海峰 | 2.2.1 |
| 外岡　　豊 | 3.1, 3.2, 3.3, 3.4, 3.5, 14.4 |
| 佐土原　聡 | 4.1, 5.3.3, 8.2, 8.5, 9.3 |
| 長谷見雄二 | 4.3 |
| 鍵屋　浩司 | 4.4 |
| 増田　幸宏 | 4.5 |
| 依田　浩敏 | 5.2.4, 8.3.2 |
| 須藤　　諭 | 5.3.1, 12.3.2 |
| 持田　　灯 | 6.1, 6.2, 6.3, 6.4 |
| 森山　正和 | 7.1, 7.3 |
| 大﨑　一仁 | 8.1, 11.3 |
| 洪　　元和 | 8.3.1 |
| 髙口　洋人 | 8.6 |
| 村上　公哉 | 9.1, 9.2.1, 9.2.3, 9.2.4, 9.2.5, 10.2, 11.1, 11.2 |
| 三浦　秀一 | 9.2.2, 12.1, 13.1, 13.2, 13.3 |
| 高　　偉俊 | 9.3.6 |
| 尹　　　軍 | 10.1 |
| 中島　裕輔 | 11.4 |
| 福田　展淳 | 12.3.1 |
| 王　　世燁 | 12.4 |
| 金子　千秋 | 14.1 |
| 横尾　昇剛 | 14.2 |

# 序　章

## 1　都市環境学教科書の発行にあたって

　1964年の東京オリンピックを期に第二次世界大戦後の日本が国際社会に開かれ，1970年の大阪万国博の成功は世界に日本を認めさせた．世界に開かれた市場主義に導かれ，近代工業社会の大量生産，大量消費型産業に支えられ，列島改造の新幹線や高速道路によって新産業都市や工業促進都市を結び，激しい経済成長を続けた．

　その反対に日本中の都市は工場コンビナートを職場とする人々の集積によって大気汚染や水質汚濁，土壌汚染，騒音，振動，地盤沈下をもたらした．生活環境や自然景観が破壊されることをいとわず，日本全国のほとんどの都市は金太郎飴のごとく一律に開発された．WHOによる安全性，健康性，利便性，快適性等の評価軸では，利便性を追求するあまり他のすべての評価軸で信じられないほどの悪さとなり，都市環境の基準を早く設けて，公共公益施設のあり方を提言する必要があった．

　近代建築には強・用・美が求められ，構造，設備，意匠が建築学科の必須科目になっているように，世界中の多様な文明下にある都市を研究するほどに，そこに住む人々が文化や文明を築くに当たっても，都市環境を学問として研究することの必要性を痛感した．

　1970年には早稲田大学の大学院に都市環境工学専修を開設して驚いたのは志望する学生の多さであった．

　1980年には都市環境専修での博士が30人，修士が200余人に及んで都市環境学大系の編集すら可能に思えていた時に，三浦昌生，渡辺浩文の両君が幹事になって，特に教科書を必要としている教職者を中心に取り急ぎ一冊にまとめたいとの要求が出た．その提案と目次，担当者リスト案を見て，森北出版の森北博巳氏を彼らに紹介し，文責はすべて執筆者にあるならとして承知することにした．

　2003年正月，各担当者の原稿を一読して，その多くは博士論文で研究していた内容にその後の研究成果を加え発展させたものと理解できた．また20世紀の都市を十分に考慮した上で，その環境面からの問題点や今後の研究テーマをも明らかにしている．確かに重厚長大社会の日本の都市は，市場主義に基づくアメリカ型の公共事業によって発展もしたが，荒廃もした．そんな都市を人間の生活しやすい場として再生するために環境面からの施策を14章でとりまとめているのが本書である．内容の粗密はともかくとして，十分に網羅された目次となっている．しかし，21世紀を迎えた今，地域の生活機能は著しく低く，グローバルスタンダードの市場主義では都市そのものの存在すら危うくなっている．

　3.11東日本大震災を期に『都市環境から考えるこれからのまちづくり』を編集するに当たって，本書も大改造することになった．

## 2 生活機能を重視した都市環境学

　世界最大の巨大都市・東京首都圏は安全性や機能面で行き詰まったがゆえに，すでに国会は首都機能の移転を決定している．しかし今日の経済不況下にあって公共投資をする国力がないまま緊急経済対策や都市再生で当面の危機を乗り切らんとしている．グローバルスタンダードの市場主義でサバイバルゲームに勝ち残りうる可能性をもつ東京，大阪，名古屋等に構造特区を設定し，その拠点を治外法権的に開発せんとする試みである．中国の経済特区は一国二制度を大胆に採用して驚異的な発展を続けていることを見れば，行き詰まった日本の経済不況打開の妙手であろうか．これまでの重厚長大型産業基盤はその根底からゆらぎ，アジアへの移転が始まっている状況下にあって，地方都市はアメリカ型でなくヨーロッパ型の反市場主義に基づく生活機能を重視した地域文化や自然の再生によってこそ生存基盤が見い出されるはずである．

　20世紀後半，日本は戦争を放棄したことによって世界の市場を独占し豊かさを築いた．その工業国家の日本が21世紀に果たさなければならない役割は工業化社会が招いた地球環境の破壊をいかに阻止するかである．このまま巨大人口を抱えるアジアの国々がアメリカや日本と同じ道を進めば，地球温暖化はもとより，人類の生存基盤であるこの地球環境すら破壊しかねないからである．

　本書でも記しているアジェンダ21やローカルアジェンダ21にあるような地球環境行動計画に基づいた具体的行動指針とそのための都市環境学の学習は大切である．日本の建築系5団体は「地球環境・建築憲章」を，また，日本学術会議は「日本の計画　JAPAN PERSPECTIVE」を2002年に発表している．

　まずは日本人の地域に根ざした生活文化をもっとわかりやすく解説し，その文化が自立し共生できるかどうかを都市環境の面から裏づける学問が必要となる．少なくとも江戸時代の250年間，日本の地方都市は幕藩政治の下に自立し自給自足した生活文化を育んでいた．そうした地方の主体性や文化の見直しはヨーロッパの国々が模索している地域共同体そのものではなかろうか．「ニーズ」と「欲望」を分け，新しい「職」を創造し，「公」と「民」のあり方を問い直した，箱モノでない新しい都市環境学をつくり上げることである．

## 3 日本の都市構造の変遷

　農水産業に依存した江戸時代は，城下町や門前町，宿場町や港町が都市の大半を占めていたが，明治になると，工場を中心とした都市が急増する．

　戦後はすさまじい速度でベッドタウンと工場コンビナートの建設が行われる一方，権利関係の面倒な城下町の中心部は昔のまま残された．近郊の山村がベッドタウンになり，海浜が埋め立てられて，工場用地に変わった．近代都市計画の手法によって，用途別土地利用規制が実施され，工業専用地域には住宅を建ててはならないし，また住居専用地域には一切の工業施設をとり込まない．このような土地利用規制によって，公害の集中処理と良好な居住環境をつくることが容易になった．その結果として，都市は，純化した生産と消費の場を両極に抱えて，その間を通勤幹線で結んだ．

しかし，工場の巨大化に伴って住宅地も広がり，その上，戸建て住宅の普及でスプロール化してしまった．

日本の都市は，川の手に工業地帯が発達し，高度成長期にはリバーフロントでは間に合わず，東京湾全体にまたがる京浜・京葉工業地帯が建設された．そこには港湾施設，火力発電所，そして工業用水等のインフラストラクチャーが先行投資され，日本の工業は躍進した．東京湾における臨海工場コンビナートは，日本の近代工業化のパイロットモデルとして機能し，大阪湾から伊勢湾へさらには九州の博多湾から北海道の苫小牧に至るまで臨海型の工場コンビナートが展開した．日本列島は一箇所が牽引する「機関車型」から各地に拠点をもつ「電車型」へと転換し，巨大な工業列島へと変貌した．これに付随して，新産業都市や工業促進都市が生まれ，企業城下町が次々と誕生した．

大工場が労働力を求めて首都圏や大都市に集中した結果，地方からの労働人口の流入が起こり，大都市はますます巨大化したため，第二次全国総合開発計画は工場の地方への分散政策を，第三次全国総合開発計画ではその地での人口の定住化政策がとられた．しかし最近では，国内の分散定着が進まず，多くの人口を抱えた労働力の安い開発途上国への工場移転が進んでいる．その結果，わが国に残るのは特殊性の強いハード産業を別にすれば，多くはソフト産業であり，新たな産業構造の転換が進みつつある．とりわけ東京は，世界の農水産業などの第一次産業や，加工製造業を中心とする第二次産業を統括し，その情報を集めながら管理する業務・商業などの第三次産業の拠点になった．また，そうした情報の集まるところには世界中から人々が集まり，東京は常に情報が集中する「二四時間情報都市」「知識集約型都市」となった．このように，都市構造は，産業構造の変化につれて，変遷を余儀なくされ続けている．

わが国の建築様式は，30年ごとに高さ方向に対数尺上で背を伸ばしてきた．東京についていうならば，垂直方向に建物が空高く，そして地下深く伸びる一方で，都市自体が水平方向にも3 km，10 km，30 km，100 kmと拡大するなど，限りなく巨大化し肥大化してきた．

江戸時代250年間に定着した城下町や門前町などは，一人の主体者を中心とした求心的徒歩圏都市であったが，明治維新，国鉄の駅はこれを二極化させた．日本列島の鉄道網の結接点が，新しい求心力を発揮し，二つの極を結ぶ市電が都市構造を一変させる．その支配者は一次産業時代の領主から，二次産業時代の商工業企業主へと変遷した．

図に示すように，新幹線駅や国際空港などのインフラストラクチャーをもつかもたないかで都市が盛衰し，企業の栄枯もそれに追随する．造船・鉄鋼・自動車といった重厚長大産業中心の第三世代都市は，電子工業などの軽薄短小製品を世界中に販売する第四世代都市の前に影が薄くなる．重厚長大型の巨大コンビナートとそれを結ぶ国土軸やインフラストラクチャーのネットワーク化によって列島を改造し，スケールメリットを求め，世界の工業国として繁栄したわが国は，反面では大気汚染や水質汚濁などの面で地球環境への大きな負荷を与えてきた．

第四次全国総合開発計画における国土軸は，新幹線や高速道路網を中心とした日本列島の一体化であったが，すでに都市づくりの面で求心力を失っていた．むしろ，地方における自立都市の方が，小さいながらも何らかの面で世界の市場を引きつける力をもっている．今日，特に，造船や鉄鋼，自動車などの工場立地によって急成長した都市が，その担い手を失うことによって衰退し始めたのも当然であろう．

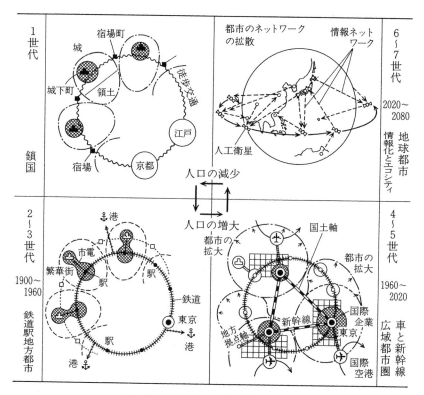

**図 ● 地方から地方への都市構造の変化**

# 4 地球環境からの都市環境学

　先進諸国は，1990年の二酸化炭素発生量を基準として，エネルギー使用の絶対量を抑えることが義務付けられた．そのため，人口の減少か，一人あたりのエネルギー消費を減少させる生活様式への転換が不可欠になった．

　図に示した第4～5世代の都市である札幌・仙台・広島・福岡等の中枢都市は，情報管理都市としての活路を見い出すであろうが，3～10万人ほどの中小都市では，かつての過疎村と同様に生き残れないところが出てくる．東京とのパイプを太くすることが豊かさに直結すると考えられてきたインフラストラクチャーも，その維持管理面を考えればマイナスの社会資本になりかねない．その見直しから始め，新しい市場の検討と，その可能性を求めた場の再構築が必要になる．たとえば，欧米指向のマーケットから，アジアやオーストラリアの市場を考えた新しい経済圏や生活圏の確立も考えられる．

　第6～7世代の地球市民と地球環境時代のコミュニティや都市が分散を余儀なくされるとすれば，そのネットワークもまた多次元多様化するであろう．

　今，市民からの発想として，これまでのような車のために道路幅を拡幅し，その相当分は周辺民地の減歩と容積増を認める区画整理的都市計画ではなくて，水辺や緑，歴史的な町並みや社寺仏閣のためにその周辺を減歩させる町づくりの手法が求められている．水の路や風の道，緑や太陽の道

を考慮して，自然の営みが肌で感じられるようなオープンスペースを，今日の都市の骨格に入れ込んでいくことが，何よりも重視されなければならない．そのためには，都市空間をこれまでの広域行政的な発想から，それぞれの生活圏レベルにおける行政区画に細分化し，その核となる中心部を高容積化し，その周辺の地表を開放することによって，極力クラスター化をはかるのである．巨大な都市を一体化しているインフラストラクチャーの必要不可欠な部分のみを残し，分節化された生活圏それぞれが自立する形で新しいインフラストラクチャーを導入する．首都圏には数百の生活圏が生まれ，それぞれの生活圏の中で極力自立した日常生活空間を成立させる．それぞれの生活圏と生活圏の間には自然の水や緑の空間を生み出す．そのとき開放される緑や水の地表面分の床面積相当分は，クラスターの中心部を高容積化することによって埋め合わされねばならない．それぞれのクラスターがシティとして，またユニークで小さいながらも特徴ある世界都市としての役割をもつことができる．さらにはそれらが連帯するかたちで東京圏が存在することになるならば，この大東京圏が世界の中心的位置を占めるようになるかもしれない．

　その一方で，見捨てられつつある過疎地や地方の小都市に自然環境共生型の住居をつくり，それぞれの住居には高度なテクノロジーを使用し，太陽発電や雨水利用などの自立型の田園都市をつくる．そのインフラストラクチャーは，日本の環境容量にバランスしたものにすることによって，日本の都市は古来の生活様式や建築様式をもとり入れた環境共生型でハイテク型の都市となる．このモデルは，先進諸都市の典型的な都市モデルとなろう．

　この両極の中間に今日の都市が存在していると考えれば，これから求めるところのソフト面やハード面がわかりやすくなる．都市は都市らしく，田舎は田舎らしくつくり，その両方に生活拠点をもつ「二地域居住型の生活様式」を定着させることによって，世界の文化や文明を理解する日本人の生活基盤をつくる．「職寝分離」や「老若分離」や都会と田舎の住み分けではなく，都市の大小を問わず，それぞれの地域に適した形での生活様式や建築様式を創り上げることこそが都市環境学に課せられた課題ではなかろうか．

# 第 I 部

# 自然と共生した都市環境

*1.* 都市型社会の到来
*2.* ヒートアイランド
*3.* 都市の大気環境
*4.* 都市災害
*5.* 都市環境計測手法
*6.* CFD を利用した都市気候シミュレーション
*7.* 自然や気候を生かした都市熱環境の改善

# 第1章

# 都市型社会の到来

　人間は都市を築き，集まって住んできた．今日，わが国の国民の3人に2人は都市化された地域に住み，都市的な生活を営んでいる．都市への人口集中と市街地の拡大は，土地利用の変化やエネルギー消費の増大などを通じて都市に特有の環境を形成し，さまざまな問題を顕在化させるに至った．いわば都市型社会の到来である．都市環境を改善するために，都市ならではの仕掛けや仕組みを考え，整備しなければならない．

　この章では，都市という私たちの生活と生産の場を環境という側面から再認識するため，わが国における都市化の進行と環境問題の推移を辿り，新たな都市環境の創造に向けて問題を提起する．

## 1.1 都市環境とは

### 1.1.1 都市環境の定義

　都市は，人口が集中し，その活動を支える施設が集積した場所である．したがって，都市は住居をはじめとしたさまざまな建物で構成されており，そこに都市に特有の環境が形成されている．そのような状況にあって「都市環境」とは何を指すのだろうか．広義に考えると，環境とは「主体を取り巻くものすべて」を意味する．都市環境の主体は「都市で活動する人々」である．これを基本に都市環境の定義を述べる．

　まず，主体が「都市で活動する人々」であるならば，都市環境とは「そうした人々を取り巻く都市にあるものすべて」ということになる．主体を除いて都市にあるすべてのものを都市環境とする考え方である．これが都市環境の第一の定義である．

　一方，環境を捉える場合，どの範囲までを一つの系とみなすかが問題となる．「系」とは「相互作用のもとにあるものから成る全体」を意味し，英語ではsystemという．系の範囲の拡大に応じて「**建築スケール**」，「**都市スケール**」，「**地球スケール**」などと呼ぶ．これに従ってそれぞれのスケールの環境を，「**建築環境**」，「**都市環境**」，「**地球環境**」などと呼ぶ．

　このうち建築環境とは，建築物単体を一つの系としてその環境を捉える．そうすると建築環境とは，おもに建築物単体の内部つまり建築内部空間の環境を意味することになる．都市環境とは都市全体を一つの系とみなしてその環境を捉える．地球環境は地球全体を一つの系とみなしてその環境を捉えるという私たちにはすでに馴染みの考え方である．これが都市環境の第二の定義である．

また，第二の定義の「建築環境とは建築内部空間の環境である」という考え方から派生して，建築内部を「建築」，建築外部を「都市」というふうに対比させ，空間のスケールにかかわりなく都市環境が「建築外部の環境」つまり屋外空間の環境を意味する場合もある．これが都市環境の第三の定義である．

本書では都市環境という用語に第二の定義を用いている．都市全体を一つの系とみなして都市の環境を捉えることを基本としている．また，本書には，都市全体ではなく，都市内の一地区を一つの系とみなしてその環境を捉えている部分もある．このスケールは「地区スケール」，「街区スケール」などと呼ぶが，「建築スケール」，「都市スケール」，「地球スケール」というスケールの大きなくくりにおいては「都市スケール」に含まれると考え，そうしたスケールの環境も本書で扱っている．

### 1.1.2 主体を明確にすること

「主体を取り巻くものすべて」という環境の定義に従うと，**主体**をどう規定するかによって環境の規定のされ方が変わる．つまり，「環境」という言葉が使われるとき，主体が誰であるかが必ず規定されている．別のいい方をすれば，主体が誰であるかを規定することなく環境という言葉を使うことはできない．

主体を「私」とすれば，他の人間は私の環境の一部となる．主体を「私たち」とすると，「私たち」の範囲が問題となる．ある施設の建設に対して周辺の住民が「施設によって私たちの環境が悪化する」という理由でその建設を反対することがある．この場合の「私たち」は，周辺住民を意味することもあるし，都市全体の住民を意味することもある．環境悪化を問題とした反対運動にはそれぞれの事情や背景があり，無論その是非を一概に論じることはできないが，環境という言葉を使うとき，その都度その主体が誰であるかを明確にすることが問題の解決に向けた話し合いの出発点であることを肝に銘じておく必要がある．

### 1.1.3 都市環境の重要性

都市全体を一つの系とみなした都市環境は，都市を構成する建築物単体の内部の環境を左右する．人が使う建築物は室内の空気を清浄に保つため，窓の開放や機械力で外気を内部に取り入れている．そうやって取り入れる外気が汚染されていたら室内の空気も汚染される．また，エネルギーに過度に依存せず外部から光や風を導入する住宅が都市に求められているが，そういった開放的な住宅ほど都市環境の影響を受けやすい．このような形で建築環境は都市環境の影響下にある．都市環境の改善は建築環境の改善につながる．都市が居住と生産の中心の場となった今，都市環境を改善することは緊急の課題である．

一方，建築物の内部を暖房するため燃焼した排気は外部に放出されている．これが都市スケールでみた環境問題の一つである大気汚染の原因となる．建築環境を快適にするために都市環境が犠牲になっているという見方もできる．

このようにして都市環境は建築環境に影響を及ぼし，また，逆に都市を構成するさまざまな建築環境が都市環境に影響を及ぼす．都市環境の改善には都市全体の建物のあり方もきわめて重要である．

また，都市全体を見渡す時，道路，駅前広場，公園などは人々が触れ合う大切な**外部空間**である．そこで人々が過ごすためにはそのような外部空間の環境が重要である．夏季に高温多湿な都市では，風通しのよい涼しい外部空間で過ごす工夫が必要である．都市環境がこのような外部空間の環境を直接決定づけるため，都市環境の改善が必要なのである．

**地球環境問題**が顕在化した現在，都市環境と地球環境の関係も重要である．都市で交通渋滞が頻発すると大気汚染が深刻になる．同時にエネルギーの非効率的な消費により二酸化炭素排出量が増大する．都市環境と地球環境がともに影響を受けるため，都市環境の改善が地球環境保全につながる．しかし，後述するように，人口密度が高い都市では一人あたりの二酸化炭素排出量は少ない．都市環境が良ければ地球環境も良くなるというように単純化することはできないのである．

## 1.2　都市への人口集中に伴う環境問題の発生

ここで，わが国における都市への人口集中と，これに伴って発生した環境問題の推移を振り返ってみよう[4][5][11]．

### 1.2.1　公害発生と大都市圏への人口集中

わが国における本格的な都市化は第二次世界大戦後の復興の過程において始まった．終戦後，日本がまず目指したのは産業振興による第二次産業社会の構築であった．

1960年頃からの**高度経済成長期**にわが国では重化学工業が大きく発展した．主として海浜部を埋め立て集中的な**工業立地**を進めた．**産業用エネルギー消費量**は急増し，これに従い汚染物質の排出量も増加した．経済の急速な発展が環境の急速な悪化をもたらした．大気汚染が最も著しかった時期には，**臨海コンビナート**に隣接する小中学校で異臭のため窓が開けられない日が続いたという．深刻な汚染は住民の健康に深刻な被害をもたらした．水俣病，新潟水俣病，イタイイタイ病，四日市ぜんそくのいわゆる**四大公害病**が発生し大きな社会問題となった．全国各地の公害問題に対して政府は1967年に，公害対策を総合的かつ計画的に実施するための**公害対策基本法**を制定した．1970年は全国規模の公害反対運動が起こり，当時の国会は「公害国会」と呼ばれ，公害対策の強化が国民の世論となる．

1960年代までは，地域によって工業化の進展の度合いに大きな差があったため，一人あたりの所得も地域差が大きかった．そこで，雇用の機会と高収入を求めて若年層が学校卒業を機会に地方都市から三大都市圏（首都圏，近畿圏，中部圏）に移動し，そこで働いて住むようになった．こうして地方都市から大都市圏へ人口が移動した．

### 1.2.2　環境問題の顕在化

1970年代前半には大都市圏と地方都市の所得格差が小さくなったため人口の移動が沈静化した．一方で工業の地方分散が進んだ．

1973年と1979年の**石油危機**などを契機にわが国の経済は高度成長から安定成長に移行した．産業部門では省エネルギーが進むとともに，サービス業中心へと産業構造が変化し産業部門のエネ

ルギー消費量の増加は止まった．エネルギー消費量は，産業部門の割合が減少し，家電製品の普及や自動車輸送の増大により民生部門（国民の生活に関すること）や運輸部門の割合が増加した．

この頃から**産業型公害**に代わって，都市への人口集中に伴う環境問題が顕在化する．日常の生活行動や通常の事業活動に伴う**都市型公害**というべきものである．

大気汚染，水質汚染，騒音，振動，地盤沈下，廃棄物，日照不足，水不足，緑・水面などの自然の減少，地震や火災など災害時の危険性増大，長時間通勤などさまざまな都市型公害を都市への人口集中がもたらした．

### 1.2.3　東京への一極集中

1980年代には，東京でサービス業が急激に成長し，他の大都市圏や地方都市に波及した．この頃から**三大都市圏**への人口流入が勢いを増し，特に東京への一極集中が顕著となる．バブル経済期には地価が高騰した．

都市の縁辺部では無秩序な宅地開発が進行したため身近な自然が失われた．河川や沿岸では堤防や護岸で水面から隔てられ，人々が自然に親しむ機会が減少した．都市の中心部に老朽化した木造住宅の密集地域があることも都市型公害の原因となった．庭付き一戸建の住宅を望む声が多いため，そうした地域では狭隘な道路を残したまま宅地が細分化され，個々の敷地面積が極端に狭小化した．こうした地区は災害発生時にきわめて危険な状況におかれた．

### 1.2.4　地球環境問題の顕在化

1990年代は**バブル経済崩壊**で不況が長期化する中，東京一極集中は沈静化した．地方都市のうち政令指定都市や県庁所在都市はサービス業が集中し人口が増加する一方で，地方の中小都市では人口の減少や高齢化により活力が低下した．

都市型公害がさらに広がりをみせるとともに，大量生産，大量消費，大量廃棄が拡大して廃棄物が問題となりリサイクルが注目された．

この時期に，地球環境問題が叫ばれるようになった．**地球温暖化やオゾン層破壊**といった地球環境問題へと環境問題が変化したことに対応するため1993年に公害対策基本法が廃止され，**環境基本法**が制定され，この法律に基づいて環境基本計画を定めることになった．

1997年に**地球温暖化防止京都会議**（COP3）が開催され，先進国の二酸化炭素排出量の削減目標を定めた**京都議定書**が採択された．その期限が切れる2013年以降，二酸化炭素を排出してきた先進国が削減義務を負うべきか，あるいは主要な排出国すべてが削減義務を負うべきかで途上国と先進国が対立する中，国際的な枠組みづくりが模索され，2015年にパリ協定が採択された．

### 1.2.5　大震災の発生

1995年1月に阪神・淡路大震災が発生した．直下型の大地震により多くの構築物が倒壊するなど神戸市を中心に近畿地方が広範囲に被災した．わが国で戦後初めての大都市の震災であった．

2011年3月に東日本大震災が発生した．津波により被災した沿岸では復興に向けた取り組みが進むものの，東京電力福島第一原発事故は深刻な放射能汚染をもたらし，大量の避難者を発生させ産業に大きな打撃を与えている．わが国のエネルギー政策は重大な選択を迫られているといえる．

## 1.3 都市の拡大

前節で述べた都市への人口集中がもたらした都市の拡大を見てみよう．**国勢調査**による統計データや人工衛星からの観測データもそうした変化を捉えるための有効な手がかりとなる．

### 1.3.1　DID 人口と DID 面積の増大

わが国には 600 以上の市があるが，これらの市の総面積がわが国で都市化された土地の面積ではない．なぜなら，一つの市の範囲には都市化された土地と，山地や森林など都市化されていない土地があるからである．そこで都市化された土地を指すのに**人口集中地区**という用語を用いる場合がある．

人口集中地区の定義は「原則として人口密度が 40 人/ha 以上の国勢調査地区（国勢調査の最小調査地区区分．約 50 世帯が 1 地区）が隣接して 5,000 人以上がまとまって居住する地域」である．英語の表記 Densely Inhabited District の頭文字を取って DID とも呼ぶ．人口集中地区は実質的に都市化された地域を表すため，人口集中地区の面積やその人口が都市化の一指標として用いられる．

国勢調査の始まった 1920 年（大正 9 年）の日本の総人口は 5,596 万人であった．その後，総人口は増え続け，1960 年（昭和 35 年）には 9,430 万人となる．この年の DID 人口は 4,083 万人であった．このとき，わが国の人口の 43 ％が DID に住んでいたことになる．2000 年（平成 12 年）に総人口は 1 億 2,693 万人，そのうち DID 人口が 8,281 万人となり，65 ％が DID に住んでいる．1960 年から 2000 年までの 40 年間で DID 人口は 2 倍になっている．日本国民の 3 人に 2 人は都市化された地域に住んでいる．また，農村部でも**都市的な生活様式**や施設が普及しており，国民の大多数が都市的な環境で生活することになった．

わが国の **DID 面積**も著しく増大し，1960 年〜2000 年に約 3 倍（3,866 km$^2$ → 12,457 km$^2$）に拡大した．一方 DID 人口密度は 1960 年〜2000 年に 37 ％減少（106 人/ha → 66 人/ha）した．この間のわが国の都市化は，DID への集中ではなく，DID を外へ拡大する形で進行したことがわかる．その後，2010 年の DID 面積は 12,744 km$^2$，DID 人口密度 67 人/ha で，最近の 10 年間は上述の DID の変化が縮小している．なお DID 以外の人口密度は，2010 年も微減傾向が続いている．

### 1.3.2　土地利用の変化

図 1.1 に東京における明治維新以降の**市街地拡大**の様子を示した．1880 年においては半径 5 km 程度に市街地の範囲は収まっていたが，徐々に拡大し，1953 年にはほぼ現在の東京都区部の範囲に市街地が拡大した．その後の市街地拡大は特に激しく，図 1.2 に示すように半径 50 km，東京都だけでなく隣接する神奈川県・千葉県・埼玉県の一部と連続した市街地を形成するようになった．東京大都市圏という一つの巨大な都市の誕生である．その結果，多くの人々が東京都内へ通勤するために混雑した電車を長時間利用せざるを得ない状況を生んだ．

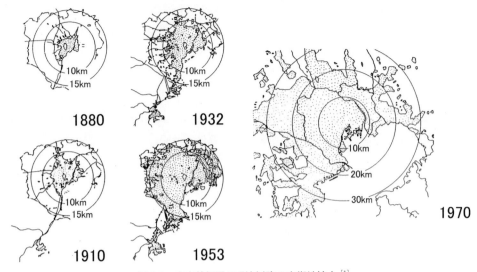

**図 1.1** ● 東京首都圏の明治以降の市街地拡大 [1]

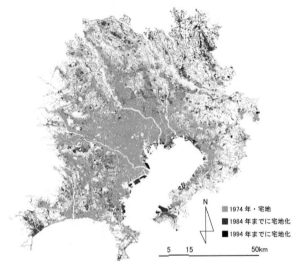

**図 1.2** ● 東京の土地利用変化
[細密数値情報 1974 年，1984 年および 1994 年より作成]

　都市の市街地拡大は基本的に近郊の山林や田畑など自然の場所が道路，建物などに置きかえられることによって進行している．巨大都市の例として東京を，地方都市の例として仙台を取り上げる．

### (1) 東京

　**細密数値情報**を用いて，東京首都圏の 1974 年から 1994 年まで 10 年ごとの土地利用の変化を示す（図 1.2）．細密数値情報は，**宅地利用動向調査**の一環として国土地理院により作成・発行されている高精度（10 m 画素）のデジタル土地利用データで，東京・大阪・名古屋の各都市圏を対象に 1974 年より 5 年ごとに作成されているものである．なお図中，薄い灰色は 1974 年当時すでに宅地（道路・鉄道含む）であった箇所を示す．濃い灰色は 1974 年には自然系土地利用であったが 1984 年に宅地化した箇所を示す．黒色は同様に 1994 年に宅地化した箇所を示している．

これによると1974年当時にはすでに一都三県にまたがる巨大な都市圏が形成されていたことが明瞭である．東京都区部を核として，川崎・横浜方面，立川・八王子方面，大宮・浦和方面，そして千葉方面へと，鉄道網の路線沿いに宅地が広がっている．その後の土地利用変化は鉄道路線沿いの宅地がさらに広がる方向で進んでいる．新たな宅地は，東京湾岸（ただし埋立地が多い）と都心部から50 km以遠の地域にも多く見受けられる．

また，都市化に伴い，都市から水面が消滅していった．図1.3は東京23区の1909年と1980の水面分布を比較したものである．非常に小規模な水路はこの図には掲載していない．これにより明らかなのは，海岸線が埋め立てられてずいぶん海が遠くなったこと，内陸部を見ると中小河川や用水路など非常に多くの水路が都市下水路化されて姿を消したことである．

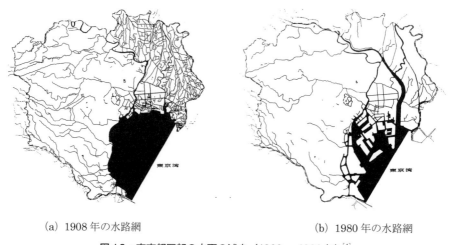

(a) 1908年の水路網 　　　　　　　　(b) 1980年の水路網

**図1.3 ● 東京都区部の水面の減少（1909 〜 1980年）**[4]

## （2）仙台

ここでは**人工衛星ランドサット**により1985年と1995年にそれぞれ観測された地表面情報に基づき，土地被覆の変化を示す（図1.4）[7]．図中の灰色の部分は1985年に宅地であった箇所を示す．黒色の箇所は，1995年までに自然系土地被覆から宅地転換した部分を示している（詳細は5.

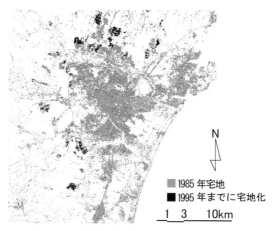

**図1.4 ● 仙台の土地利用変化**
[LANDSATデータ1985年および1995年より作成]

3.4 項参照).

これによると仙台における宅地化は，東京の例と比較すると，直接的には鉄道路線とは無関係の地域で発生している点で特徴的である．図の中心付近にある比較的まとまった市街地の外側に島状に新たに宅地化された地域が点在している様子が明瞭である．これらの多くは，山林を大規模に宅地造成したニュータウンと呼ばれる地域で，職場機能をもたず居住者は自家用車またはバスを利用して，都市中心部の職場に通勤していることが多い．

# 1.4 都市環境整備の視点

前述のようにわが国の国民の 3 人に 2 人は都市化された地域に住み，都市的な生活を営んでいる．この都市型社会に求められる都市環境整備のあり方の一端を述べてみよう．

### 1.4.1 都市型公害の特徴

環境問題は，産業型公害から都市型公害へ，さらに地球環境問題へと変化した．産業型公害は汚染物質を排出する一企業がその周囲の住民に被害を与えるという形であり，**加害者と被害者**がはっきりしていた．被害は深刻であったが，影響を受ける地域は限られている場合が多かった．そうした公害により問題となる環境要因も大気汚染のみであったり**水質汚染**のみであったりと単一であった．

一方，都市型公害は都市における活動そのものがお互いに被害を与えあう形となる．一人の人間が運転者となって排気ガスを排出する立場になったり，歩行者となって排気ガスの影響を受ける立場となるなど，加害者と被害者の区別がつきにくい．人々が身近でこうした都市型公害の影響を受けるようになった．影響を受ける地域も以前とは比べものにならないほど都市全体に広がり，問題となる環境要因も複数に及ぶ．さらに地球環境問題は影響が国境を越え地球規模に及び，人類の生存を脅かすものとなる．

都市型公害や地球環境問題は，一企業対周辺住民という産業型公害の構図があてはまらない．都市の住民や事業にかかわる者の一人ひとりが加害者であり被害者である．こうした特徴をよく理解して有効な対策を講じる必要がある．

### 1.4.2 都市生活と自然環境とのかかわり

古来，都市とその内外の自然環境はさまざまな形で深くかかわっていた．したがって**都市の自然喪失**とは，緑地や水面がもつ気候制御機能とともに，都市生活と自然環境とのかかわりが失われたことを意味する．

かつて都市や集落は必ずその後背地となる自然環境に囲まれていた．たとえば里山は住民にとって材木のほか，薪や木炭などエネルギーの供給地であり，かつ水源地であった．その里山は林業など人の手が加わることによって一定の植生環境が維持されていた．

近郊農業の田畑では都市民の排泄物を肥料として野菜や穀物を供給した．川港が都市の物流・消費の拠点を担い，その河口周辺に広がる海岸や近海では豊富な魚介類がとれた．このような都市とその後背地の自然環境との**物質循環**的なかかわりは，日本でも終戦後急激な都市化が起きる前まで

機能していた.

江戸・東京湾の海苔の養殖は1960年代まで続いたが,江戸・東京市中からの生活雑排水が海苔の養分となり,江戸・東京の市民がこの海苔を食することにより江戸湾の清澄が保たれていた.これら海苔は放置しておくとヘドロの原因となるのである.

都市生活の営みも,ある限度をもってすれば自然環境の循環を壊すのではなく,むしろその地域特有のバランスを保持することができる.江戸時代と現代では都市の規模がまったく異なるので,このような形の自然環境とのかかわりをそのまま再現することはできないが,都市の限定された場所であってもこうしたかかわりをつくり出す姿勢を大切にしなければならない.

### 1.4.3 都市の人口密度と地球環境への影響の関係

東京への一極集中の弊害が指摘されるにつれ,都市の人口密度が高まること自体に問題があるように考えられがちである.無論,東京をはじめとする大都市が与える地球環境への影響の絶対量は膨大である.しかし,大都市は膨大な人口を収容している.地球環境への影響を人口で割って1人あたりの影響量を計算すると,都市の人口密度の高低と地球環境への影響の大小の関係がはっきりと見えてくる.

ここでは,市町村の行政界ではなくDID資料に基づいた実際の市街地の範囲を47都市圏から抽出した.また,地球環境への影響の指標として各都市圏の二酸化炭素排出量を算定した.これらのデータに基づく各都市圏の面積 1 m² あたりの二酸化炭素排出量と人口 1 人あたりの二酸化炭素排出量をそれぞれ図 1.5 (a), (b) に示す.横軸に人口密度(人/km²)を取っているところに注目してほしい.

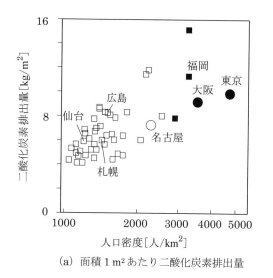
(a) 面積 1 m² あたり二酸化炭素排出量

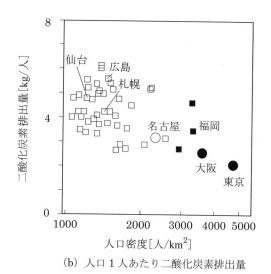
(b) 人口 1 人あたり二酸化炭素排出量

**図 1.5 ● 各種都市の二酸化炭素排出量比較** [10]

図 1.5 (a) を見ると,都市圏の人口密度が高いほど面積 1 m² あたりの二酸化炭素排出量が大きいことがわかる.東京大都市圏も他と比較して二酸化炭素排出量が大きい.

ところが,図 1.5 (b) のように人口 1 人あたりの二酸化炭素排出量を計算すると,都市圏の人口密度による二酸化炭素排出量の大小関係が逆転する.都市圏の人口密度が高いほど人口 1 人あ

たりの二酸化炭素排出量は小さくなる．実際，人口密度が最も高い東京大都市圏は人口1人あたりの二酸化炭素排出量が最も小さいのである．

つまり，人口1人あたりで見ると，高密度の都市の方が低密度の都市よりも地球環境に対する影響が小さいといえる．低密度な都市は水平方向の移動にエネルギーがかかる．鉄道のような公共交通があまり整備されておらず自動車に依存しがちなこともある．こうした原因がからみあって，このような差が生じていると考えられる．

高密度化し巨大化した都市は，その高密度さゆえに人口1人あたりの地球環境への影響は小さい．しかし，そうした都市には人口密度の高さが引き起こす前述の都市型公害が発生している．高密度な大都市は「地球にやさしく，人に厳しい」状況にあるといえる．一方，低密度の都市では都市型公害の発生は比較的少ない．しかし，そうした都市は1人あたりの地球環境への影響が大きい．この事実を踏まえた都市環境の改善が必要である．

### 1.4.4 人間居住の基本の場としての都市

都市の主体である私たちはどのような生活様式を取るべきか．日本の総人口が減少し始めた現在，徐々に都市を再構築していかなければならない．効率性を過度に追求するのではなく安全性，健康性，快適性を重視し，地域独自の風土に根ざした新たな都市像とそれにふさわしい都市環境が求められている．

現実の都市環境を改善するのは決して容易ではない．しかし，都市に住むことは本来楽しいことである．人々の活気に満ちた都市は人類の財産でもある．私たちがとるべき道は，都市環境悪化を理由に，もはや都市は住むべき場所ではないとして都市を遠ざけることではない．また，環境が悪いのを承知で我慢して都市に住むことでもない．都市環境の現実を直視しながらも，集まって住むことの楽しさを享受できる都市が人間居住の基本の場であることを再認識し，新たな都市環境を創造することが私たちに課せられた使命である．

### •参考文献•

[1] 尾島俊雄：都市環境，新建築学大系，第9巻，pp. 3-71，彰国社，1982
[2] 尾島俊雄：環境場設定の Space Modular Co-ordination Chart　その1　時空間分割表，日本建築学会論文報告集，第319号，pp. 84-89，1982
[3] 三浦昌生：まじることこそ都市の平和，建築雑誌，第105巻，1298号，p. 70，日本建築学会，1990
[4] 国土交通省：国土レポート2000，2000
[5] 環境省：環境白書　平成14年版，ぎょうせい，2002
[6] 尾島俊雄編著：リモートセンシングシリーズ　都市，p. 4，朝倉書店，1980
[7] 渡辺浩文ほか：ランドサットデータによる仙台都市域の土地被覆変化に関する調査研究　―仙台都市域における都市環境計画策定に関する基礎的研究その3―，日本建築学会東北支部研究報告集，第62号，pp. 339-342，1999
[8] 髙橋信之ほか：首都圏における水路網の変遷に関する研究，日本建築学会計画系論文報告集，第363号，pp. 38-46，1986
[9] 八十川淳ほか：東京都区部における中小河川の廃止と転用実態に関する調査研究，日本建築学会計画系論文集，第508号，pp. 21-28，1998
[10] 竹内仁・渡辺浩文ほか：都市における環境破壊要因の影響度に関する比較，日本建築学会大会学術講演梗概集（東北），D分冊，pp. 1123-1124，1991
[11] 環境省：平成26年版 環境・循環型社会・生物多様性白書，2014

# 第 2 章

# ヒートアイランド

都市表面は建物や道路で覆われており，緑地が少ないために，蒸発による冷却作用がない．また，建物の冷暖房や交通，あるいは道路灯等，各種の都市活動に伴って消費されるエネルギー量が大きい．このため都市を覆う大気は暖められて，**ヒートアイランド現象**を引き起こす．

ヒートアイランドは 1830 年から 1840 年頃，すでに英国で認識されていたといわれており[1]，この頃から郊外に比べて都市の方が霧の多いこと等が報告され始めた．1965 年以降，特にわが国においては大気汚染と関連して**都市気候**が重要視されるようになった．そして，ついに 21 世紀初頭，ヒートアイランドは夏季の熱ストレスを招く**熱汚染**として位置づけられるに至った．ヒートアイランドが都市での生活に関する快適性を著しく損なうとともに，屋外気温の高温化と屋内機器発熱が建物の冷房用エネルギー消費の増大を招き，冷房排熱の増大が都市の気温をさらに上昇させるという悪循環を形成していると考えられている．これまで冷房を必要としていなかった地方の都市においてもヒートアイランドによる外気温の上昇は冷房機器の普及を後押しし，ヒートアイランドの進行に拍車をかけることとなる．一方で，寒冷な地方に立地する都市においては，ヒートアイランドを寒さ対策として積極的に活かす方策も取りうる．地域の特性に応じた都市気候制御の考え方と方策が必要なのである．

## 2.1　都市内外の熱バランス

ヒートアイランドは市外に比べて，市内の温度が高温となり，等温線図を描くとちょうど島のように見えるところから名づけられたものである．観測によればニューヨークやロンドン等の大都市で市内外の温度差は最大 10 ℃から 12 ℃にも達している．

図 2.1 は市内外の熱バランスを示したものである．消費されたエネルギーは最終的に熱の形で放散される．建物では冷却塔から冷房排熱が，また排気口から高温となった排気が都市大気に放散される．道路上の自動車や地下鉄からの排気も高温となって大気中に放散されている．一方，都市では雨水が下水道に直接，放流されてしまうために土壌に保水されず，都市の土壌は乾燥するとともに蒸発能力が減少していくことになる．建物表面や道路表面に注がれる太陽熱は蒸発によって冷却されることがなく，都市表面と空気の温度差によって大気に放散されるために，都市表面は高温となる．夜間においても日中，放散しきれなかった熱を大気に放散するために 1 日を通して都市表面は高温となっている．

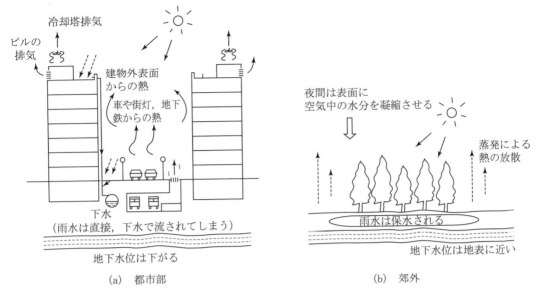

図 2.1 ● 都市部と郊外の熱バランス

　市外の緑地では雨水は地表付近の土壌に保水され，十分な蒸発能力がある．日中，緑地表面温度は大気温度とほとんど変わらず，太陽熱の 50 % から 80 % は蒸発によって地表から熱を奪われる結果となる．蒸発散が行われると，**地下水位**が地表付近に保たれ，土壌は乾燥しない．夜間に地表面温度が下がり，さらに夜間放射によって大気より地表面温度が低くなると，大気中の水蒸気が地表面に結露する．このように大気中の水蒸気は日中に蒸散し，夜間に結露するといった大きな**水分移動**がある．

　ヒートアイランドの形成要因の大きさとして，緑地の減少による効果とエネルギー消費による効果はおおむね同程度であると推測されている．東京湾と都心部および郊外での同時測定の結果によれば，冬季の方がエネルギー消費量は大きかった．一般に冬季の方がヒートアイランドが発達するといわれているが，この原因は**大気安定度**が強まるとともにエネルギー消費量が多くなるためといえる．

## 2.2 ヒートアイランドの構造

### 2.2.1 地表面熱収支の基礎理論

　ヒートアイランドに大きく影響する地表面温度は，地表面での太陽エネルギーの分配により形成される．図 2.2 に示すとおり，太陽エネルギーの多くは**短波長放射**として地表面に達する（一部は反射する）．大気中を通過する過程で吸収された太陽エネルギーは（下向き），**長波長放射**として地表面に放射される．これを**大気放射**という．また，太陽エネルギーを受けた地表面も宇宙に向かって（上向き）長波長放射を放つ．これら地表面における太陽エネルギーの授受を**放射収支**と呼び，正味に地表面が受ける太陽エネルギー量を**純放射**と呼ぶ．

　太陽エネルギーを受けた地表面で熱の移動は，基本的に**放射・対流・伝導・蒸発**（凝縮）の形態

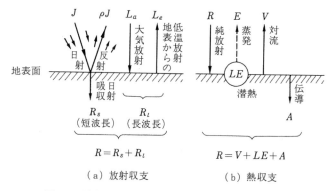

**図 2.2 ● 地表面エネルギー収支の模式図**（[2] を修正）

で分配され，ヒートアイランドのみならず地球上の気候を形成する原動力となっている．これら純放射 $R$，対流（顕熱流 $V$），伝導熱流 $A$ そして蒸発潜熱 $LE$ を**熱収支**成分とも呼ぶ．地表面での放射収支，熱収支は，都市の熱環境を考える際にきわめて重要な基礎理論である．

上記の地表面熱収支成分のほか，都市中心部において冷房排熱や自動車排熱等の**人工排熱**が，ヒートアイランドに大きく影響している可能性がある．また地表面熱収支成分とは物理過程が異なるが，空気の移動すなわち風は，都市中心部で加熱された空気を風下側に移動させたり，新鮮な冷気を市街地に供給させたりするなど，ヒートアイランドを理解する上で無視しえない存在である．

### 2.2.2　ヒートアイランドの鉛直構造

本来のヒートアイランドは冬季の夜間に発達する現象である．郊外では夜間，放射冷却によって地表面温度が大気温度よりも低くなり，大気温度の勾配は地表面付近が最低温度となり，高さとともに温度は上昇している．図 2.3 に示されるように，都市部では地表面から大気に対して熱が与えられ，**温度勾配**は垂直になる．ある程度の高さまでいくと郊外の大気温度と同じになる．高温となった部分は**ダストドーム**と呼ばれ，ダストドームの中ではほぼ温度勾配がゼロであるので，汚染物質を含めた空気の拡散は比較的大きい．しかしダストドームの境界では上部の空気温度の方が高くなっているので，拡散しない．外部から見ると，ダストドームで覆われた都市の空気は外部に拡散しないように見えることになる．

また，地表面から上空に向かう（顕）熱流は高さとともに減少し，ダストドームの境界でゼロとなる．また，拡散係数はダストドームの中では一定値となる．こうした理論は**混合層理論**と呼ばれ，実測結果ともおおむね一致するように見える．

東京の夏季においては地表面の方が温度が高く，大気は不安定であることが多いが，市外に比べて高温となっているのはヒートアイランドとは異なるプロセスによる熱汚染であるといった方がよい．

### 2.2.3　ヒートアイランドの形態

図 2.4 は東京のヒートアイランドである．冬季の 2 週間にわたる平均値であり，典型的なヒートアイランドが形成されている．市内外の温度差は 3℃ 程度であり，ヒートアイランドの形態は 1 日中同じである．ヒートアイランドの中心は中野区，杉並区あたりにあり，その直径は 10 〜

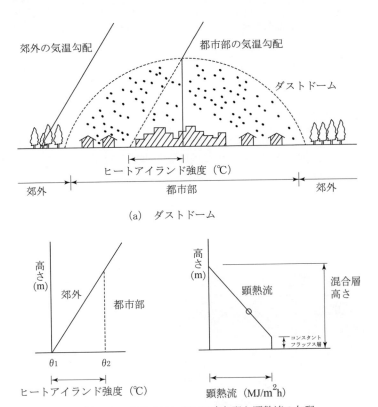

(a) ダストドーム

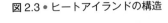

(b) ヒートアイランドの温度勾配と顕熱流の勾配

**図 2.3 ● ヒートアイランドの構造**

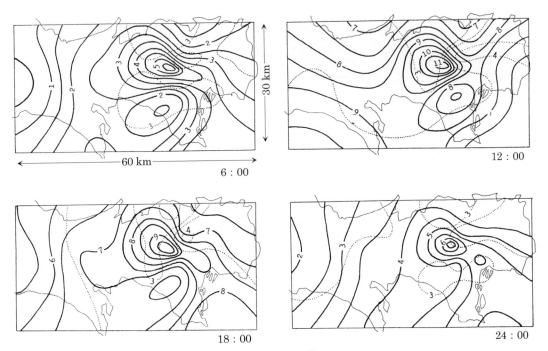

**図 2.4 ● 東京における冬季のヒートアイランド[3]**
(1月2日〜15日の平均温度，―― 気温（℃），----- 絶対湿度（g/kg'））

15 km である．夏季にはこのようなヒートアイランド形態は確認されなかったが，都市部で暑い地域があちこちで観測された．

図 2.5 ～ 2.7 はスウェーデン，ルンド市におけるヒートアイランドであり，水平面の気温分布と都市内外における垂直温度分布を示す．水平面の気温分布は自動車の屋根に温度計を設置し，測定した．垂直温度分布は直径 2 m のヘリウム風船に熱電対を取りつけて，高さ 100 m までの温度分布を測定した．

ルンド市は人口 8 万人，6 km × 6 km の範囲に入る小さな町であるが，2.5 ℃ 程度のヒートアイランドが形成されている．郊外の空気温度の勾配とヒートアイランド強度は密接に関係し，郊外の空気温度勾配がゼロ（中立）であると，ヒートアイランドは形成されず，安定度が増すほどヒートアイランド強度も強まる．この傾向はルンド市のヒートアイランドが図 2.3 に示されるヒートアイランド構造であることを示しているものである．

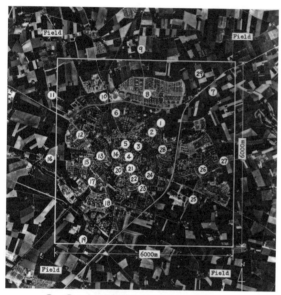

①～㉘：自動車観測による気温測定
㉑と㉙：気球観測による垂直気温分布測定

**図 2.5 ● ルンド市の航空写真**[4]

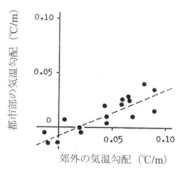

**図 2.6 ● 都市部と郊外における垂直気温勾配の比較**[4]

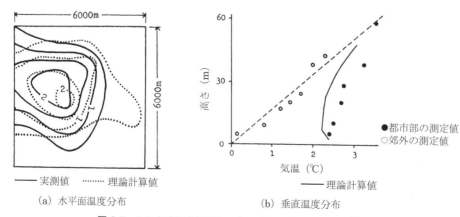

(a) 水平面温度分布     (b) 垂直温度分布

**図 2.7 ● ルンド市におけるヒートアイランドの立体構造**[4]

## 2.3 都市表面からの放散熱量

都市部と郊外の地表面から大気に放散される熱量の差が，ヒートアイランドを形成する原動力である．温度変動と垂直方向の空気速度の変動を分析する**渦相関法**という方法で，地表から大気に放散される熱量を測定することができる．

$$H = 3600 C_p \gamma \overline{w'T'} \tag{2.1}$$

$H$：地表から大気に放散される熱量，顕熱流 [W/m²]
$C_p$：空気の比熱 [Wh/kg℃]
$\gamma$：空気密度 [kg/m³]
$w'$：垂直方向の風速の変動成分 [m/s]
$T'$：大気温度の変動成分 [℃]

図 2.8 は東京における都市部と郊外における熱流を比較した図である．都市部では純放射量（日射量—夜間放射量）の約 50 % が顕熱流として大気に放散されているが，郊外では約 33 % である．これをまとめたのが図 2.9 の実測結果である．

大都市においても地方の小都市においても，純放射量と顕熱流の関係は変わらないのが特徴である．また，都市部と郊外を比較すると，同じ純放射量の場合，都市部の顕熱流は郊外よりも 80～100 W/m² 大きい．この熱量の差がヒートアイランドを形成することになる．

負の純放射量は夜間を示している．日中と夜間の顕熱流を比較すると，都市部と郊外における顕熱流の差は 1 日を通して大きな変化はないが，郊外では夜間の顕熱流は負となり，地表面に向かって熱が流れていることがわかる．一方，都市部では純放射量が負であっても顕熱流は 1 日を通して正の値となり，たえず地表面から大気に熱が流れていることになる．すなわち都市大気は常に不安定か，中立であり，地表面は終日，大気を加熱していることになる．このような現象はわが国ばかりでなく，米国でも同様の測定結果が示されている．

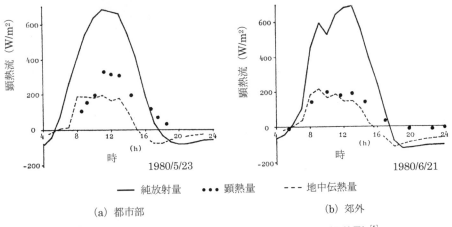

図 2.8 ● 都市部と郊外における地表面からの放散熱量（顕熱量）[5]

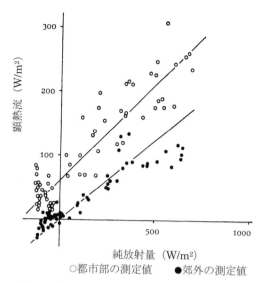

**図 2.9 ● 都市部と郊外における顕熱流の比較** [5]

東京湾の実測から，夏季の太陽熱は海中まで透過してしまい，海面から大気に熱を与えることはないことが示された．また冬季においては空気温度よりも高い海水から対流で大気に熱が与えられており，東京湾が巨大な熱の緩衝装置として働いていることが示された．図 2.10 は東京湾の熱収支と水温の年変化である．

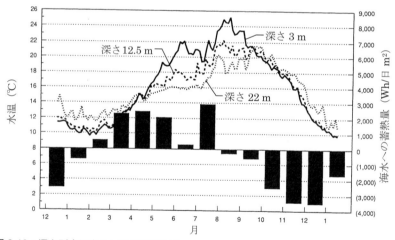

**図 2.10 ● 深さ別水温変動と推定蓄放熱量**
[小宮英孝：都市の内外における熱純に関する研究，宇都宮大学博士論文，1995 より引用]

都市大気の潜熱流は水分の上下移動である．地表面から $1\,kg/m^2$ の水分が蒸発した場合，蒸発潜熱に蒸発水分を乗じて，潜熱流は約 $2.5\,MJ/m^2$ となる．地表面で凝縮する場合も同様である．水分移動は顕熱流の求め方と同様に，空気中の湿度変動と垂直方向の空気の変動速度成分から計算することができる．

顕熱流と潜熱流はいずれも純放射量から 1 次式で表現できる．表 2.1 は土地利用形態別に顕熱流，潜熱流と純放射量の関係を示したものである．都市部の顕熱流は郊外より大きく，郊外の潜熱流は都市部より大きい結果となっている．

表 2.1 ● 土地利用別顕熱流と潜熱流 (単位: W/m²)
[小宮英孝: 都市の内外における熱流に関する研究, 宇都宮大学博士論文, 1995 より引用]

|  |  | 夏 季 | 冬 季 |
|---|---|---|---|
| 顕熱流 | 大都市 | $H = 0.35Rn + 70$ | $H = 0.3Rn + 70$ |
|  | 小都市 | $H = 0.38Rn + 30$ | $H = 0.25Rn + 70$ |
|  | 住宅地 | $H = 0.3Rn + 20$ | $H = 0.25Rn + 70$ |
|  | 緑地 | $H = 0.25Rn$ | $H = 0.2Rn$ |
|  | 東京湾 | $H = 25$ | $H = 65$ (気温による) |
| 潜熱流 | 大都市 | $L = 0.25Rn$ | $L = 0.1 \sim 0.25Rn$ |
|  | 小都市 | — | — |
|  | 住宅地 | $L = 0.35Rn$ | $L = 0.12 \sim 0.3Rn$ |
|  | 緑地 | $L = 0.38Rn$ | $L = 0.14Rn$ |
|  | 東京湾 | $L = 40$ | $L = 75$ (気温, 湿度による) |

$H$: 顕熱流, $L$: 潜熱流, $Rn$: 純放射量

　同じ純放射量であれば冬季より夏季の方が顕熱流も潜熱流も大きい結果となっている．その理由の一因として冬季は植物の葉も少なく，蒸発散機能が低下しているためではないかと推測されている．

## 2.4 土地利用形態と気温上昇の相関

　土地利用形態と気温分布を総合的に分析すると，それぞれの土地利用形態が気温上昇に及ぼす影響を定量化できる．図 2.11 は関東地域において，都市，農耕地，森林，海水面が気温上昇に及ぼす寄与量を示したものである．気温上昇寄与量は全域がその土地利用であったら，気温上昇寄与量と等しい温度上昇となるという値である．たとえば，4, 5 月において全域が都市であったら，気温は 2.3 ℃上昇するという意味である．この図からわかるように，都市は 1 年を通して常に気温を上昇させる働きがある．農耕地や森林は常に気温を低下させる働きがある．海水面は春から夏に

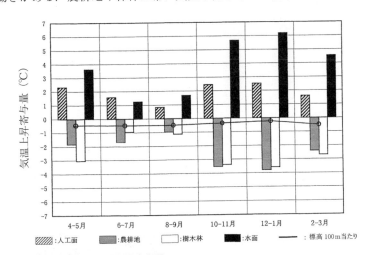

図 2.11 ● 土地利用形態別の気温上昇寄与量
[首藤治久: 土地利用形態と気温形成の相関に関する研究, 宇都宮大学博士論文, 1998 より引用]

かけては冷却，冬季は強い加熱作用があるといえる．一般に高さ100 m あたり 0.5 ℃ 気温が低下するといわれており，標高の係数もおおむねそのような値を示している．

寄与量の経年変化を調べると，1965 年までは都市の気温上昇寄与量はそれほど大きなものではなかったが，1970 年以降大きくなっている．都市の過密化，舗装の発達等によるものと推測される．

このように都市が大気に与える熱的インパクトを調査すると，海水面や森林と同程度の影響力があるといえる．

## 2.5 ヒートアイランド強度の簡易計算法

Summers はヒートアイランド強度を簡易に計算する方法を提案した[7]．ここではさらに簡略化したモデルを提案し，都市の大きさ，都市表面から大気に放散される顕熱量，市外の大気の温度勾配，風速から式 (2.2) によってヒートアイランド強度 $t_{u\text{-}r}$ を求めることとする（図 2.12 参照）．

$$t_{u\text{-}r} = \sqrt{\frac{2LH\Delta t/\Delta Z}{3600 C_p \gamma U}} \tag{2.2}$$

$t_{u\text{-}r}$：市内外の温度差 [℃]
$H$：地表から大気に放散される熱量，顕熱流 [W/m²]
$L$：都市の大きさ [m]
$\Delta t, \Delta Z$：上下に $\Delta Z$ [m] 離れた位置の温度差 $\Delta T$ [℃]
$C_p$：空気の比熱 [Wh/kg℃]
$\gamma$：空気密度 [kg/m³]
$U$：風速 [m/s]

ルンド市に適用してみると，図 2.13 に示されるように，おおむね計算値と一致しており，簡易に計算するには妥当なモデルといえる．ただし大気が不安定であったり，安定大気中に形成されるヒートアイランドでない場合は適用できない点に留意する必要がある．

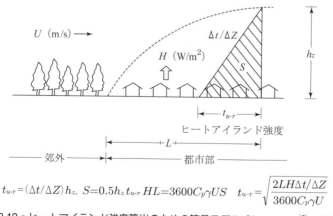

$t_{u\text{-}r} = (\Delta t/\Delta Z)h_z, \quad S = 0.5 h_z t_{u\text{-}r} HL = 3600 C_p \gamma US \quad t_{u\text{-}r} = \sqrt{\dfrac{2LH\Delta t/\Delta Z}{3600 C_p \gamma U}}$

**図 2.12 ● ヒートアイランド強度算出のための簡易モデル [Summers[7] を修正]**

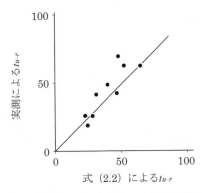

図2.13 ● 実測と簡易式によるヒートアイランド強度 $t_{u\text{-}r}$ の比較

　近年では，数値計算によってヒートアイランドばかりでなく，建物周辺部や広域の気温分布まで予測できるようになっており，今後，数値計算は飛躍的に発展する手法である．

## 2.6 首都圏のヒートアイランド実態

　東京は明治維新以降，市街地の拡大を続けながら地表面を田畑・林などの自然被覆から，建物や道路などの人工被覆に改変してきている．その結果，図2.14に示すように東京の都心部（大手町）では，年平均気温（100年で2.2℃上昇），2月の平均気温（同2.6℃）そして8月の平均気温（同1.7℃）と，いずれも高温化傾向が明確である．1970年代「熱くなる大都市」[9]等の警告の書が世に問われ，熱汚染が指摘されたにもかかわらず，その後も高温化傾向が継続し，昨今ようやく社会問題として一般的にも認識され，関連府省等により各種対策が検討され始めた．この東京をはじめとする大都市での高温化要因は，地表面改変による熱収支の変化と，エアコンや自動車，工場等によるエネルギー消費に伴う大気への熱放出つまり人工排熱が，2大要因となっている（図2.15）．本節ではヒートアイランドが特に問題となっている首都圏の夏季8月を取り上げ，その実態を概説する．

　地表面を構成する物質によって熱収支が異なるために，各種表面でさまざまな温度を呈する．**赤外線放射温度計**で各種地表面を観測すると，図2.16に示すような**表面温度**を示す．最も地表面温

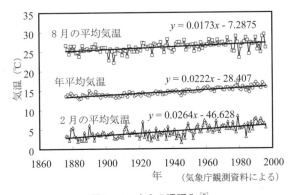

図2.14 ● 東京の温暖化 [8]

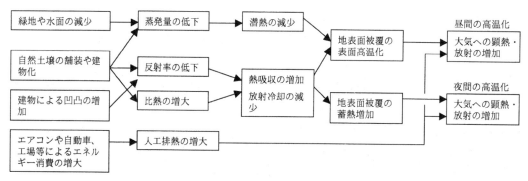

図2.15 ● 都市化による高温化要因 [10]

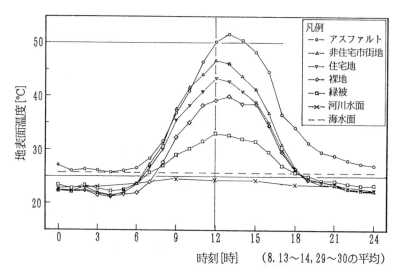

図2.16 ● 8月の各種地表面温度の日変動 [11]

度が高くなるのはアスファルト表面で最高50℃を超える．業務用地等の非住宅市街地（業務建物系土地利用の建ぺい率を考慮し，建物屋根面80％，緑被20％として土地被覆データに換算）で45℃を超え，住宅地（建物屋根面60％，緑被40％）でも約42℃と，地表面が人工構造物で覆われているほど自然被覆に比較し地表面温度は高くなる．

　図2.17の地表面温度分布は，細密数値情報から推定した**土地被覆**分類に図2.16に示す土地被覆別地表面温度日変動の実測調査結果を対応させ作成したものである．もともと細密数値情報は**土地利用**（land use）のメッシュ・データ（第5章で詳述）であるが，地表面温度の推定には土地被覆（land cover）情報が必要である．そこで前述のように特に建物用地については建物屋根面と緑被の比率を建ぺい率から仮定し，土地利用データを土地被覆データとして利用している．この図は12時の地表面温度分布を示している．都心部の地表面温度が周辺よりも高温であるのは自明のこととしても，この高温域が東京都区部を中心として東京首都圏の市街地の広がり（後述の図2.20参照）にほぼ重なるように放射状に広がっており，横浜市・川崎市，千葉市，さいたま市，八王子市・立川市の**業務核都市**が東京都区部を中心として連続し，一つの巨大な高温域を形成しているのが明瞭である．

　人工排熱はエネルギー消費の区分に従い，**民生**（冷房・暖房・給湯など），**産業**（工場，供給処

図 2.17 ● 東京首都圏の地表面温度分布（8月12時）[11]

理施設など），運輸（車両，鉄道など）の3種に区別して取り扱われる．建築分野では冷房に伴う大気への放熱（特にこれを**冷房排熱**という）が都心部で大きく影響している．冷房という行為を設備システムの観点から説明すると，部屋の中の熱だけを機械的に奪いこれを冷却塔を通じて建物外の大気へ捨てることとなる．家庭でのルームエアコンにより部屋を涼しくすると同時に屋外機から熱気を放出するのと同義である．したがって，ヒートアイランドにより大気が高温化されるがために建物内を冷房すると，この冷房に伴う排熱がさらに屋外の大気を加熱し，またさらにヒートアイランドを進行させてしまうという悪循環を形成してしまうのである．

東京都23区を対象とした8月の人工排熱試算例によると，1972年と1999年とでは建物・自動車・工場それぞれからの排熱量には相違が見受けられる（図2.18）．1972年では最も排熱量が大きいのが工場で，ついで自動車と建物からの排熱が工場の40％程度でほぼ同量であった．しかし1999年では，工場からの排熱が減少しているのに対して，自動車・建物からの排熱は増大している．特に建物については，1972年の約3倍もの排熱量となり，工場・自動車と比較し極端に増加していることが明確である．これは当時，一部の建物にしか設備されていなかった空調が，現在ではほぼすべての建物に設備され，そして冷房されるようになったためである．

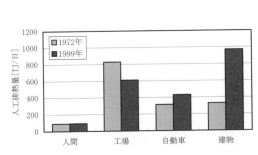

図 2.18 ● 東京都23区8月の人工排熱の変化 [12]

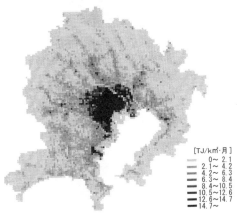

図 2.19 ● 首都圏の冷房用エネルギー消費分布（8月）[14]

図2.19に示す8月の冷房用エネルギー消費量分布は，細密数値情報土地利用データと東京都都市計画局の建物用途別延べ床面積データとの相関分析結果と，各市区町村の**固定資産税概要調書**資料とを併用し作成した首都圏の**建物用途別延べ床面積**メッシュ・データ[13]に，**エネルギー消費原単位**を乗じて算出したものである（エネルギー消費については第8章に詳しい）．この冷房用エネルギー消費分布は前述の地表面温度分布と比較すると，さほど広域にエネルギー消費量の大きい地域が広がっていない．東京都区部こそ多消費で際立っているが，比較的郊外に分布する住宅の冷房用エネルギー消費よりも，鉄道駅周辺の業務・商業施設の集中している地域の方が，相対的にエネルギーを多消費しているためと考えられる．

図2.20は建物系土地利用（細密数値情報より）を黒色表示し背景とした，AMeDAS観測による1999年8月真夏日13時の平均気温を等気温線図として描画したものである．本図によると，首都圏では都県をまたがる巨大な高温域が発生していることが明瞭である．最高気温は練馬・越谷で32.7℃，東京（大手町）で31.6℃となっており，図2.17，図2.19に示す放熱塊の中心と気温分布の中心とが一致していないが，これは**海風**や**内陸型気候**等の影響と思われる．特に暑い日に関しては，瞬時値で最高気温35℃を超える場合すら，昨今では珍しくなくなっている．また地中（深さ1m）であっても，都心の方が郊外よりも高温を呈するようになっている（図2.21）．

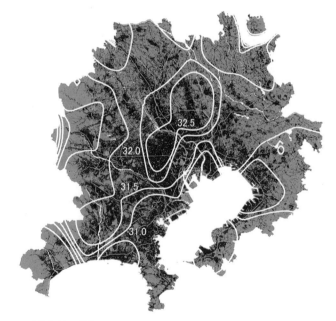

図2.20 ● 首都圏の8月13時の気温分布
（AMeDAS観測1999年8月真夏日の13時平均より作成）

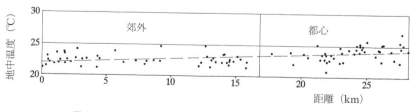

図2.21 ● 都心と郊外の地中温度分布（東京：深さ1m）[15]

首都圏のヒートアイランドに起因する夏季の社会問題が顕在化してきた．東京都内における**熱中症**による救急車搬送人員数が，1990年以降増加傾向にあることが報告されている[12]．熱帯夜日数の増加（図2.22）も人体健康上憂慮すべきことである．就寝時の冷房は，人間活動の停止する夜間でさえも冷房排熱とエネルギー消費の増大を招く．このようにヒートアイランドが進行すると必然的に冷房が普及し，冷房用のエネルギー消費，主として電力消費が増えることになるのである．気温が1℃上昇することによる最大電力の増加量を**気温感応度**というが，東京電力管内の夏季14時の気温感応度は約166万kW/℃と試算されており，このためだけの新たな発電所が必要とされる懸念すら示されている[12]．東京都では民間建物であってもヒートアイランドを緩和するための**屋上緑化**を義務付けし，中央府省でも2002年に**ヒートアイランド対策関係府省連絡会議**が結成され，2004年3月に「**ヒートアイランド対策大綱**」がまとめられるに至った．また，日本学術会議社会環境工学研究連絡委員会による「ヒートアイランド現象の解明に当たって建築・都市環境学からの提言」（2003年），日本建築学会による「都市のヒートアイランド対策に関する提言」（2007年）がなされ，総合的な推進体制が構築された．

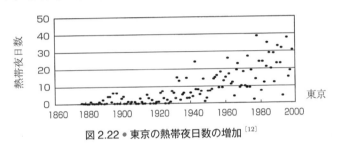

図2.22 ● 東京の熱帯夜日数の増加 [12]

しかしながらヒートアイランド対策は，ようやく本格的な検討が始められたばかりである．地表面放熱と人工排熱の制御は，その量の削減だけでなく，質（顕熱放出か潜熱放出か），放熱場所（街路空間か上空か，もしくは地中・河川水・海水か），そして時間（日中か夜間か）など，考慮すべき点は多い．都市環境を学ぶ私たちは，科学的な実験，計測そして予測等に基づく考察を通じた社会貢献を強く求められている．屋上緑化や省エネルギー等の建物個別の対策にとどまらず，都市計画や都市インフラストラクチャーのあり方についても研究と実践を進めなければならない．

### ● 参考文献 ●

[1] 吉野正敏：世界と日本の都市気候の変遷と都市気候学の発達，日本生気象学会誌，27（2），pp. 47-56，1990
[2] 新建築学大系編集委員会：新建築学大系8 自然環境，pp. 246-247，彰国社，1984
[3] 尾島俊雄，岡建雄：市街化空間の熱的環境に関する研究（その2），日本建築学会論文報告集，第250号，pp. 53-60，1976
[4] 岡建雄：市街化空間の熱的環境に関する研究（その5），日本建築学会論文報告集，第276号，pp. 87-93，1979
[5] 岡建雄：市街化空間の熱的環境に関する研究（その6），日本建築学会論文報告集，第301号，pp. 131-137，1981
[6] 横尾昇剛ほか：東京都心および郊外における拡散係数，日本建築学会計画系論文集，第514号，pp. 35-41，1998
[7] Summers, P. W. : An urban heat island model, The first Canadian conference on micrometeology in Toronto, 1965

[8] 日本建築学会編著:都市環境のクリマアトラス,ぎょうせい,2000
[9] 尾島俊雄:熱くなる大都市,日本放送出版,1975
[10] 環境省ヒートアイランド実態解析調査検討委員会:平成12年度ヒートアイランド現象の実態解析と対策のあり方について報告書,環境省,2001
[11] 渡辺浩文,依田浩敏,尾島俊雄:リモートセンシングデータと数値情報利用による広域都市の地表面温度分布図の作成に関する研究,日本建築学会計画系論文報告集,No. 443, pp. 21-29, 1993
[12] 尾島俊雄:ヒートアイランド,東洋経済新報社,2002
[13] 依田浩敏,渡辺浩文,尾島俊雄:数値情報利用による用途別建物延床面積分布図の作成法に関する研究,第1回地理情報システム学会研究発表会,pp. 54-55, 1992
[14] 渡辺浩文:東京首都圏における熱汚染のメッシュ別定量化に関する調査研究,早稲田大学博士論文,1993
[15] 三浦昌生,尾島俊雄:95地点の実測による都心と郊外の地中温度差について―東京における地中温度分布に関する実測調査研究 その2―,日本建築学会計画系論文報告集,No. 454, pp. 35-44, 1993

第 3 章

# 都市の大気汚染

大気汚染は隣席の煙草のような最小規模汚染から，室内空気汚染，都市規模，酸性降下物汚染のような大陸規模汚染，チェルノブイリ原発事故のような半球規模汚染までさまざまな規模と過程の汚染がある[1]．オゾン層破壊も全球規模，超長期の大気汚染といってもよい．

温室効果ガスの排出と蓄積による気候変動問題も $CO_2$ や $CH_4$（メタン）は大気汚染物質ではないが大気汚染に類するものである．エアロゾルとも呼ばれる微小粒子には温室効果をもつ BC（ブラックカーボン）と冷却効果がある OC（有機炭素）とがあり，また $SO_2$ も冷却効果をもつ等，各種の大気汚染物質や黄砂[1)]等の複雑な大気化学反応と大気長距離輸送，雲の形成や降水を含む複雑な大気物理過程が関係して温室効果が形成されており，大気汚染と気候変動問題は切り離して扱うべきものではないことがわかっている[2]．

発生源から見て大気汚染には大規模工場や火力発電所からの工業型と，自動車や建物からの都市型，野焼きや焼き畑等の農業起源，火山や山火事等の自然起源等がある．本章ではおもに都市型の大気汚染について基礎と近況を概説する．日本の大気汚染現況や規制基準等の一般事項については環境省ホームページ等で最新情報が得られる[3][4]．

## 3.1 都市の大気汚染の歴史

都市の大気汚染の歴史を遡ると，ロンドンではすでに 1306 年に Edward I 世により市内の石炭使用を禁止する王政布告が出されている[5]．1661 年にはロンドンの大気汚染を解決するために工場をテームズ川対岸 10 km 先に移転しようという大気汚染対策提言報告書も出された[6]．産業革命後の 19 世紀になると規制法もつくられたが石炭消費量も増え，ロンドンではスモッグ事件が多発するようになった[6]．そして 1952 年 12 月，過剰死 3,000 人以上という大スモッグ事件が起きた[7]．ロンドンではその後暖房用燃料が石炭から石油に転換し激甚被害は出なくなった．

日本では 1960 年代の**四日市ぜんそく事件**がよく知られているが，これは工業型大気汚染であり，高煙突化，脱硫装置の普及，燃料転換により数年後にはかなり改善された．それを促進する行政制度として硫黄酸化物総量規制が実施され世界的にも成功した大気環境保全政策とされた[8]．しか

---

1) 黄砂は粒径がきわめて小さな砂粒が長距離飛来する問題で，中東の砂漠の砂も北東アジアに飛来するといわれる．北京やソウルに飛来する黄砂は新疆ウイグル自治区の砂漠がおもな飛来源と考えられる．日本に飛来する黄砂は大陸からの大気汚染物質の長距離輸送大気汚染の大気物理化学に影響して，東アジアの酸性化にも関係している．黄砂それ自体による健康影響は中国や朝鮮半島で深刻な場合があり，自然起源粒子であるが都市の大気汚染と同様に対処すべき問題といえる．

し急激な経済成長をしている途上国の火力発電所，製鉄，セメント，化学基礎品，非鉄精錬，石油精製，コークス製造工場付近では，工業型大気汚染は現在も存続している問題である．アメリカでは1940年頃，工業都市ピッツバーグでは昼間もヘッドライトを点けて自動車走行するほど大気汚染が激しかったが[9]，顕著に都市型の大気汚染が見られたのは1950年代のロサンジェルスの自動車排ガス汚染であった[10]．また，メキシコのメキシコシティーでは高地であるため空気が薄く自動車エンジンの燃焼条件が悪く顕著な都市型大気汚染が見られた．

ここ数年中国の大都市で冬季に高濃度のPM汚染が発生し，たとえば2013年，ハルビン等の北方の大都市で1,000 μg/m³ を超える高濃度なPM2.5汚染が記録された[11]．都市内の自動車燃料，地域暖房等の建物石炭使用，郊外の工業発生源等の多重な排出寄与が重なって深刻な汚染になっている．WHOの推計では2010年に都市のPM2.5汚染で340万人の過剰死があるとするデータがあるが，同じ推計で家庭での固体燃料使用に伴う汚染で同程度の過剰死が推計されており，合計約700万人の過剰死があるとされている[12]．中国の農村部で家庭の炊事暖房に使っている伝統かまどでのバイオマス燃料（トウモロコシの茎，葉，芯や木の小枝等）と石炭の使用に伴う室内空気汚染で，都市内のPM2.5と同程度の過剰死があるということである．ヒ素や重金属を含む場合等もあり，石炭の質の違いや地域により汚染原因物質が異なるが，途上国の家庭ではかまど前での炊事労働での汚染曝露健康被害や暖房時の一酸化炭素中毒死もある．東京のような先進国巨大都市では都市内の激しい大気汚染はかなり解消されたが，世界全体では都市内の大気汚染，家庭での空気汚染で顕著な健康被害が現在もあるということである．

## 3.2 環境基準

日本の大気汚染物質に関する**環境基準**を表3.1に示す[13]．

$NO_2$ については1973年の設定当初は「1時間値の24時間平均値が0.02 ppm以下」と定められたが，1978年「0.04 ppm〜0.06 ppmのゾーン内またはそれ以下」に緩和された．汚染が深刻な，すなわち達成困難な地域では0.06 ppmを適用するということである．当時としては0.02 ppmは達成困難な水準と考えられ，旧基準は発生源での$NOx$濃度と大気中の$NO_2$濃度の関係から考えると相当に厳しい目標であることはその後の研究からも理解されているが，これには環境行政の後退を招くとの批判もあった．

四日市ぜんそくをきっかけに工業都市の$SO_2$汚染対策を行い，次に都市型大気汚染といわれた自動車$NOx$対策に集中した日本の大気保全行政は，1990年代に入ると激甚公害の後追い対策から環境汚染の未然防止対策へ，規制行政から官民一体の環境リスク管理へと展開が図られた．これを受けて1996年の大気汚染防止法の大幅改正で健康影響リスクが高い可能性がある234の化学物質が有害大気汚染物質として大気保全行政の対象に加えられ，優先的に取り組むべき物質として22物質が指定された．現在は健康リスクが高い5物質（ベンゼン，トリクロロエチレン，テトラクロロエチレン，ジクロロメタンとダイオキシン）の環境基準が設定されている．

**SPM**（浮遊粒子状物質）の環境基準は十分達成されているが，粒子径2.5 μm以下の**PM2.5**（微小粒子状物質）の環境基準が2009年から設定された．注意喚起の目安として短期基準の2倍

表 3.1 ● 日本の大気環境基準

| 項　目 | | 環境上の条件 |
|---|---|---|
| 二酸化硫黄 | SO$_2$ | 1時間値の1日平均値が 0.04 ppm 以下であり，かつ，1時間値が 0.1 ppm 以下であること |
| 一酸化炭素 | CO | 1時間値の1日平均値が 10 ppm 以下であり，かつ，1時間値の8時間平均値が 20 ppm 以下であること |
| 二酸化窒素 | NO$_2$ | 1時間値の1日平均値が 0.04 ppm から 0.06 ppm までのゾーン内またはそれ以下であること |
| 浮遊粒子状物質 | SPM | 1時間値の1日平均値が 0.10 mg/m$^3$ 以下であり，かつ，1時間値が 0.20 mg/m$^3$ 以下であること |
| 微小粒子状物質 | PM2.5 | 1年平均値が 15 μg/m$^3$ 以下であり（長期基準），かつ，1日平均値が 35 μg/m$^3$ 以下であること（短期基準） |
| 光化学オキシダント | Ox | 1時間値が 0.06 ppm 以下であること |
| | | 注意報：1時間値が 0.12 ppm 以上で，気象的に継続性が認められる場合，都道府県知事が注意報を発令 |
| | | 警　報：1時間値が 0.24 ppm 以上で，気象的に継続性が認められる場合，都道府県知事が警報を発令 |
| 光化学オキシダント生成防止大気中炭化水素濃度の指針 | NMHC | 光化学オキシダントの日最高1時間値が 0.06 ppm に対応する午前6時から9時までの非メタン炭化水素の3時間平均値は，0.20 ppmC から 0.31 ppmC の範囲にある（指針であり環境基準ではない） |
| ベンゼン | | 1年平均値が 3 μg/m$^3$ 以下であること |
| トリクロロエチレン | | 1年平均値が 20 μg/m$^3$ 以下であること |
| テトラクロロエチレン | | 1年平均値が 20 μg/m$^3$ 以下であること |
| ジクロロメタン | | 1年平均値が 150 μg/m$^3$ 以下であること |
| ダイオキシン | | 1年平均値が 0.6 pg-TEQ/m$^3$ 以下であること |

2015年4月1日現在
告示期日，定める測定方法，適用場所，物質の定義等については環境省公示情報を参照
[出典：環境省「平成25年度大気汚染状況報告書」より作成]

の濃度 70 μg/m$^3$ を超えた場合には外出や屋外での長時間運動を減らすようにとの暫定指針が，2014年11月に示されている．

　光化学大気汚染の前駆物質である **NMHC（非メタン炭化水素）** については環境基準はないが，日最高値に対応した NMHC 濃度について指針が定められ，光化学大気汚染被害を防止するため注意報，警報が都道府県知事から発令される．

## 3.3 都市大気汚染の現況

　わが国の都市大気の測定局には **一般局** と **自動車排ガス測定局（自排局）** がある．図 3.1 ～ 3.6 は各種大気汚染物質の年平均値の経年動向を示す[13]．自排局の濃度が一般局より高い汚染物質ほど自動車排ガスの寄与が大きいことを意味している．

　工業都市の SO$_2$ 汚染は 1960 年代に顕著であったが 1970 年代の大気保全行政により大幅に改善され，その後，自動車用軽油中 S 分含有率も大幅に低下して 2000 年代にはディーゼルエンジン車の排出も削減され，自排局の濃度も低下し大気中濃度は高度成長期の 10 分の 1 以下にまで改善

された(図3.1).これに対して自動車排ガス寄与が大きいNO₂濃度は大気汚染対策効果がなかなか現れず,ディーゼル貨物車の自動車排ガス対策が進展普及した2000年代に入ってようやく顕著な低下傾向が観察されるようになった(図3.2).COは完全燃焼すれば排出はない物質であるが1970年代には固定発生源からも自動車からも大量の排出があった(図3.3).コンピュータによる燃焼制御技術が格段に進化し,特に自動車からの排出が顕著に削減された2000年代には大気中濃度は1960年代の10分の1以下に低下した.SPMは経年動向はNO₂と似ており自動車排ガス寄与が大きいことを示唆している(図3.4).PM2.5は最近年次の実測結果しかないが,2013年度

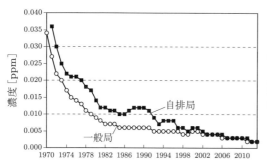

図3.1 ● 大気中 SO₂ 濃度の経年動向
[出典:環境省「平成25年度 大気汚染状況報告書」より作成]

図3.2 ● 大気中 NO₂ 濃度の経年動向
[出典:環境省「平成25年度 大気汚染状況報告書」より作成]

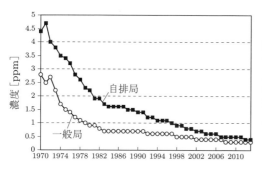

図3.3 ● 大気中 CO 濃度の経年動向
[出典:環境省「平成25年度 大気汚染状況報告書」より作成]

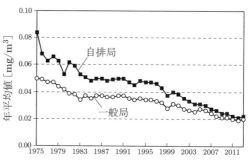

図3.4 ● 大気中 SPM 濃度の経年動向
[出典:環境省「平成25年度 大気汚染状況報告書」より作成]

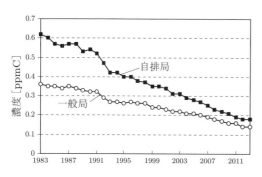

図3.5 ● 大気中 NMHC 濃度の経年動向
[出典:環境省「平成25年度 大気汚染状況報告書」より作成]

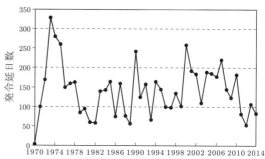

図3.6 ● 光化学オキシダント注意報発令延日数の推移
[出典:環境省「平成25年度 大気汚染状況報告書」より作成]

の平均値は自排局 0.0160 mg/m³, 一般局 0.0153 mg/m³ で SPM の 4 分の 3 程度の濃度である. SPM, PM2.5 ともに自排局と一般局の差が小さいが, その原因として二次生成粒子の寄与が大きいことと大陸からの長距離輸送寄与が示唆される.

NMHC の経年動向は年々単調に減少傾向にある（図 3.5）が, 自排局と一般局の差がほとんどなくなった近年でも 0.20 ppm の汚染濃度があるのは燃焼系発生源ではなくガソリンスタンドやクリーニング業, 油性塗料や印刷インク溶剤からの蒸発排出があるからである. 光化学大気汚染は $NO_2$ と NMHC が大気中で反応して Ox オキシダントが二次生成されることで発生する. この健康影響は高濃度の短期曝露が問題となるので注意報発令延日数を示す（図 3.6）. 毎年増減があるのは, 光化学大気汚染は日射のエネルギーを受けて進行する反応であるため気象条件が大きく影響するからである. また, NMHC が低濃度になると逆に光化学大気汚染の反応が進み Ox が高濃度になる場合があることや, 季節により成層圏からの $O_3$ オゾン吹き下ろし, 大陸からの長距離輸送も寄与しているとの研究もある. しかし 2000 年以降は注意報発令日数が減少傾向にあり, 自動車排ガス対策の効果で首都圏等の NOx 排出量が削減され, 蒸発系発生源からの NMHC 排出量も減っている効果と考えられる.

ベンゼンについては自動車寄与が大きいことが指摘され, 2000 年頃までは沿道地域で高濃度傾向が見られた. 2000 年からガソリン中のベンゼン含有率規制が強化され, 許容限度が 5 ％体積から 1 ％体積以下になったのを受けて, 改善されてきている. 継続測定局の平均値は 1998 年に 3.3 μg/m³ であったものが 2012 年には 1.2 μg/m³ に低下した.

なお, これらの大気汚染実態状況については, 概要が環境白書[3]に, 全国的なまとめが同・報道発表資料に, 測定局別データが国立環境研究所ホームページ環境データベースに掲載されている. 環境省大気汚染物質広域監視システムによる汚染現況や注意報発令状況も Web 公開されており, 東アジア全体の大気物理化学計算シミュレーション結果も Web で見ることができる[4].

環境基準の達成状況を見ると $SO_2$, $NO_2$, SPM では一般局濃度はほぼ全測定局で年平均値が基準以下の濃度になっており基準は達成されているが, PM2.5 では 2013 年度において一般局で 16 ％, 自排局で 13 ％の達成率ときわめて低い. 光化学オキシダントの場合は注意報発令日数も被害者届出人数もかなり改善されてきているにもかかわらず, 基準達成率は 2013 年度においてもほとんどゼロとなっている.

## 3.4 発生源と排出量

日本全国の $SO_2$, NOx 排出量経年動向について図 3.7, 3.8 に示す. $SO_2$ については 1986 年度まで急激に減少した後, 以降それ以上の減少は見られなかったが, 自動車軽油中の S 分含有率が低減したため 1999 年度には大型貨物車からの排出が 5 分の 1 に減少し, 総排出量も 1994 年比で 30 ％減少した. NOx については 1986 年度以降固定発生源の規制強化が行われない中, 燃料消費量が増大し, 火力発電所も石炭火力の運転開始などにより増大した. 乗用車・小型貨物車は規制強化により減少したが, 大型貨物車はディーゼルエンジン対策の困難性を受け, 排出係数の低減よりもエネルギー需要増加が上回り排出が増大, 1991 年度には 1977 年度の 93 ％にまで増大し

た．それ以降は横ばい傾向に転じたものの 2003 年度頃まで高排出量が 10 年以上継続した．その後，産業部門と大型貨物車の排出が減少し，2012 年度では 1977 年度の半分近く（52 %）になっている．

ここで NOx 排出量と大気中 $NO_2$ 濃度の関係について触れておこう．$NO_2$ 環境基準の達成が長期間困難であった理由の一つは NOx と $NO_2$ の関係にあり，ある経験式では大気中濃度年平均値について $NO_2$ は NOx の 0.721 乗に比例するので，変化の傾向は穏やかになる．NOx 排出量を半減しても $NO_2$ 濃度は 39 %減にとどまる．都市内の $NO_2$ 濃度に影響が強い自動車 NOx 排出量が頂上値であった 1991 年度から，最新の $NO_2$ 濃度が得られている 2011 年度の NOx 排出量と大気中 $NO_2$ 濃度の動向を比較すると，自動車排出量は 57 %削減されているが自排局の $NO_2$ 濃度は 36 %しか低下していない．固定発生源は排出量が多い発電所等では 150 m の煙突から排出され，排ガスと周辺大気の温度差や吐出圧力による排煙上昇を加味した有効煙突高度は 200 m 近くに達するため，都市内の地上大気中濃度への影響寄与は直接都市内街路で排出がある自動車に比べて相対的に低くなる．

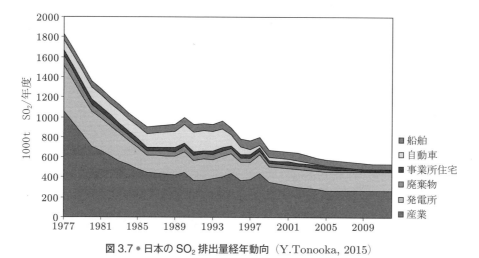

図 3.7 ● 日本の $SO_2$ 排出量経年動向（Y.Tonooka, 2015）

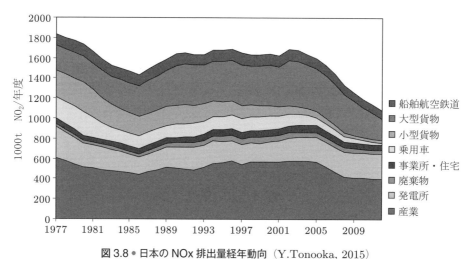

図 3.8 ● 日本の NOx 排出量経年動向（Y.Tonooka, 2015）

図は空間領域としての日本（国土）における人為起源排出量である．船舶からの排出量には港湾区域内だけでなく内航船舶航行排出を含む．この図には含まないが日本の港に入港する国際物流貨物船等の公海上の排出量も大きい．また自然起源として日本では火山の$SO_2$排出量も大きく，鹿児島県の桜島から常時，この図に示す人為起源と同等以上の排出がある．2000年に三宅島が爆発した時には20倍もの排出があり，風向により名古屋市や東京でも高濃度汚染が観測された．

## 3.5 防止対策

　自動車排出ガス対策はいわゆる単体規制，もっぱらエンジン改良と触媒装着等による後排ガス処理を中心になされてきた．このような規制の発端は1959年カリフォルニア州の排出基準制定であった．ロサンジェルスでは1943年頃から光化学スモッグが発生しており，1950年頃カリフォルニア工科大の教授 Arie J. Haagen-Smit はおもに自動車から排出されたHC（炭化水素）とNOxの光化学反応により**ロサンジェルス・スモッグ**が生成されていることを明らかにした[14]．

　その後10年が過ぎても自動車メーカーは何の対策も取らなかったため州は排出基準をつくったが，当初は目標値で強制力が弱かったので1960年に州の自動車汚染防止法として排出基準に強制力をもたせ，1～2年後に州内で販売される自動車は州の委員会が達成可能とした基準を満たすことを義務づけた．自動車メーカーは，排ガス低減装置装着車は1967年型からしかできないと州に通告したが，1964年に州委員会により，独立メーカー開発の技術が基準達成可能と認定された．そこで1966年型車から排出基準が義務づけられ，各社は達成可能と発表した[15]．

　カリフォルニア州でのこのような動きが契機となり，1970年12月に大気浄化法改正法（通称**マスキー法**）が成立し，1968年型車から排ガス規制基準が保健教育福祉長官により制定された[16]．日本では同様に，自動車排出ガス規制が昭和48（1973）年から開始され，度重なる改訂強化により対策の推進が図られてきた[17]．これは新車の型式登録時に法で定められた測定モードで試験して，車種および重量規模別・汚染物質別に定められた自動車排出ガス規制値以下であることが義務づけられるものである．しかしそれだけでは$NO_2$環境基準達成期限であった1985年を過ぎても大都市地域においていっこうに$NO_2$汚染が解消されないため，自動車NOx総量規制の導入が検討され，1992年に自動車NOx法[2]が成立し，同年12月から施行された．日本の自動車排出ガス対策は$NO_2$環境基準の達成が困難であったことからNOxに偏り，ガソリン乗用車については大幅な改善がなされてきた．2002年4月に出された新長期目標ではガソリン乗用車・軽乗用車のNOx 2005年規制値は0.05 g/kmであり，1973年規制以前の未規制車の2％以下となっている[18]．

　一方，ディーゼル車対策は特に大型トラックの重量車の排出低減が技術的に困難とされ，未規制車水準に対し1998年規制4.5 g/kWhは副室式の場合41％，直噴式の場合26％相当であり，ガソリン車に比べて改善速度が遅かった．EUの規制水準と比べるとEU規制は1998年時点では7.0 g/kWhであったが2000年から5.0 g/kWhと日本並みに近づき2005年には3.5 g/kWh，

---

2）自動車から排出される窒素酸化物の特定地域における総量の削減等に関する特別措置法（平成4年法律第70号）

2008年には 2.0 g/kWh と大幅な規制強化がなされた．これに対し日本でも規制強化が打ち出され，2005年では規制 2.0 g/kWh に強化された．現在最も厳しい規制値は 2016年規制の 0.4 g/kWh である．アメリカの最新規制はこれより厳しく 2010年から 0.27 g/kWh となっている．

一方 PM については日本の規制水準は EU に比べて緩かったが，自動車大気汚染訴訟で SPM の健康影響，特に **DEP**（ディーゼル車排ガス粒子状汚染物質）の健康影響が問題になり被害の因果関係が認定された[21][22]．この判決の根拠としてアメリカでの諸都市の大気中 PM 濃度と訂正死亡率（他の要因を除去したもの）が正相関を示すハーバード大学公衆衛生学教室の Pope, A. 等の研究がある[23][24]．これを受けて **PM 規制**が大幅に強化されることになり，1998年規制では日本は 0.25 g/kWh，2003年規制では 0.18 g/kWh としていたが 2002年4月の新長期目標では 2005年規制として EU に近い 0.027 g/kWh に一挙に改訂強化された[18]．現在は 0.01 g/kWh で欧米より厳しい基準値となっている．この背景には東京都が 1999年から開始した**ディーゼル車 NO（ノー）作戦**で打ち出した DEP フィルター装着義務化が自動車メーカー各社の対応を引き出し，2005年規制をにらんだ 2003年規制の 7 割減の 0.05 g/kWh を国内トラック 4 社が自主基準とし，国内各社は DEP フィルターの調達，装着サービスでも協力を打ち出したことによる[19]．

また，最近の自動車排ガス対策はエンジン単体だけでなく燃料組成の改良と連動しており，特に軽油中 S 分の低減が進められてきた．かつては出荷平均で 0.35 %（1992年以前 JIS 規格 0.5 % 当時）あった自動車軽油中 S 分は，JIS 規格が 1992年から 0.2 %，さらに 1997年に 0.05 % になり，規制を前倒しして 2005年 1 月には 10 ppm 軽油の出荷が開始された．また，新長期目標 (2002.4)[18]では排出ガス試験モードの見直しも取り込まれ，世界的に統一した**国際標準試験方法**に向かって動き出した．

NOx と SPM の基準達成が困難な大都市地域において SPM 対策を含めた**総量規制**が検討され，2001年 6 月，自動車 NOx 法は SPM を含んだ自動車 NOx・PM 法に拡充された．この改正では一定の自動車に対し低排出車の利用を義務づける「車種規制」が導入された[25]．

1996年の大気汚染防止法の改正で有害大気汚染物質規制が導入され，ベンゼンが最優先取り組みの指定物質となったが，ベンゼンについては自動車排ガスからの排出寄与が大きかったことからガソリン車排ガスの低ベンゼン化のため，ガソリン組成の品質規制強化がなされた．製品中ベンゼンが 5 %体積以下であったものが 2000年 1 月 1 日から 1 %体積以下の基準が適用され，規制を前倒しした低ベンゼン・ガソリンが販売されるようになった．また，ガソリン蒸気圧の低減化も業界の自主的な取り組みによって進められている．

1980年代から $NO_2$ 環境基準がなかなか達成できなかったのは重量ディーゼル車の排出削減が技術的に難しかったからであるが，コモンレールエンジンの普及と燃料品質の格段の向上により，ようやく自排局でも環境基準を満たす濃度水準にまで低下した．

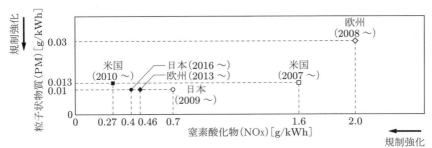

図 3.9 ● ディーゼル重量車の NOx 規制値と PM 規制値の推移　日米欧比較
〔日本自動車工業会　http://www.jama.or.jp/eco/exhaust/table_03.html〕

## 参考文献

[1] 外岡豊：環境政策，埼玉大学経済学部社会環境設計学科教科書，2012
[2] IPCC：IPCC 5th Assessment Report, WGI, 2013
[3] 環境省ホームページ http://www.env.go.jp/
[4] 国立環境研究所ホームページ・環境数値データベース http://www.nies.go.jp/igreen/index.html
[5] 三浦豊彦：大気汚染から見た環境破壊の歴史，労働科学叢書 39，労働科学研究所，1975
[6] 大場秀樹：環境問題と世界史，公害対策同友会，1979
[7] Mayor of London：50 years on the struggle for air quality in London since the great smog of December 1952, 2002
補注）大スモッグ事件 50 周年の講演会がロンドンで開催され偶然出席することができた．この報告書で意外だったのは，深刻な健康被害があったにもかかわらず，被害者は肺か心臓にすでに疾患があった人で，健常な人には迷惑を少し超える程度の影響でしかなかったとの記述であった．
[8] 小野英二：原点・四日市公害 10 年の記録，勁草書房，1972
[9] 都留重人：公害の政治経済学，岩波書店，1971
[10] US.EPA：Air Pollution Report, Harvard, 1992
[11] 中国電網：哈爾浜大気汚染 News, 2013.10
[12] Keating, T, F. Dentener：Assessment of Health and Climate Impacts of regional and Extra-Regional Air Pollution, presented at Task Force on Hemispheric Transport of Air Pollution, Joint TF HTAP/MICS-Asia Ⅲ Workshop, Beijing, 2014, May, 原典は West, J., University of North Carolina 等の研究による
[13] 環境省：環境省平成 25 年度大気汚染状況について（一般環境大気測定局，自動車排出ガス測定局の測定結果報告），http://www.env.go.jp/press/100798.html
[14] 水谷洋一（1990）アメリカにおける自動車排ガス規制の歴史（1），一橋研究 Vol15, No4, pp. 63-84
[15] 水谷洋一（1990）同（2），一橋研究 Vol16, No1, pp. 161-182
[16] 水谷洋一（1990）同（3），一橋研究 Vol16, No3, pp. 17-39
[17] 柴田徳衛他編（1995）クルマ依存社会―自動車排出ガス汚染から考える
[18] 環境省（2002.4.16）報道発表資料：中央環境審議会「今後の自動車排出ガス低減対策のあり方について（第 5 次答申）」の概要
[19] 日経新聞 2002.3.19（火）
[20] 西川輝彦（2002）自動車排ガス規制と燃料品質規制の動向と展望，エネルギー・資源学会講習会，天然ガスからの液体燃料（GTL）への期待，pp19-25
[21] 大杉麻美：尼崎公害訴訟地裁判決，環境法研究，No27, pp. 127-132, 2002.7
[22] 大杉麻美：尼崎大気汚染訴訟・名古屋南部大気汚染訴訟，環境法研究，No29, pp. 1-6, 2004.10
これらの沿道大気汚染訴訟では，自動車排ガスと沿道住民の健康被害の因果関係を認めた根拠として Pope. A 等の研究［24］によるアメリカ諸都市の実績例が採用された．
[23] 松下秀鶴：大気環境科学に係る諸問題，環境研究 No10, pp. 78-84, 1996

[24] Pope, C. A., M. J. Thun, M. M. Namboodiri, D. W. Dockery, J. S. Evans, F. E. Speizer, C. W. Heath, "Particulate air pollution as a predictor of mortality in a prospective study of U.S. Adults, Am. J. Respir., Crit. Care Med., 151, pp. 669-674, 1995

[25] 環境省ホームページ（2002）「自動車 NOx・PM 法の車種規制の概要について」パンフレット（平成 14 年 3 月）

# 第4章 都市災害

わが国は毎年のように風水害に襲われ，狭い国土の中で台風，地震，火山噴火が頻繁に発生している．災害現象はこれらの自然現象とその地域で生活する人々のさまざまな人為的要因とが複雑に関連して顕在化する現象である．そして特に高密度な都市域では災害による影響の拡大危険性が大きく，防災的な取り組みが重要となる．

本章ではこのような背景から，防災性を備えた都市環境を計画する上で基本的に理解しなければならないことがらを解説している．具体的には，災害および安全性の定義，発生して拡大した後，沈静化するまでの災害現象の一連の流れ，阪神・淡路大震災と東日本大震災を踏まえての都市の災害危険要因，防災対策の概要である．また，江戸・東京の市街化による災害危険の変貌，都市緑地の火災延焼からの安全性把握とそれに基づく避難場所の評価，災害への強さを総合的に捉えるレジリエンスの考え方も，多くのことを私たちに教えてくれる．

激甚な災害が頻発する現代，「国民の生命と財産を守る」という基本的な考え方を改めて理解し，適切な予防と対応を実践する必要に私たちは迫られている．

## 4.1 災害と都市の防災

### 4.1.1 災害現象の捉え方

災害とは「異常な自然現象や人為的原因によって，人間の社会生活や人命の受ける被害のこと」（広辞苑）である．災害は地震，津波，火山爆発，台風・集中豪雨，異常気象，雪・氷害などの自然現象が原因で発生するものと，火災のようにおもに人間の活動が原因で発生するものとがあり，自然現象に起因する災害は，その自然現象が発生する地域と人間の活動地域とが重なって，しかも災害による外力が人間による**災害発生抑止能力**を上回る状況が生じて，初めて発生する（図4.1）．

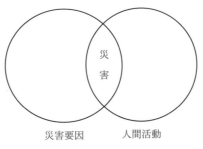

**図 4.1 ● 災害の発生**

災害要因が風水害，火災，地盤崩壊を引き起こし，生活の場が浸水・流失，焼失，破壊，有害物質の漏れや爆発などにより被害を受けて，**人的・物的被害，都市機能障害**が生じる（図4.2）．これらの現象を単に災害要因が起こるメカニズムや物理的な損壊として捉えるのではなく，被害を受ける主体である人間を中心とした時間的，空間的な現象として捉えることが重要である．人間を中心とした現象として捉えることが重要であるのは，被害を軽減するための安全対策を講じる目的の原点が人命第一であるからである．このあたり前の視点がなおざりにされたまま災害が論じられることがしばしばあるので注意を要する．

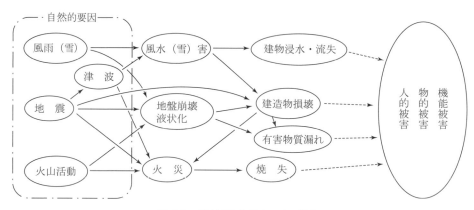

図4.2 ● 災害要因と災害による被害

また，時間的，空間的な現象として捉えるとは次のようなことである．災害現象が小規模であれば個々が完結した現象であって個々に対応すればよいが，大規模で広範な災害になるほど時間的，空間的な変化を伴ったシステム的な現象と捉えて対応する必要がある．1995年1月に発生した**阪神・淡路大震災**（図4.3）などの大規模地震による被災を例に取れば，災害要因は地震による地盤の揺れであり，それによって多くの構築物が倒壊するという単なる物理的現象である．しかし，損壊の程度がひどいと，倒壊建物の中に閉じ込められる人が多数出て，人命救助のために一刻を争う緊急事態となる．また，緊急対応上重要な道路や**ライフライン**が損壊していると，救助活動が思うように行えない状況となる．

2011年3月に発生した**東日本大震災**（図4.4）では，地震後まもなく沿岸を襲った津波により，

図4.3 ● 地震による高速道路の倒壊（1995年1月　阪神・淡路大震災）

図 4.4 ● 東日本大震災に伴う津波による被害（宮城県石巻市）

561 km² もの地域が浸水し，多くの人命が失われるとともに，建物の流失，損壊，浸水，津波に伴う火災が発生し，助かった人々の生活の場が失われた．さらには，東京電力福島第一原子力発電所の被災に伴う事故が発生，放射能汚染をもたらし，これまでになく広域にわたり住民の避難が必要となるなど，未曾有の甚大で多様な被害の様相が顕在化し，長い復旧，復興の道のりが続いている．

このように大規模災害では，災害現象が次々と連鎖的に広がっていくのである．また，災害の原因を本項の冒頭で自然現象と人間活動とに分けたが，災害が発生後，時間経過とともに拡大した後，鎮静化する一連の流れの中で両者が複雑に関係する．

大きな災害の影響は多岐で長期にわたる．災害後の環境悪化や悲惨な体験をしたことによって，被災者が体調を崩したり精神的に不安定になるなど健康性を損なう．あるいは**文化遺産**が損壊したり，居住していた地域が被災して地域コミュニティが失われるなど，社会的な継続性を損なう問題を引き起こすこと，大量のがれきが発生することが環境問題にもつながるなど，その影響は多方面に広がる．

### 4.1.2 安全と安心

都市環境において災害からの安全性を備え，住んでいる人に安心感を与えることは，最も重要なことである．安全を確保するべき対象は第 1 に人間の生命，身体，第 2 に財産，第 3 に活動や機能である．では安全であるとは具体的にどのような状態をいうのであろうか．

それにはまず**ハザード**（hazard）と**リスク**（risk）を理解する必要がある．住環境における「危険や危険の要因となる要素」をハザードと呼び，それによって生命や身体，財産，活動に「支障が生じる確率」をリスクという．リスクは客観的な尺度で測ることができるのに対して，リスクの高低によって人が主観的に評価したものが安全・危険という概念であり，Lowrance は著書 "Of Acceptable Risk-Science and the Determination of Safety"[1] の中で，「あるものは，それに伴うリスクが受容できると判断されたときに安全である」と述べている．人は安全と評価したとき，安心と感じる．

これまでの安全性向上の取り組みには，リスク評価という視点が明確には取り入れられてこなか

った.そしてどちらかといえば行政任せであった.たとえば,建物の耐震性に関しては,構築物は地震で壊れてはいけないものであり,壊れない建物をつくるように建築基準法等を改訂していくことで安全が確保されると考えられてきた.しかし,阪神・淡路大震災などの経験でわかったように,構築物を地震で絶対に壊れないようにつくるという考え方は現実的ではなく,「ハザード」による「リスク」を明確にし,居住者,専門家,行政などさまざまな立場の人々がそれを理解した上で,受容できる安全性のレベルを議論に載せていく必要がある.受容できる安全性のレベルは,理論的にはリスクを低減するためにかかる費用とリスクの水準とのバランスによって決まるが,さまざまな立場,考え方の人々がいることから,関係者間で受容できる安全のレベルについての情報を共有し合意形成をしていくことが重要である.

また,安全性向上に関する最近の動向として,これまでの行政主体の対応だけでは安全性確保が十分ではなく,住民自らが身の安全に関して責任をもたなければならないことが認識されてきた.そのために地域の危険に関する情報を**ハザードマップ**などの形で公開したり,住民自身の手でハザードマップをつくることなどによって,住民に広く周辺環境の危険に対する認識をもってもらう方法の実践例が増えている.

### 4.1.3 都市の災害危険要因と防災対策

防災対策を進めるための考え方のフローを示したものが図 4.5 である.まず対象となる災害を明らかにした上で,その要因であるハザードを把握し,起こりうる確率を考慮してリスク評価を行う.そのリスクを低減するための対策を策定し,実行する.対策を講じることで災害によるリスクが低減されることから,それを踏まえたリスク評価を再度行う.そのリスクが受容できるレベルに低減されていれば,それ以上対策を講じる必要はない.災害発生後,被災した場合には,その対応を迫られることになる.そしてその経験,教訓を踏まえて,再度被災しないように防災対策が講じられるという流れである.後述する地震に対する**地域防災計画**では,その地域で発生する可能性が高い地震(想定地震)を取り上げて,発生した場合の被害想定を行う.その結果に基づいて**事前対策**,**緊急対応**,**復旧・復興対策**の計画を立てることになっているが,この被害想定が図 4.5 のリスク評価に相当するといえる.

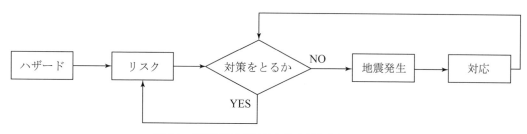

**図 4.5 ● 防災対策を進めるための考え方のフロー**

防災対策は大別すると災害要因となる現象が起こらないように,あるいは起こっても災害につながらない「**災害発生防止対策**」と,発生した被害の拡大を防止する「**災害対応力強化対策**」とがある.災害発生防止対策には「**災害要因の回避**」すなわち災害要因がある地域を避けた都市づくりと「**災害に強い住環境整備**」が,災害対応力強化対策には「**災害拡大抑制力の向上**」,「**避難安全性の**

確保」がある．これらの具体的な例を地震災害についてあげれば，「災害要因の回避」とは，地盤の揺れが大きいと予想される地域や活断層の周辺などには住まないようにすること，「災害に強い住環境整備」とは建物や電気，ガス，水道などのライフラインの耐震性を向上させることなどである．「災害拡大抑制力の向上」とは，モニタリングシステムなどの整備によって発生をいち早く把握して対応できるようにすることや，地震発生前から発生時を想定したさまざまな訓練を行って，危機管理意識と体制を確立しておくこと，「避難安全性の確保」とは，避難場所を指定して周知し，安全な避難ルートの整備を行うことなどがあげられる．このように災害対策には，施設整備などのハード面，危機管理体制の構築などのソフト面の両面から取り組むことが重要である．

災害に対する地域の安全性を高める戦後のおもな取り組みとしては，1959年の伊勢湾台風を契機に1961年に**災害対策基本法**が制定され，都道府県・市町村が風水害，地震等の災害に対する地域防災計画を策定することとなったことがあげられる．さらに，地震対策としては避難地，避難経路等の周辺での不燃化を促進するために1980年に建設省（現 国土交通省）が「都市防災不燃化促進事業」を開始したこと，阪神・淡路大震災を受けて「建物の耐震改修の促進に関する法律」（1995年），「密集市街地における防災街区の整備に関する法律」（1997年）が策定されたことなど，都市大火から建物倒壊，密集地の震災火災に移行してきている[4]．2011年には，東日本大震災が発生し，災害対策基本法は制定以来の大幅な見直しが行われた．2013年6月の改正では，①地方公共団体の機能が著しく低下するような「大規模広域な災害に対する即応力強化等」，②津波による犠牲を踏まえての「住民等の円滑かつ安全な避難の確保」，③原発事故等による広域避難などに対応した「被災者保護対策の改善」，④自助，共助，公助の役割分担を明確にするなど「平素からの防災への取組の強化」，が盛り込まれた[6]．

防災対策が進むと災害が次第になくなっていくのではないかと考える人がいるかも知れない．しかし，一般に都市化の進展とともに新たに災害が生まれてその解決にせまられることから，災害がなくなることはない．人口密度が高くなり，空間的なゆとりがなくなること，高層化・高密度化が進むこと，無理な開発などにより危険な地域に都市域が拡大すること，老朽化した木造建物の密集地域などの整備が進まないこと，危険物の往来や分布が多くなることなど，都市ではさまざまなハザードが増大している．都市化を支えている科学技術に常に災害が内包されていることの結果でもある．さらに，高齢化の進行や都市では人間どうしのつながりが希薄になっているために，災害が発生した場合の対応が難しくなっていることも問題である．このようなことから，都市環境づくりには災害と共存していくという考え方，すなわち災害は避けることができないということを前提として，その被害をいかに軽減するかという視点で取り組むことが大事である．

総合的な都市環境づくりのあり方として基本的に大事なことは，オープンスペース・空間的ゆとりの確保，緑・水といった自然環境要素を取り入れることである．阪神・淡路大震災で，オープンスペース，庭木や生け垣，街路樹，公園の緑などが火災延焼防止，建物倒壊や地盤災害防止に効果があったこと（図4.6），近くの河川の水や井戸水が消防活動や生活用水の重要な水源となったこと（図4.7），オープンスペースが避難場所や仮設住宅用地となったこと（図4.8）などから，災害時のこれらの重要性が理解できる．空間的なゆとり，自然環境要素は，日常の環境調節作用や人間にやすらぎをもたらす効果があると同時に災害防止にも役立つ．

図 4.6 ● 火災の焼け止まりとなった公園
（1995 年 1 月　阪神・淡路大震災）

図 4.7 ● 生活用水の重要な水源となった公園の井戸
（1995 年 1 月　阪神・淡路大震災）

図 4.8 ● 避難生活をおくる場所となった公園のオープンスペース
（1995 年 1 月　阪神・淡路大震災）

　また，災害は突発的に発生するもので，いつ発生するかを予知することは難しく，特に地震などでは数十年から数百年に一度，大規模なものに見舞われるという頻度である．そのような災害に対して，特別の備えをして十分な安全性を確保することは，人の**危機管理意識**などのソフト面，および設備投資や維持管理などの経済的な面からも難しい．そこで，なるべく日常利用するもの，役立つもので災害時にも機能を発揮するようなものを導入したり，災害時のために設けられたものを日常から活用していく工夫が重要である．このような視点から見ても，オープンスペースや自然環境要素など多面的に環境向上に役立つ要素を組み込んだ都市環境づくりを行っていくことが重要である．

## 4.2　巨大地震の広域影響—東日本大震災を例に—

### 4.2.1　概要

　2011 年 3 月 11 日に発生した東北地方太平洋沖地震は，東日本太平洋沿岸のみならず全国にさまざまな被害と影響をもたらす東日本大震災を招いた．被害は，地震動そのものによるもの，津波によるもの，そして東京電力株式会社福島第一原子力発電所事故に伴う放射能汚染によるものに大別できる．この震災による犠牲者は 15,892 人，行方不明者は 2,573 人に及ぶ[1]．建物全壊戸数は

124,664戸，半壊274,641戸，一部破損746,950戸である[1]．復興庁資料に基づく，2015年8月時点での避難者数は198,513人，**震災関連死**3,331人である[2]．前述の被害原因が，激甚性と広域性をもって発生したことが，被害の大きさと被災後の復旧・復興に大きな影響を及ぼしている．

本節では，特に都市環境にかかわる東日本大震災の広域影響について，直接に被害を受けた地域，そして震源からは離れているものの大きな影響を受けた東京首都圏を例として概説する．なお詳細には［7］等を参照されたい．

## 4.2.2　直接的な被害地域・仙台

仙台市は，岩手県・宮城県・福島県の東北地方太平洋沿岸自治体のほぼ中央に位置し，東側が太平洋に面し，中心市街地を挟んで西側が奥羽山脈に接する東北地方最大の都市である．1978年に発生した**宮城県沖地震**直後の1981年に施行された改正建築基準法による**新耐震基準**，そして公共建築を主とした耐震診断と改修（その後，**耐震改修促進法**が成立）の契機となった都市でもある．

地震動による建物被害は，倒壊は多くはなかったが全壊・半壊は少なくない．それらは**軟弱地盤地**や丘陵宅地（**盛土**，**切土・盛土境界**）に立地していることが多い．戸建て住宅の倒壊が少なかったのは**地震動の周波数特性**によるとされる[8]．

一方，津波被害は東部地域（仙台平野）で甚大であった．仙台以北の三陸地方では，**昭和三陸地震津波（1935年）**，**明治三陸地震津波（1896年）**の被災記録と記憶の伝承がなされていたが，仙台平野以南では**慶長津波（1605年）**，**貞観地震津波（869年）**にまで遡る．今次災害では，盛土された仙台東部道路が防潮堤として機能し，浸水範囲をある程度限定的なものにとどめたが，浸水範囲面積は仙台市内で約 52 km$^2$，全体では 561 km$^2$（東京都23区面積 621 km$^2$の約9割）に及んだ[3]．

発災後，いち早く土木学会より「レベル1・レベル2」の津波を想定した「**防災から減災へ**」との考え[10]が，そして国土交通省社会資本整備審議会より**多重防御の考え方**[11]が示された．ほぼ同時期に，建築基準法第84条による建築制限に関して特例法[3]が制定され，**災害危険区域**[4]指定が特定行政庁で議論されるようになった．たとえば仙台市では，仙台市震災復興検討会議にて，海岸堤防再建に加えレベル2津波を想定した沿岸道路嵩上（二線堤），そしてその堤間の災害危険区域指定と内陸部への住居移転を講ずる復興計画が議論され，その後，仙台市議会にて議決された[12]．この過程で，**津波シミュレーション**に基づく**浸水深**とその範囲の予測結果が，嵩上道路

---

1) 警察庁資料（平成27年8月10日）による．
2) 復興庁資料（平成27年8月28日）による．
3) 東日本大震災により甚大な被害を受けた市街地における建築制限の特例に関する法律（平成二十三年四月二十九日法律第三十四号）「特定行政庁は，平成23年3月11日に発生した東北地方太平洋沖地震により市街地が甚大な被害を受けた場合において，都市計画等のため必要があり，かつ，市街地の健全な復興のためやむを得ないと認めるときは，建築基準法第84条の規定にかかわらず，被災市街地復興特別措置法第5条第1項各号に掲げる要件に該当する区域を指定して，平成23年9月11日までの間，期間を限り，建築制限又は禁止を行うことができることとする．また，特定行政庁は，特に必要があると認めるときは，さらに2か月を超えない範囲内において期間を延長することができる」とする．http://www.mlit.go.jp/report/press/house05_hh_000240.html（2015.9.24閲覧）
4) 建築基準法第39条（地方公共団体は，条例で津浪，高潮等による危険の著しい区域を災害危険区域として指定するとともに，同区域内における住居の用に供する建築物の建築の禁止その他の制限で災害防止上必要なものを条例で定めることができるとされる）

（県道塩釜亘理線）の位置と高さ（T.P.[5] + a）の議論の基礎資料とされた（図 4.9）．

津波被害を免れた地域においては，**ライフライン**長期途絶の影響が顕著であった．停電，断水，都市ガス停止，情報通信輻輳のみならず，地震動による道路網の寸断は物流途絶を招き，港湾施設の損壊と流出は特に石油系燃料の欠乏を招いた．燃料欠乏は自動車運行の制限や非常用発電機の停止等，インフラストラクチャーの機能停止を強いることになった．

**図 4.9 ● 多重防御の例（仙台市）[12]**
（図中の最大浸水深が津波シミュレーション結果）

### 4.2.3　東京首都圏への影響

震源からやや離れた東京であってもさまざまな被害が発生した．東京湾岸地域や利根川等河川流域の**地盤液状化**をはじめ，ホール等の大空間建築の天井材落下や外壁・窓ガラス破損と歩行者空間への落下（**非構造部材の損壊**），そして超高層建築の**長周期振動**などである．電力供給については特に影響顕著で，東京電力資料[13]によると 3 月 11 日 20 時直前で約 405 万軒の停電発生であっ

---
5) Tokyo Peil の略称．地表面の海面からの高さを表す場合の基準となる水準面．東京湾中等潮位，東京湾平均海面のこと．

た．翌日もしくは翌々日のうちにほぼ復旧したが，茨城県の一部で復旧までに1週間を要した．

停電および地震動により鉄道を主とする公共交通機関が停止し，**帰宅困難者**が多数発生した．また多くの発電所および流通設備が被災し電力需給が逼迫したため，わが国では第二次世界大戦後の混乱期以来となる**計画停電**が実施された．東京電力によると，3月13日に予告された計画停電は翌14日に実施され，3月28日まで実施された（図4.10）[14]．東北電力においても計画停電の実施検討のプレスリリースが3月14日になされた[15]が，実施には至らなかった．

その後の需給バランス改善を踏まえ，計画停電は「不実施が原則」との認識に移行したが，2011年夏期の電力需給逼迫への対応として，全国的な節電要請が経済産業省よりなされた．特に東京電力および東北電力管内においては，契約電力500 kW以上の大口需要家に対する電気事業法第27条に基づく**電力使用制限**（昨夏の同期間における使用最大電力から15%削減）が7月1日より9月9日まで実施された[16]．土日祝日を除く50日間，各日9:00 – 20:00の11時間，計550時間の実施であった．使用制限対象となった大口需要家は，東京電力管内15,290軒，東北電力管内3,569軒で計18,859軒であった．

一方で，都心部の自律分散電源を所持する建物・再開発地区では，電力使用制限下においてもそれが有効に機能した．これについては第8章にて詳述される．

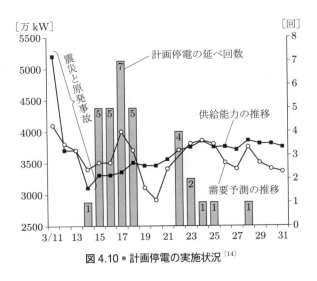

図4.10 ● 計画停電の実施状況 [14]

### 4.2.4 放射能汚染

東京電力福島第一原子力発電所事故による広域放射能汚染は，専門家として目を背けることはできない災禍である．顕在化したさまざまな問題は未だ解決していないが，その経緯を追ってみたい．

発災後の適切な対処のために最も重要なことの一つが，状況の把握すなわち汚染計測である．発災直後は，地震動および津波により既存の計測システムが損壊し，計測資料が避難行動に資することはなかった[17]．その後，広範な対象の計測は，**総合モニタリング計画**[6]に沿って実施されてい

---

6) 総合モニタリング計画は，東京電力福島原子力発電所周辺地域の環境回復，子供の健康や国民の安全・安心に応えるきめ細かなモニタリングの実施と，一体的でわかりやすい情報提供のため，国が責任をもって自治体や原子力事業者等との調整を図り，「抜け落ち」がないように放射線モニタリングを実施するために，モニタリング調整会議により2011年8月2日に決定された．数次の改訂を経ている．http://radioactivity.nsr.go.jp/ja/list/204/list-1.html（2015年9月24日閲覧）

る．特に**地域防災計画・原子力災害対策編**にて指標となる**空間線量率**については，定点測定であるリアルタイム線量測定システム，自動車走行サーベイ，そして航空機モニタリングにより実施され，データ公開されている．また，かねてより整備と運用が行われていた緊急時迅速放射能影響予測ネットワークシステム（**SPEEDI**: System for Prediction of Environmental Emergency Dose Information）は，放射性物質の放出量が不明であったため単位放出量に基づく拡散予測がなされたが，避難をつかさどる自治体等では使用されなかった[18]．

汚染の程度により一般の立ち入りや活動を制限する地域指定がなされ，その後の見直しを経て**帰還困難区域**，**居住制限区域**，そして**避難指示解除準備区域**の3種の指定がなされている．また除染事業についても汚染の程度により，国直轄事業として除染が実施される**除染特別地域**と，自治体が中心となって実施される**除染実施区域**が指定されている．除染特別地域内の除染は，宅地・農地・森林・道路の土地利用別になされ，事前・事後の放射線モニタリングが課せられている．**森林除染**は宅地境界より20 mの範囲に限定されていることに留意が必要である[19]．除染事業が完了し地域指定解除がなされた区域（自治体）は，震災後4年半を経てもまだわずかである．

未解決の重大な課題として**指定廃棄物**の処理があげられる．2015年9月現在，**中間貯蔵施設整備**は受け入れ自治体が確定していない．無論，**最終処分**も未確定である．

## 4.3 市街化による災害危険の変貌

1回の災害で著しい被害を発生した代表的な**都市災害**として思い浮かべられるのは1923年に起こった**関東大震災**であろう．

関東大震災では，地震の後，東京や横浜で多数の火災が発生したが，10万人を超えると推定される犠牲者総数のほとんどは，地震そのものではなく，この火災で死亡している．また，この火災

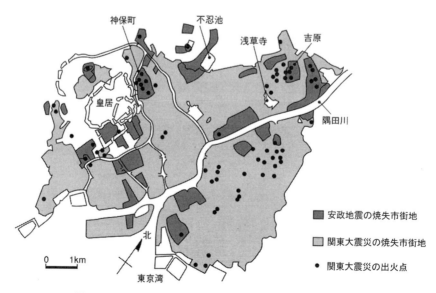

**図4.11** ● 安政地震と関東大震災による江戸・東京下町の延焼範囲
（関東大震災火災は中村清二の調査による）

により，東京では当時の市域の 43 %，33.5 km² を焼失した．火災は市街地の至る所で発生したように思われがちだが，東京の出火点には，図 4.11 のように，地域的に相当な偏りがある．すなわち，出火点は，隅田川東岸北部，浅草の北，神保町などで多いのに対して，神田，日本橋，銀座などでは意外と出火が少ないのだが，出火しなかった地区も含めて，結局，当時の東京下町全体が壊滅してしまったのは，地震当日，関東地方を強い熱帯低気圧が通過して強風が吹き荒れ，その風向もめまぐるしく変化したからである．

　本節の主題は，関東大震災の被害の大きさを，地震と熱帯低気圧という自然現象の特異性で説明してよいか，という問題である．すなわち，関東大震災以後，地震現象の理解と建築構造等の地震挙動制御を含む地震工学には長足の進歩があり，耐震建築の増加と歩調を合わせて，不燃建築も普及した．この問題は，都市災害の対策は，こうした個々の建築のハードウェアの対策で十分か，という問いに置き換えてもよい．とりあえず，出火点の分布が単なる偶然かを検証してみよう．

## 4.3.1　同じ場所がなぜ，何度も災害の被害を受けるのか

　東京は，関東大震災の 78 年前の 1855 年にも大地震に襲われている．安政 2 年に起こったので，**安政江戸地震**と呼ばれているが，関東大震災は震源が相模湾沖のいわゆる**プレート型地震**だったのに対して，この時は阪神・淡路大震災を引き起こした**兵庫県南部地震**のような**直下型地震**だった．この時にも江戸市中で火災が多発したが，大した風は吹いていなかったので，阪神・淡路大震災の時のように市街地に虫食い状に焼失市街地が分布する大火となっている．火災による被災場所は当時，幕府だけでなく町民によっても丹念に調査され，記録に残されているので，図には，火災によるおもな延焼市街地も記入した．こうして，安政地震と関東大震災における東京市街地の**延焼市街地分布**と比較すると，次のことがわかる．

① 関東大震災で大きな延焼が起きた地区のうち，神田神保町・蔵前・日比谷等では，安政地震でも出火が多発している．
② 関東大震災で出火が多発した隅田川東岸北部・浅草寺北側，溜池などは，安政地震では大火になっていないが，これらの地区は，幕末にはまだ，吉原を除いてほとんどが沼池，田圃で市街化が始まっていなかった．
③ 安政地震で大火となった大手町は，関東大震災では大火になっていないが，その時には不燃化・広場化が進んでいた．
④ どちらの地震でも，日本橋・神田・銀座の出火は少ない．

　関東大震災時の隅田川東岸北部，浅草寺北側，神田神保町，蔵前は**密集市街地**状態で，沖積層上にあって地盤も軟弱である．大手町，日比谷は江戸時代は大名屋敷街だったが，江戸時代初期までは干潟や海で，やはり地盤は軟弱だった．吉原も，江戸初期の大火災**明暦の大火**の後の都市計画で，当時，日本橋にあった遊郭を市街地から外に移設したのが発端であり，明治時代までは，沼と田圃に囲まれた浮島のような存在だった．すなわち，安政地震と関東大震災の間には，表面的には被災範囲の分布に相当な違いがあるが，出火が集中したのは，地盤が軟弱で零細な木造家屋が密集した地区であるという点で共通しており，両地震の間の出火点の分布の違いは，かなりの程度まで，二つの地震の間の 78 年間の市街地の開発の状況の変化で説明がついてしまう．それは一体，

どうしてだろうか.

　地盤が軟弱で木造家屋が密集していれば，地震で家屋が激しく揺すぶられて倒壊する．そこで火気などが使用されていれば，押し潰された家屋によって出火し，延焼も助長することは容易に想像がつく．関東大震災では，火災で焼失する前に，建物がどの程度，地震で倒壊していたかもだいたい調査されているが，事実，木造建物の倒壊被害の分布も，出火点分布とよい対応を示していて，出火の少なかった日本橋・神田・銀座では，地震そのものによる建物被害も比較的軽微だった.

　関東大震災で出火が目立った地区のうち，結果的に下町全体の焼失につながったのは隅田川両岸北部で発生した火災である．安政地震の時，この地区は，遊郭として市街地化していた吉原を除けば田圃や沼だったので，吉原周辺以外は大火に至らなかったが，安政地震の時の江戸市街地全体の火災損害が関東大震災よりずっと軽微だったのは，気象条件がそれほど厳しくなかったのに加えて，関東大震災における隅田川両岸北部のような集中的な同時多発火災による巨大な火源が生じなかったことも作用していたであろう．仮に1923年9月まで江戸時代が続いていたとしたならば，「関東地震」は起こっても，その被害は精々，安政地震の繰り返しに終わったといえるかもしれない.

　このように軟弱な地盤に零細な木造家屋が密集する市街地が，大火の発生も招いて震災の被害を大きくしたのは，こうしてそれなりに納得できるとして，このような密集市街地が明治維新以後に形成されたのは，果たして偶然といえるだろうか.

　隅田川両岸北部が本格的に市街化されたのは，日露戦争で日本が東アジアでの膨大な経済利権を手にしてから第一次世界大戦中にかけてである．特に第一次世界大戦中は，大戦でヨーロッパの工業地帯が荒廃していたのを後目に，戦場となることを免れた日本が世界市場に進出して，空前の高度経済成長を遂げた．この経済成長を背景に東京の人口も急増したが，その増えた人口を吸収したのが，江戸時代以来の市街地周縁の未開発地で，隅田川両岸北部もその一つだった．この新興市街地は，道路も整備されないまま貧弱な家屋が密集してスラムのような状態だったが，田圃や沼のような土地が，バブル的な経済成長のもとで，初めて開発されたのは不自然とはいえない．なにしろ，このような土地は地盤が軟弱で地震に弱いばかりでなく，湿気が多く，川に近ければ水害の被害を受けやすい．そのようなことは古くからわかっていたはずで，定住人口が安定していた江戸時代には，そのような土地を市街化する必要がなかったからこそ，放置されていたのである．それが開発されたのは，鉄道等の公共的な近郊交通が整備されていなかった当時，急激に増加する都市人口を吸収できたのが，既成市街地に隣接するそのような土地をおいて他に存在しなかったからにほかならない.

　急ごしらえで開発された東京の既成市街地周辺が，大規模な災害に襲われたのは，関東大震災が初めてではない．1910年と11年，東京は2年続けて大規模な水害に襲われている．1910年の水害は台風によるもので，荒川，利根川が決壊し，被害を受けたのは東京だけではなかったが，東京市内では，荒川の下流である隅田川や神田川のような小河川が氾濫して，隅田川両岸と小石川以北の，そろそろ市街地化が始まっていた神田川周辺で，民家が水没するような浸水が起こった．また，翌年7月の集中豪雨では，東京湾の高潮により，本所，深川など，隅田川東側の新興市街地で大洪水となっている.

　このような新興市街地では，住民も都市生活に慣れておらず，災害時などの相互扶助の前提とな

る**共同体意識**も育っていなかったに違いない．たとえば，地震時に火気の処理をすることは江戸では生活習慣に組み込まれていたが，新しく東京に住み始めた住民に，そのような習慣はなかったであろう．ちなみに，図4.11に示した「出火」とは，消防当局に記録された出火のことであって，報告されないうちに住民等の手で鎮圧された火災は入っていない．江戸っ子の本拠地である日本橋や神田で出火の記録が少ないのは，地震そのものによる建物被害が相対的に軽微で実際に出火が少なかっただけでなく，火災初期に鎮圧されて報告に至らなかった事例が多かったためでもあろう．

このように，東京の大規模な都市災害で，同じような場所が繰り返し，著しい被害を受けてきたのは，地盤などの物理的条件から見て偶然でないばかりか，市街地の成り立ち自体に防災的な弱点があって，その両方が折り重なって，被害を大きくしてきたからである．考えてみれば，日本で明治以後に人口が急増した都市は，臨海部の**沖積層**に集中している．沖積層は，精々数万年前以降に堆積した新しい地層で，軟弱地盤などといわれるのは普通，沖積層である．だから，地理的に自然災害の被害を受けやすい地区が密集市街地化して，都市災害がますます起こりやすくなるという傾向は，東京だけでなく，日本の近代都市の多くに共通していることも，容易に想像がつく．たとえば，神戸も明治以降に市街地化した近代都市であるが，東西に連なる六甲山から瀬戸内海に向かう傾斜地と，さらに海際の沖積層上に市街地が形成されている．阪神・淡路大震災のとき，神戸や隣接する芦屋で建物被害や大火の発生が目立ったのは，沖積層の上に広がる密集市街地だった．神戸市で著しい被害を受けた地区は，震源にも近かったので揺れも激しかったが，神戸の六甲山付近よりも，西宮，伊丹など，震源から離れた市街地で建物被害も火災の発生も目立ったのは，地盤の軟弱さと，その上に建てられた建物構造を抜きにしては説明がつかない．そして，地域防災上，条件の悪い未開発の都市周縁が人口集中時に乱開発されてますます防災的に弱点を抱えるという事情は，現在のアジアの諸都市で興っている著しい人口集中にもあてはまることでもある．

東京の場合も，人口集中による居住環境の悪化は，関東大震災の前にすでに広く認められ，東京を含めて，当時の大都市の市街地に建つ建物の構造などを規制する**市街地建築物法**や**都市計画法**などの法令が震災前に導入されていた．しかし，防災的に不利な場所で，いったん，無秩序な開発を行ってしまうと，権利関係も複雑になるから，その後，市街地の安全性を高めるために**区画整理**や再開発を行おうとしても，容易には進まない．

しかし，このような「進歩と成長」の歪みは，都市防災以前に，もっと日常的な衛生・都市環境・治安に対する脅威として社会問題化するはずである．その意味で，近代都市の都市防災と都市環境整備は，本来，施策の対象と目標を共有しており，日本近代においても，大火の復興は，こうした矛盾を総合的に解決して，危険な場所がますます危険になる悪循環を絶つ貴重な機会であったはずである．それでは，関東大震災の復興はどのようにされたのだろうか．

### 4.3.2 震災復興と都市の安全

関東大震災から7年後の1930年，東京では，一応の復興が宣言される．

当時の幹線道路のほとんどが拡幅されたほか，八重洲通や昭和通などの新しい幹線道路が建設され，隅田川の大半の橋が鉄橋で更新された．ほどなく市域の拡張によって東京市に編入される郊外地域の環状道路としての明治通も整備され，渋谷・新宿・池袋など山手線上の各駅を起点とする郊外鉄道が路線延長されるとともに山手線の環状線化が完成して，東京では，郊外から都心に通勤す

るという都市の機能的空間分化が本格化するが，それは，東京の都市構造の一大転換といえるものであった．しかし，この復興は，都市防災の観点からは，どこか中途半端なものとしてあまり高く評価されないことが多かった．それは，次のような理由によるだろう．

① 関東地震後，内務大臣兼復興院総裁となった後藤新平が提案した大胆な都市計画に比べると，小規模な改造にとどまっている．
② 幹線道路の整備のうち，昭和通以外のほとんどは，震災前の1921年5月に内閣告示されていた東京の都市計画に盛り込まれており，新しい考え方ではない．郊外鉄道等も同様．
③ 復興の際，東京市域の大半を占めていた低層市街地の不燃化を実現することができなかった．そして，第二次世界大戦時の空襲によって震災よりさらに広い市域が焼失した．

　後藤は，震災前の1920年12月から2年余に及ぶ東京市長を含む多岐にわたる政治的業績の持主として人気が高いが，今日なお，後藤といえば，当初国家予算の二倍を超える事業として提案されて，大風呂敷といわれた震災復興案が第一に思い浮かべられるほど，彼の復興案は伝説的になっている．後藤自身は，震災のあった1923年末，虎ノ門事件による山本権兵衛内閣の総辞職で復興院も退いているので，結局，復興事業そのものを指導することはなかったが，この復興案の代わりに，震災前にすでに提示されていた都市計画案が骨格として踏襲されたことが，実施に移された復興計画が消極的なものという印象を強めたようである．しかし，それは，実行に移された復興事業の意義を正確に評価しているといえるだろうか．

　後藤は，東京市長在任中の1921年，道路以外に電気・ガス・上下水道・廃棄物処理などのいわゆるインフラの整備と公会堂・都市公園などの都市公共施設の建設を網羅的に含んだ東京市政要綱を発表し，さらに膨張を続ける東京の都市政策には科学的予測と，社会基盤技術自体の開発を含む都市政策が必要であるとの見方から，**東京市政調査会**を発足させて，東京市政への合理主義の注入を図ろうとした．後藤の東京市政要綱は，膨大な費用が原因で結局，そのまま実行に移されることはなかったが，全体としては，その後，高度経済成長期に入る頃までの東京の個々の都市施設整備を方向づける役割を果たした．震災復興計画の市街地整備は，内閣告示に示された道路整備計画を，市政調査会による東京の将来予測で肉付けしたものとでもいうような内容になっており，1921年には320万人だった当時の東京市13区およびその近郊の合計人口が，1933年には500万に，また1950年には1千万に届くと予測して大東京化が構想され，当時の市域は，都心地区として整備するという内容は，今日から見ても，それなりに合理的な予測に基づいて，機能的な解決を目指したものと評価できる．実行された都市計画が後藤の考えと無関係であったわけではないし，内閣告示されていた都市計画の内容が，素朴に考えられるほど保守的なものであったわけでもなかった．

　後藤の震災復興案は，さらに大火で焼失した市街地の買い上げと**区画整理**，幹線道路の大幅な拡幅や大規模な**公園整備**なども含んでいた．この計画の前提ともいうべき焼失市街地買い上げが認められなかったため，復興の具体的な提案の多くも実現しなかったことになるが，区画整理や公園整備については，復興予算の縮小の中でも，それなりの努力が払われている．

　一方，内閣告示された都市計画でも市政調査会の検討でも，既存市街地の区画整理までは具体的に構想されていなかったが，震災復興の過程で，焼失したり倒壊が著しかった密集市街地のほとん

どはほぼ碁盤目状に区画整理されている．東京での震災の犠牲者は隅田川周辺に集中したが，隅田公園・浜町公園をはじめ，規模の大きい公園の整備が隅田川付近を中心に当初計画より充実し，もともとの都市計画には含まれていなかった小公園が随所に設置されて，都市防災上は，一時的な避難所としての利用の展望が開かれている．震災による被災地の区画整理は，後藤の復興案の骨子の一つでもあったが，今日の高みから見ると，これらの事業内容は，市街地防火上，十分な密度に達しているとはいい難いにせよ，区画整理で延焼防止や**消防・避難活動**の環境が改善されたことと併せて，この復興事業は，さまざまな制約の中で，災害時にどう対応していかなければならないかを，かなり具体的にイメージして計画されたものであることがうかがわれる．個々の公園などの整備は，復興以後の日常的な都市整備事業としても続行できる性格のものであることを思えば，息の長いものであるべき都市の防災整備のよいスタートを切ったと評すべきであろう．

東京の震災復興で都市防災上の問題を残したとすれば，こうしてよいスタートを切った防災整備が，復興宣言とほぼ時を同じくして始まった大恐慌で息切れしてしまったことと，市街地建築の防災的強化については，ほとんど成果をあげられなかったことであろう．これらが，結果的に，第二次世界大戦末期の東京大空襲などで，関東大震災を上回る犠牲者と被害を出す遠因となったことは否めない．さらに，震災で市街地の周縁に被害が集中した背景に，前に触れたように，近代都市の周縁としての特異な性格が潜んでいたのだとすると，その性格は，この復興事業によっても，さほど変化したとはいえない．むしろ，震災後，中央線沿線などの郊外に人口が流出した際に無秩序な開発が繰り返されて，防災的に脆弱な密集市街地を拡散させて，現代まで引きずる地域防災上のアキレス腱となってしまっている．

## 4.4 都市の緑と地震火災

### 4.4.1 火災と緑

都市の**緑地**は，都市生活者の憩いの場となるほか，ヒートアイランド現象をはじめとする都市気候の緩和や微気象調節，大気浄化，騒音緩和，生態系の保護などの環境保全機能，そして水害や火災などによる被害の抑制や避難の場としての防災機能を備えた自然資本といえる．ここでは都市の緑地の防災機能のうち，地震火災時の延焼防止や避難の場としての防火機能に注目して，地震火災に対する都市の防災性向上の観点からさまざまな規模の都市の緑地整備や保全の必要性について解説する．

地震火災時の都市の緑地の防火機能の要因として，空地としての焼止りという空間的な効果に加えて緑地の樹木による立体遮蔽物としての，火炎からの放射熱の緩和や熱気流の拡散や火の粉の捕捉等の効果が指摘・検証されている．そして樹木の防火性に関する既往の知見を整理すると防火性に優れた樹木の条件として，①葉は広葉で密生していること，②葉は含水量が多く，厚いこと，③常緑であること，④葉の樹脂分が少ないこと，があげられる[20]．これを樹種に対応させると，おおむね常緑広葉樹，落葉広葉樹，針葉樹の順に防火機能が期待できるといえよう．

### 4.4.2 防火性からみた広域避難場所の緑

災害対策基本法の規定に基づく地域防災計画の避難拠点として，自治体によりその名称は若干異なるが，広域避難場所もしくは**避難場所**が指定されている．たとえば東京都の場合は，都市における地震火災が拡大して生命に危険が及ぶような事態における安全な避難場所が指定されている．この避難場所の指定にあたっては，周辺の市街地大火による輻射熱（放射熱）から安全な領域の面積（有効面積）を理論式より算定し，それに見合った場所を避難場所の候補としている．

ここで東京都の各避難場所面積に対する有効面積の割合と，避難計画人口1人あたり有効面積との関係を図4.12に示す．これによると，周囲の火災から安全とされる有効面積の割合が60％以下となるような規模の小さな避難場所が，全体の8割を占めている．またこれらの小さな避難場所では一人あたり有効面積がきわめて小さく，本来は避難人口一人あたり$1.1\,\mathrm{m}^2$以上確保することが標準とされているが，それに満たない避難場所が全避難場所数の1/4を占めている．このことは，避難場所内の効果的な防火対策と，より多くの避難場所確保を積極的に進める必要性を示している．避難場所における防火対策は，火炎からの放射熱から安全な規模の空間を確保することや，周辺建物の不燃化に一般には重点が置かれている．しかし，これらの避難場所が平常時には公共性の高い用途に供され，環境保全やアメニティも担保していることを考慮すると，防火機能が期待できる緑を配置する方がより効果的であろう．避難場所確保の考え方については次項で述べる．

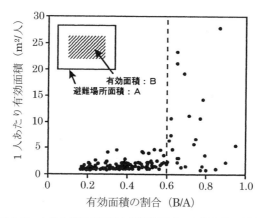

**図4.12** 避難人口一人あたり有効面積と避難場所内の有効面積の割合との関係 [21]

そこで，阪神・淡路大震災でその防火機能が再認識された樹木が，これらの避難場所にどの程度存在しているかを調査した事例を紹介する．都市緑地における樹種の判別は通常，実地調査による目視判別に依存しているため，都市全域の調査には，膨大な時間と労力が必要となってしまう．そこで広域を周期的に同時に観測する手段である地球観測衛星による**リモートセンシング**データを分析して調査した．この衛星に搭載されているセンサによって得られるデータを分析することによって，さまざまな地物の分布をそれぞれの電磁波の反射特性に基づいて土地被覆分布図として地図化することが可能である．

表4.1は，リモートセンシングデータを分析して避難場所を，その土地被覆構成（常緑広葉樹・落葉広葉樹・針葉樹・常緑樹・草地・建造物・水域）の特徴により四つに分類したものである[21]．それぞれ常緑広葉樹が多い，落葉広葉樹・針葉樹が多い，草地が多い，植生が少ない，と特徴づけられた．この結果が示すように避難場所によって緑の量に格差があり，さらにその構成も多様であ

表 4.1 ● 避難場所の土地被覆構成による類型 [21]

| | Ⅰ類型 | Ⅱ類型 | Ⅲ類型 | Ⅳ類型 |
|---|---|---|---|---|
| 植生の特徴 | 常緑広葉樹が多い | 落葉広葉樹・針葉樹が多い | 草地が多い | 植生が少ない |
| 避難場所数 | 16 | 7 | 77 | 48 |
| 避難場所名 | 雑司ヶ谷墓地，新宿御苑，浜離宮，明治神宮・代々木公園一帯，青山墓地一帯，上野公園一帯，など | 谷中墓地，善福寺川緑地，砧公園・大蔵運動公園一帯，石神井公園一帯，など | 光が丘団地・光が丘公園一帯，多摩川河川敷・六郷橋一帯，皇居前広場・日比谷公園，など | 新宿中央公園一帯，永田町・霞ヶ関地区，両国地区，耐火建築物内残留・丸の内周辺地区，など |

る．そして比較的防火機能の期待できる樹木の多い避難場所（Ⅰ類型＋Ⅱ類型）は，全避難場所数の 20％弱にとどまっていることがわかる．避難場所は平常時には公共性の高い用途に供されていることを考慮すると，この事例が示すように環境保全やアメニティ等の平常時の機能面からも樹木をより多く効果的に配置すべきであろう．

### 4.4.3　身近な緑地の重要性

避難場所は，要求される規模ゆえに都市部ではその立地が限定されるため，それが生活圏外にある地域住民には認知されにくいとか，高齢者など災害弱者にもたとえば 3 km 以上もの長距離避難を余儀なくされる問題が懸念される．建物が密集している都市部では，もはや避難場所に指定できるような規模の空地を新規に整備することは非常に困難であるが，図 4.13 の東京都練馬区の生産緑地の例が示すように，比較的小規模のオープンスペースは多数残存している．

そして阪神・淡路の震災では，住民がまず避難したのは身近にある児童公園などのオープンスペースだったことが報告されており，身近な緑地を防災緑地として整備する有効性が認識されつつある．たとえば住宅地内に点在する生産緑地については，地域防災計画に積極的に位置づける必要性が指摘され，実際に神奈川県横浜市や練馬区などでは，震災時に生産緑地を仮設住宅用地等として活用する制度が整備されている．さらに現在，身近な緑地の保全・整備は防災まちづくりの重点施策の一つとして検討されつつあり，たとえば木造密集市街地における共同建て替えによって創出したポケットパークに植樹して，平常時は憩いの森，非常時には防火機能等を備えた防災広場として整備する手法の開発などが行われている．

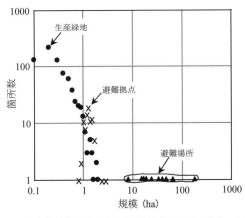

図 4.13 ● 生産緑地と避難拠点・避難場所の規模別分布（練馬区）[22]

# 4.5 事業継続の取り組みと建築・都市のレジリエンス

本節では，**BCP**（business continuity plan：事業継続計画）を理解するための理論的な枠組みとして「災害に対するレジリエンス」の考え方を解説する．

### 4.5.1 建築・都市の機能維持 ―「守る」そして「続ける」

東日本大震災から学んだ教訓は，災害時に命を守るための方策を徹底することの必要性に加えて，暮らしと働く場の双方を守り，都市の社会的・経済的機能を守ることの重要性である．都市には重要な建物が高度に集積している．人命を守ることは大前提とした上で，その先にある目標として，都市の機能を維持するという発想を明確にもつことが必要である．そのためには業務や生活，生産の拠点となる建物の機能を確実に維持することが肝要である．拠点建物の機能が維持されることで初めて都市機能を支える業務や生活の継続が可能となる．災害時においてもさまざまな組織や施設の機能が維持され，業務や生活が継続されるということが，都市の社会的・経済的機能を守り，迅速な復旧を確実に推進していくために欠かせないものとなる．たとえば災害対応拠点となる行政庁舎，病院のほか，公益事業者，データセンター，金融機関等の機能が維持されることが被災後に大きな力となる．そのためBCPの考え方が重要になる．組織のBCPにおいて重要業務拠点として位置づけられる建物については，その機能を確実に維持することが求められる．地域の拠点病院が災害時にも病院としての機能を発揮できるかどうか，市役所が市役所としての役割を災害時も果たせるかどうか，このようなことを私たちは真剣に考えるべきである．また生活の拠点となる高層集合住宅等における**LCP**（life continuity plan：生活継続計画）も不可欠である．今後は，「建物機能を適切に維持する」という評価の視点を共有しなくてはいけない．特に建物では火災や構造躯体への大きな損傷がない状況において，適切・正常に機能するための対策に取り組むことが必要である．このことが災害時にも建物を使用者が使い続けられるかどうか，建物が機能・サービスを提供し社会的な役割を果たせるかどうかの分岐点となる．では建物の機能を維持するためにはどうしたらよいか．場当たり的な対応では来るべき危機を乗り越えることはできない．災害が大規模化・複合化する中で，想定外をなくし，難しい敵と戦うための明確な戦略を社会全体で共有するべきである．「災害への強さ」を体系的に理解し取り組むことが不可欠である．その際の指針となる概念が**レジリエンス**（resilience）である．これは「災害への強さ」を総合的に捉え，予防力，抵抗力，防御力の向上に加えて，被災後の継続力と，被災からの回復力を加味した考え方である．
**事業継続マネジメント**（BCM: business continuity management）は，ISO（国際標準化機構）および日本工業規格において次のように定義されている[23]．「組織への潜在的な脅威，およびそれが顕在化した場合に引き起こされる可能性がある事業活動への影響を特定し，主要な利害関係者の利益，組織の評判，ブランド，および価値創造の活動を保護する効果的な対応のための能力を備え，組織のレジリエンスを構築するための枠組みを提供する包括的なマネジメントプロセス」．つまり，組織のレジリエンスを高めるためのマネジメントプロセスがBCMである．そしてBCMの一環として文書化される成果物がBCPである．災害や事故等によって重要業務が中断しないよう，または中断した場合にも許容できる範囲内に再開できるように作成する計画，手順書，

リスト等がBCPである．BCPには，災害発生時に被る損害や損傷を低減するための対策，重要機能を維持・継続するための対策，日常への早期復帰と復旧のための対策の3項目が書き込まれることになる．それぞれの項目について，事前の十分な準備と発災後の適切な対応によって，被害を最終的に最小限にとどめることを目的としている．今後はBCPやLCPに対応した信頼性の高い建築・都市を構築していくことが求められている．BCPやLCPの目的はレジリエンスを高めることにあり，その本質を理解するためには背景となるレジリエンスの考え方を理解する必要がある．

### 4.5.2 難局を乗り切る力を備えたレジリエントな建築・都市

大災害に見舞われた時に，入念に対策を講じていたとしても程度の差こそあれ私たちの社会は被害を受けることは避けられない．被害を受けながらも致命的な状況を回避し，厳しく困難な状況を乗り切り，乗り越える力こそが重要となる．このような厳しい環境変化を乗り越えるしなやかな強さ，あるいはその能力が「災害に対するレジリエンス」として説明される．図4.14は日常生活や業務のレベルが地震災害発生と同時に落ちることを示している．災害発生時の被害を最小限にとどめるための対策に加え，重要機能を維持すること，その上で迅速に立ち直る回復力を備えることが求められる．防災にはともすると時間の概念が抜け落ちてしまいがちであることに注意が必要である．私たちの本当の目標は日常に近いレベルまで最終的に到達することである．発災後も状況は刻々と進行する．災害への対応は常に時間経過の中で考えることが重要であり，発災後は時間が貴重な資源となる．図4.14の斜線部の面積（積分値）が機能低下の累積値であり，最終的な被害の大きさを表す．レジリエントな建築・都市は斜線部の面積が小さくなる[24][25][26]．なお，地震災害以外にもアメリカのハリケーン・サンディ（2012）では，住民，自治体，企業等の地域の関係者が，あらかじめ策定した行動計画に沿って時間軸を合わせて対応を行う「事前防災行動計画（タイムライン）」の効果が確認されたように，明確な時間軸の中で災害を捉えることが大事な視点となっている．

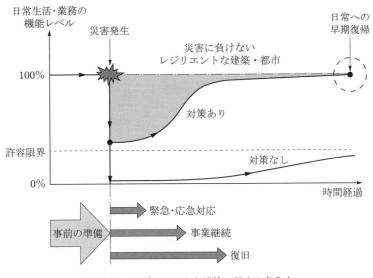

**図4.14 ● レジリエントな建築・都市の考え方**

### 4.5.3 レジリエンスを高める上でのポイント

組織や建物のレジリエンスを高める上でのポイントを3項目あげる.

#### (1) リソースの管理能力を高めることが鍵

一つ目はリソースの管理能力である.近年われわれは地震,テロ,感染症,津波等さまざまな脅威に直面してきた.過去の失敗を繰り返さないためにリスクの種類に応じて対策を徹底させることがまずは求められるが,災害の種類のみに過度に左右されることなく,建物の機能を支えているリソースを守るためにどうしたらよいかという発想をもつことが重要である.建築・都市の機能維持にかかわる要素である人,もの(設備,資機材,エネルギー,水,燃料,空間等),情報,システム,資金といったリソースを非常事態においていかにマネジメントできるかが問われることになる.被災後には時間も大事な資源となる.組織の継続にとって建物は主要なリソースであり,また建物の機能を維持するためにさまざまなリソースが必要となる.災害の種類にかかわらず,リソースの損傷レベルに応じて対策を講じることが有効である.たとえば地震,火災,台風,洪水といった災害の原因にかかわらず,建物の機能を継続するための「水」というリソースに着目するという考え方である.具体的には,水道供給の被害の程度に焦点をあてて,水道供給に制限がかかる状況について,供給量を平常時の100%から0%まで段階的に区分し対策を立てておく.このように制約を受ける程度に応じて対策を立てておくことで,原則想定外の事態をなくすことができる.災害の種類を問わず,誰がどのような行動を取るべきかを定めておくことができる.このような方法で組織や建物が依存しているリソースの管理能力を高めることで,最終的には災害の種類にかかわらず重要業務を維持するための冷静な対応が可能となる.このようにリソース管理に着目することが一つ目のポイントである.

#### (2) 「リスク」と「危機」

二つ目は,レジリエンス向上には非常事態発生前の準備・対策に加えて,非常事態発生時や発生後の危機対応のそれぞれが必要となる.後者は想定内外を問わず発生した重大な危機に対処するためのものであり,英語では**クライシスマネジメント**(crisis management)等に対応する.実際に災害や問題が発生した際に,進行している事態を正確に把握・判断,迅速に対処し,被害の最小化と事態の適切な収拾を図ることであり,この考え方があって初めて重大な事態や不測の事態への対応が可能となる.「できる限り問題・被害が発生しないように事前に対策を立てること」に加えて,「問題・被害が発生したらどうするかを事前に考える」ことが大事な点であり,クライシスマネジメントや震災後の行動に備えて環境を事前に整えておくことが求められる.リスクは不確実性の扱い,危機は実際に発現した事象の扱いである.このようにリスクと危機という言葉を使い分ける必要がある.たとえば,都市計画分野における「事前復興」は,このような問題が起きたらどうするかを事前に考えるという方針に基づいて,被災を前提に事前にまちづくりを進める取り組みである.また,福島第一原子力発電所の事故においては,発災後の危機対応拠点である緊急事態応急対策拠点施設(オフサイトセンター)が十分に機能しなかったことが課題であり,その反省を踏まえてその後の対策が検討されている.

### （3）明確な目標と合意形成

三つ目は，目標と要求性能が明確に示されることである．BCP の策定にあたっては組織にとっての重要業務は何か，その業務を遂行するためのリソースは何か，業務は何に依存して成立しているのか，そのリソースが制約・制限されたらどのような影響が生じるかを検討する．これを事業への影響度評価（BIA：business impact analysis）という．BIA が対策予算・投資の合理的な枠組みを与えることにもつながる．顧客，株主，地域社会等のステークホルダーとの関係の中で，どこまでの被害は許容できるのか（許容限界），いつ，どの時点までに，どの程度回復させなくてはいけないのか（目標復旧時間・目標復旧レベル），最低限何を死守しなくてはいけないのか，やむを得ない場合には何を切り捨ててよいのかを定めることになる．たとえば，「発災後 24 時間以内に被害状況を確認し，72 時間以内に操業再開のための準備を整えて，5 日以内に平常時の 50% の操業度まで回復させる」といった目標である．目標の設定は，取り組みを推進すべき最小限のレベルを確認するのみならず，過大な仕様（オーバースペック）や過剰な備蓄を抑止するためにも有効である．そのため，責任ある立場の人間による判断と意思決定，関係者間でのコミュニケーションが不可欠である．また，組織や建物の規模や複雑性，重要性が増すほど，当初のマニュアルに記載のない状況や想定外の事態，専門性に基づく高度な判断と意思決定が求められる場合に遭遇することが考えられる．発災後の建物の運用・オペレーションに関して，現場の危機対応を担える人材のあり方（関係者間での権限と責務，役割の明確化など）を考慮したマネジメント体制の構築も今後の重要な課題である．

### 4.5.4　災害に対するレジリエンスの評価の視点

重要な建物については，非常事態に備えた建物の設計・運用方策について早急に方法論の確立が求められている．レジリエンスの考え方を理解した上で，体系的な取り組みを推進する必要がある．レジリエンスは持続可能性（サスティナビリティ）の柱となる新しい概念であり，災害や環境変化に負けない建築・都市システムを実現するための重要な視点である．今後はより有効で効果的

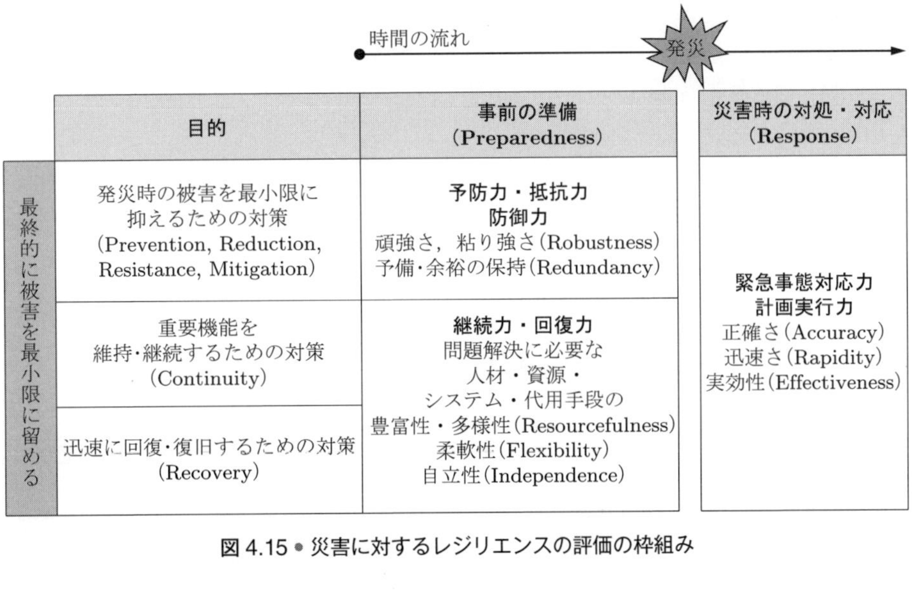

| 目的 | 事前の準備<br>(Preparedness) | 災害時の対処・対応<br>(Response) |
|---|---|---|
| 発災時の被害を最小限に抑えるための対策<br>(Prevention, Reduction, Resistance, Mitigation) | 予防力・抵抗力<br>防御力<br>頑強さ，粘り強さ(Robustness)<br>予備・余裕の保持(Redundancy) | 緊急事態対応力<br>計画実行力<br>正確さ(Accuracy)<br>迅速さ(Rapidity)<br>実効性(Effectiveness) |
| 重要機能を維持・継続するための対策<br>(Continuity) | 継続力・回復力<br>問題解決に必要な<br>人材・資源・<br>システム・代用手段の<br>豊富性・多様性(Resourcefulness)<br>柔軟性(Flexibility)<br>自立性(Independence) | |
| 迅速に回復・復旧するための対策<br>(Recovery) | | |

（時間の流れ →　発災）
（最終的に被害を最小限に留める）

図 4.15 ● 災害に対するレジリエンスの評価の枠組み

な計画の策定やその継続的改善のためにレジリエンスを評価する指標づくりが工学的には研究すべきテーマとなる．図4.15に考え方の一例を示す．予防力，抵抗力，防御力の評価指標としては，頑強さ・ねばり強さ（robustness），予備・余裕の保持（redundancy）といった性能が，継続力の評価指標としては問題解決に必要な人材・資源・システム・代用手段の豊富性・多様性（resourcefulness）と柔軟性（flexibility），自立性（independence）という性能が重要となる．緊急事態対応力，計画実行力の評価指標としては，正確さ（accuracy）と迅速さ（rapidity），実効性（effectiveness）が鍵となる[25][26]．こうした評価指標を踏まえた上で，これからはBCPやLCPに対応した災害に強い建築・都市が市場で高く評価される仕組みづくりを検討することが有意義である．たとえば，災害時の機能継続について信頼性の高い建築や地域においては，保険制度と連携させることで損害保険の保険料を割り引いたり，不動産鑑定等の仕組みと連携させることで有利な不動産評価や高い賃料の設定につながったりするような仕組みづくりを進めることが望まれる．

### ●参考文献●

[1] Lowrance, W. W. : Of Acceptable Risk, p.180, William Kaufmann, Inc., Los Altos, 1976
[2] 加藤順子：リスクの社会的受容とコミュニケーション，『安全工学』，Vol. 38，No. 3，安全工学協会，pp. 152-160，1999
[3] 村上處直：都市防災計画論―時・空概念からみた都市論―，同文書院，1986
[4] 吉川仁：防災都市計画・地域防災システムの制度の動向，安全と再生の都市づくり，（社）日本都市計画学会防災・復興問題研究特別委員会編著，学芸出版社，pp. 19-22，1999
[5] 長谷見雄二：災害は忘れた所にやってくる　安全論ノート－事故・災害の読み方，工学図書，2002
[6] 内閣府　防災情報のページ　http://www.bousai.go.jp/taisaku/minaoshi/kihonhou_01.html（2015.10.30閲覧）
[7] 東日本大震災合同調査報告書編集委員会編：東日本大震災合同調査報告　建築編8　建築設備・建築環境，丸善，2015.5
[8] 源栄正人：東日本大震災を経験して―地震動と建物被害を中心として―，pp. 29-32，第15号，日本地震工学会誌，2011.10
[9] 国土地理院：津波による浸水範囲の面積（概略値）について（第5報），2011.4.18
[10] 土木学会：土木構造物の耐震基準等に関する提言「第二次提言」解説，2011.4
http://www.jsce.or.jp/committee/earth/chap1.html（2015.9.20閲覧）
[11] 国土交通省社会資本整備審議会・交通政策審議会計画部会：「津波防災まちづくりの考え方」についての緊急提言，2011.7.6
[12] 仙台市：仙台市震災復興計画，2011.11
[13] 東京電力株式会社：東北地方太平洋沖地震に伴う電気設備の停電復旧記録，2013.3
[14] 経済産業省資源エネルギー庁：平成22年度エネルギーに関する年次報告（エネルギー白書），第1部，p. 15，2012
[15] 東北電力株式会社：電力需給逼迫時の計画停電の実施検討と節電へのご協力のお願いについて，3/14プレスリリース　http://www.tohoku-epco.co.jp/news/normal/1182337_1049.html（2015.9.24閲覧）
[16] 経済産業省：夏期の電力使用制限に関する経済産業省からのお願い，通知書同封資料　http://www.meti.go.jp/earthquake/shiyoseigen/pdf/gaiyo110601-01.pdf（2015.9.24閲覧）
[17] 東京電力福島原子力発電所における事故調査・検証委員会：政府事故調中間・最終報告書，メディアランド株式会社，2012.7
[18] 茅野政道：SPEEDIは今後どうあるべきか―福島第一原子力発電所事故を経験して，日本原子力学会誌，Vol. 54，No. 3，2012
[19] 環境省：除染関係ガイドライン，2013.5
[20] 新田新三：環境緑地Ⅱ　植栽の理論と技術，鹿島出版会，pp. 132-136，1975

[21] 鍵屋浩司，尾島俊雄：広域避難場所における防火性からみた緑の評価のためのリモートセンシング調査，日本建築学会計画系論文集，第498号，pp. 89-94，1997
[22] 鍵屋浩司，尾島俊雄：生産緑地を防災緑地として活用するための基礎的研究，日本建築学会計画系論文集，第507号，pp. 41-46，1998
[23] JIS Q 22301:2013（社会セキュリティ−事業継続マネジメントシステム−要求事項）
[24] Michel Bruneau, et al. : A Framework to Quantitatively Assess and Enhance the Seismic Resilience of Communities, Earthquake Spectra, Volume 19, No. 4, pp. 733-752, 2003.11
[25] MCEER'S RESILIENCE FRAMEWORK, http://mceer.buffalo.edu/research/resilience/Resilience_10-24-06.pdf（2013.6.28閲覧）
[26] 増田幸宏：重要業務継続を目的とした建物管理システムの開発，建物のレジリエンスを高める手法に関する基礎的研究，日本建築学会環境系論文集，No.700，pp. 535-544，2014

# 第5章 都市環境計測手法

　計測という行為は，事物をありのままに理解しようという意識の実践である．したがって，都市環境の計測とは都市環境を客観的に理解することを目的とする．しかし現実の都市はあまりにも巨大で多様である．環境を構成する要素もまた多種多様である．実際の計測では，現象の把握と理解が容易となるように計測対象地や項目を限定することが多いが，一方で都市全体を俯瞰的に捉え，全体的な特徴や都市内各地の比較を通じて理解を進めることも重要である．本章では，この後者のような場合に特に有効な手法である地理情報システムとリモートセンシングについて学ぶ．これらは単に計測と現象把握にのみ有用なだけでなく，各種の分析を通じて新たな知見を得，理解を深めることもできる．データベースとして資料を保管しておくことをも可能とするものである．

## 5.1 地理情報システム

### 5.1.1 地理情報システムとは

　誰でも何か調べた結果を白地図に記入したり，白地図中で細分された行政区界ごとに色を塗り分けたりしてその特性を表現したことがあるだろう．簡単にいえば，これをコンピュータ上で行うことを可能とするシステムが**地理情報システム**（**GIS**：geographic information system）である．無論，単なる色塗りではない．GIS の特徴は，コンピュータ上に再現された 2 次元もしくは 3 次元空間内の位置と特性（量や性質など）を，同時に取り扱うことができるところにある．地図上の場所を示す情報を**位置情報**，これに関連づけられている値や性質などを**属性情報**という．GIS は調査情報や各種統計情報の空間構造を分析するための強力なツールとなるものである．コンピュータのハードウエアおよびソフトウエア双方の高性能化と低廉化は，従来に比べてはるかに容易に GIS を私たちが利用することを可能としている．今や研究のためだけのツールではなく，一般社会でもこれを用いた施設管理やマーケティング，そして子供達の地理学習・環境学習など，さまざまな分野で利用されてきている．

### 5.1.2 ラスターとベクトル：2 種のデータ構造

　GIS ではラスターデータ，ベクトルデータと呼ばれる 2 種類のデジタルデータを取り扱う．前述のようにそれぞれ位置情報と属性情報とから構成されている．都市環境計測に利用する場合，ラ

スターとベクトルは，データ構造に起因する特徴があるため，目的に応じて使い分けたり双方を併用したりする．

## （1）ラスターデータの概要

ラスターデータは，図5.1に示すように点の集合によりデータが構成されている．行と列により整然と並んだ点がそれぞれ値（意味）をもち，何行目の何列目という表現でその位置が示される．いわば碁盤の目のように行・列が振り分けられていることから，ラスターデータは**メッシュデータ**または**グリッドデータ**とも呼ばれている．

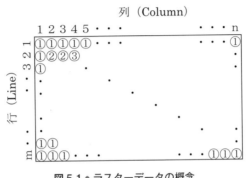

図5.1 ● ラスターデータの概念

ラスターデータの代表的な例としては，人工衛星等によるリモートセンシングデータ（次節にて詳述），行政等により作成されている**地域メッシュ統計**，**デジタル標高モデル（DEM）**がある．それぞれその目的に応じて，データ化の項目，範囲，解像度（メッシュの大きさ），更新間隔などが異なっている．また航空写真も，目視判読やスキャナーで読み取ることにより有用なラスターデータとなりうる．

## （2）ベクトルデータの概要

ベクトルデータは，コンピュータ上の仮想空間（平面・立体）に点・線・面として表現される．図5.2に示すように，原点からの座標値（群）によりその位置と形が表現され，その図形そのものに属性情報が関連づけられる．

ベクトルデータは，多様な内容で行政や企業から一般に供給されており，点形式として市役所な

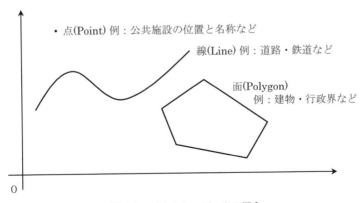

図5.2 ● ベクトル・データの概念

ど公共施設の位置と名称，線形式として道路，鉄道や上下水道管などの地下埋設物，面形式として行政界や建物など，都市を構成しているすべてのものがデータ化の対象とされているといっても過言ではない．たとえば，建物に関連するベクトルデータは，一般に書籍の形式で販売されている住宅地図の電子版といえるものとなるが，データ化されうる項目は位置，形（輪郭）と名称にとどまらず，住居表示，多層階の建物であれば階数や階ごとの入居者名や用途など，きわめて詳細なものとすることが可能である．

**（3）地図投影法と座標系**

GISではいわばさまざまなデータや方法により，コンピュータ上の仮想空間に都市を再現するわけであるが，そもそも回転楕円体である地球の表面を平面化したりデータ化したりするためには，この平面化方法と位置の表記方法が決まっていなければならない．この一連の決まりごとは**測地体系**と呼ばれており，地球表面の平面化は地図投影法，位置の表記は座標系として，体系づけられている．

国土地理院発行の1/200,000や1/50,000地形図など大縮尺の地図は，**ユニバーサル横メルカトル図法**[1]（特にガウス・クリューゲル図法）により投影されている（図5.3）．都市環境計測で用いる国内の各種デジタルデータの多くは，この投影法により平面化されていると考えてよいが，白地図に記入したデータをスキャナで読み込みデータとする場合や，日本以外の都市を対象とする場合には注意が必要である．

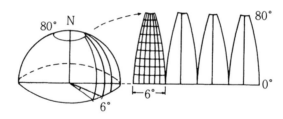

**図5.3●ユニバーサル横メルカトル図法**
[日本国際地図学会編：地図学用語辞典，技報堂出版，1985より引用]

座標系として最も一般的に用いられているのは経緯度である．イギリスのグリニッジを通る子午線を0°とした経度と，赤道面を0°とした緯度により構成されている．GISで用いるラスターデータには，この経緯度に基づき一定間隔の経緯線によってメッシュ分割した**標準地域メッシュ**と呼ばれるものがあり，国土数値情報など日本全国を対象とした統計情報のメッシュデータの多くはこの形式である．ただしこの経緯度による座標系は，高緯度地域と低緯度地域とでは同じ経度1°に相当する地上での実長が異なるなど，南北に細長い国土をもつ日本においては実用上不便な点もある．

地球全体に対して位置を高い精度で表現する方法として，**UTM座標系**がある．前述のガウス・クリューゲル図法により地図投影された平面の赤道上の中心点を原点とし，地図上の各点は原点からの距離で表現される．国土地理院の1/200,000から1/10,000の地図はこの座標系により作成

---
[1] Universal Transverse Mercator図法（UTM図法ともいう）

されている．日本ではさらに高精度に地図を整備するために，同図法により平面化された地図上に，全国で19の原点を定めた**平面直角座標系**が定められている（図5.4）．各都道府県はどの原点を参照とすべきかが定められており，1/2,500都市計画図などがこの座標系に従い作成されている．

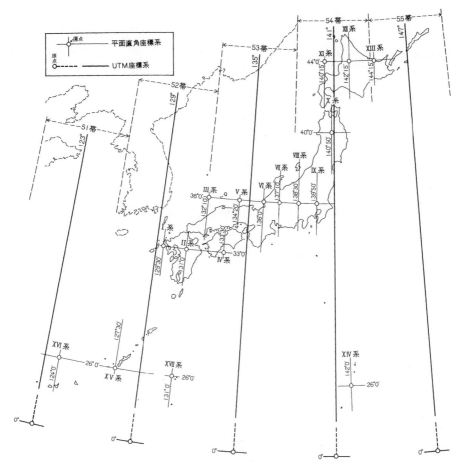

**図5.4 ● 平面直角座標系・UTM座標系**
［日本国際地図学会編：地図学用語辞典，技報堂出版，1985より引用，XVIII系とXIX系の原点はこの図の範囲外にある．］

一方，2002年4月に測量法が改正され，**日本測地系**から**世界測地系**への移行が施行された．施行前後で同一点の経緯度標記が異なってくることから，複数年次のデータを一括して取り扱う場合など，特に注意が必要となる．

### 5.1.3 GISで何ができるのか

GISでできることはさまざまである．データベースとして各種資料を保管したり，それら資料を重ね合わせたり演算したり，またその結果を表示したり再編集することなど，これらは基本的な機能としておおよそ市販のGISソフトウエアすべてで可能となっている．都市環境にかかわる適用分野も幅広く，本書で取り上げる各章のすべてに関連しているといっても過言ではない．このほかにも，Web上で表示するだけでなく分析や編集を可能とした機能を所持するシステム（Web-

GIS），スマートフォンなどの端末を活用したシステムなど多様な展開を見せており，これからもGISは，高機能化と多方面への普及が予想されている．

# 5.2 リモートセンシング

## 5.2.1 リモートセンシングの定義

リモートセンシングとは，一般には「対象物に接触せずに遠隔から感知する科学技術の総称」を指す．このリモートセンシングは，センサ技術，プラットフォーム技術，情報伝達，情報処理，画像処理など，広範な分野の最新技術により構成されており，きわめて奥が深い．さまざまな研究とともに新技術の開発と実用が並行して進められている．

リモートセンシングデータは，コンピュータ処理が容易であるようデジタルデータで製作されており，ラスターデータの一種である．都市環境計測ということでは，赤外線カメラによる表面温度計測や，航空機・人工衛星に搭載されたリモートセンサを用いて観測されたデータを，さまざまな目的に応じて解析し用いることが多い．

リモートセンサを搭載し，リモートセンシングを行う場所，あるいは乗物のことを**プラットフォーム**と呼ぶ．プラットフォームとしては，本節で主として取り上げる人工衛星のほか，航空機，気球，タワー，地上観測車，船舶等がある．

## 5.2.2 マルチスペクトルデータ

人工衛星によるリモートセンシングデータの中でも最も利用頻度の高いものが，アメリカのLandsat（ランドサット）である．1972年の1号機打ち上げ以後，2015年現在，8号（Landsat-8と表記する）が運用されている．Landsat-8に搭載されているセンサは，表5.1に示す11種の観測波長帯に対応したものである．

Landsat-8以外の人工衛星においても，このようないくつかの波長帯ごとに地表を観測するシ

表 5.1 ● Landsat-8 の観測波長帯（USGS アメリカ地質調査所資料より作成）

| センサー | バンド | 観測波長帯 [μm] | | 地上解像度 [m] |
|---|---|---|---|---|
| OLI* | Band 1 | 0.43 – 0.45 | (Visible) | 30 |
| | Band 2 | 0.450 – 0.51 | (Visible) | 30 |
| | Band 3 | 0.53 – 0.59 | (Visible) | 30 |
| | Band 4 | 0.64 – 0.67 | (Red) | 30 |
| | Band 5 | 0.85 – 0.88 | (Near-Infrared) | 30 |
| | Band 6 | 1.57 – 1.65 | (SWIR 1) | 30 |
| | Band 7 | 2.11 – 2.29 | (SWIR 2) | 30 |
| | Band 8 | 0.50 – 0.68 | (PAN) | 15 |
| | Band 9 | 1.36 – 1.38 | (Cirrus) | 30 |
| TIRS** | Band 10 | 10.6 – 11.19 | (TIRS 1) | 100 |
| | Band 11 | 11.5 – 12.51 | (TIRS 2) | 100 |

*Operational Land Imager, **Thermal Infrared Sensor

ステムを所持しているが，これは地表を構成する物質それぞれに固有の**分光反射特性**が存在し，物質間の分光反射特性の相違に着目して各種処理を行い，地表面構成を類推するためである．たとえば，われわれ人間の「目」が，可視光と呼ばれる波長約 0.38 〜 0.78 μm の範囲の光（紫から赤までのいわゆる虹色）を，それぞれの色（波長）ごとに感知し，そして認識しているのと同様に，人工衛星搭載のセンサは機械としてそれぞれの波長の強度を感知するのである．Landsat の場合，地表の反射強度を 8 ビット（$2^8 = 0 〜 255$）でデータ化している．このような事物からの反射光を波長帯ごとに観測したデータを，**マルチスペクトルデータ**（多重分光データ），このためのセンサを光学センサともいう．この光源は太陽であるため，観測は基本的に日中に限定される．ただし表 5.1 にある Band 10，11 は，赤外波長センサであるため，日中・夜間双方の地表面温度推定に用いることができる．

### 5.2.3 地上解像度と観測範囲

都市環境計測にリモートセンシングを利用する場合に考慮しなければならないことの一つに，**地上解像度**がある．地上解像度とは，ラスターデータの一種であるリモートセンシングデータの点（**pixel**：画素と呼ぶ）一つの，地上での大きさである．表 5.1 に示すとおり，Landsat-8 の場合でも 30 m，60 m そして 15 m とさまざまである．他のプラットフォームでは，フランスの SPOT で 6 m（Multi）または 1.5 m（Pan），日本の陸域観測技術衛星 ALOS（現在運用停止）で 10 m（可視近赤），2.5 m（パンクロ）となっている．特に高解像度の衛星も実用化されており，その地上解像度は 1 m 未満のものまである．航空機の場合にはさらに小さな地上解像度も確保可能である．

この地上解像度は高ければ高いほどよいと考えがちであるが，リモートセンシングによる観測の目的により最適なものを（実際にはどのプラットフォームかを）選択すべきであろう．30 m 画素のデータでは総描して市街地と判読できる地表であっても，1 m 画素のセンサで観測した場合，日照を受けている屋根面，日陰の屋根面など，きわめて詳細な地表情報ではあっても必要以上に細かくなると，データ処理に負担がかかる．また，高解像度であるほど観測範囲が小さくなる傾向があり，人工衛星をプラットフォームとしたリモートセンシングの特徴である広域性・同時性・周期性といった優れた点が活かし難くなる．一般的に都市を全体的に捉える場合（たとえば，第 1 章の図 1.3）には，それほど高解像度を必要としない場合も多い．

### 5.2.4 データ処理手法

#### （1）前処理

通常，人工衛星をプラットフォームとするリモートセンシングデータを購入する場合，計測対象都市・地域を含む既定範囲のデータを選択することとなる．この既定の範囲はプラットフォームにより異なるが，分解能が 30 m の Landsat の場合で 185 km 四方となる．このデータ範囲すべてを解析に用いるのはデータが過大で処理が非効率であるため，対象範囲のデータのみを抽出する必要がある．この作業を一般的には「切り出し」という．

また，リモートセンシング画像には幾何学的な歪みが含まれる．これは解析結果を地形図と重ね

合わせて評価したい場合やいくつかのリモートセンシング画像を重ね合わせてより多くの情報を抽出しようとする場合に障害となる．そこで以下の手順で幾何学的な歪みの補正，すなわち**幾何補正**を施す．

① **GCP の抽出**
　GCP（ground control point）すなわちリモートセンシング画像と地形図あるいはリモートセンシング画像と対応する点の画像座標や地図座標を求める．

② **幾何補正式の決定**
　各 GCP のデータをもとに画像座標と地図座標あるいは画像座標どうしを関係づける補正式を求める．補正式としてはアフィン変換による 1 次式や高次多項式がよく用いられている．それぞれの式の係数は最小 2 乗法で決定する．

③ **リサンプリング**
　幾何補正式をもとにリモートセンシング画像を並び換えて新しい画像を作成する．

（2）カラー画像合成

前処理後のデータ解析手法としてほぼ例外なく行われるのが，この**カラー画像合成**である．マルチスペクトルデータの一部は人間の可視光に対応しており，たとえば，可視赤領域の画像を赤（Red），可視緑～黄領域の画像を緑（Green），そして可視青～緑領域の画像を青（Blue）に割り当てて合成すると，RGB の 3 原色により人間の視覚に近いカラー画像が作成できる（これをトゥルーカラー画像という）．一方で，人間の目には見えない画像を作成することが可能なこともリモートセンシングデータ解析の特徴であり，RGB それぞれに可視赤領域，近赤外領域，可視緑～黄領域を割り当てて緑被を強調したナチュラルカラー画像，RGB に近赤外領域，可視赤領域，可視緑～黄領域を割り当て緑被部分をあえて赤色表示し，特に緑被を強調するフォールスカラー画像等も作成することができ，これらも頻繁に用いられている．

（3）土地被覆分類

カラー合成画像の作成により地表面構造は判別しやすくなるが，画素あたり $2^8$ の反射強度が 3 色分あるため，このマルチスペクトルデータの組合せは無数となる．通常はこれほどの組合せ件数は必要とせず，10 種程度（森林，裸地，市街地など）に**土地被覆分類**を行い，解析を行うことが多い．この基礎となるのが前述の地表構成物の分光反射特性である．これは画像中の画素それぞれの波長帯域ごとの値の組合せで，それぞれの画素がいかなるクラス（分類項目）に属するかを，コンピュータによる自動分類処理を行い，決定することである．分類項目を何個設定するか，また，どんなクラスに分類するかは利用者の目的によって定める．分類の手法は数多くあるが，基本的には教師なし分類と，教師あり分類とに分けられる．

また，都市環境計測では緑地の分布だけでなく，その活性度を議論することも多く，土地被覆分類だけでなく，植生指標と呼ばれる値を算出しこれを画像化することがある．

## 5.3 都市環境計測手法の応用例

### 5.3.1 国土数値情報を利用した土地利用調査

国土数値情報は，地図情報を数値化したもので，通常地図上に示される内容とともに，位置を示す情報についても数値によって与えられる．統計的なデータが観念的になりやすいのに対して，より具体的な立地に即した情報となりうる．全国的な規模で数値情報を整備するために，通常その位置データは**標準地域メッシュ**およびそのコード体系が採用されている．これは経緯度線に基づいて地域を分割する方法で，通常図5.5に示す三つの階層で全国を分割しており，厳密には台形メッシュとなる．

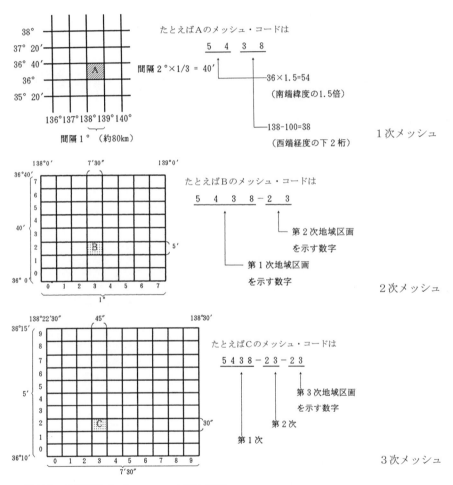

**図5.5** ● 標準地域メッシュ・コード化の手順
[国土地理院監修：数値地図ユーザーズガイド，(財)日本地図センター，1994より引用]

本項で例示されるのは，この第1次地域区画（メッシュ）で仙台市を含む土地利用データと昭和60年度国勢調査データである．これらの表示例として，図5.6に仙台市高層建物用地の分布を，図5.7に昼・夜間人口の分布を示す．これらの結果から高層建物用地はほぼ一箇所（市街地中心

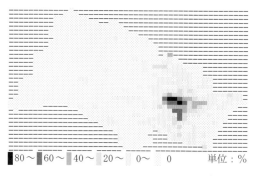

**図 5.6** ● 仙台市の高層建物用地の分布 [4]

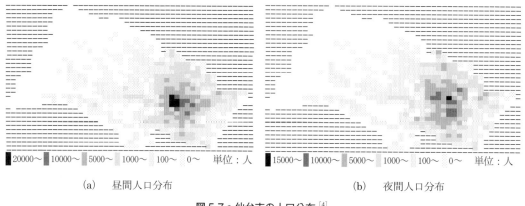

(a) 昼間人口分布　　　　　　　　　　(b) 夜間人口分布

**図 5.7** ● 仙台市の人口分布 [4]

部）に集中しており，この地域は昼間人口分布の非常に高い部分と地域的にほぼ同一であることがわかる．一方で，夜間人口の大きいメッシュはこれと一致せず周辺部にずれており，小規模ながら空洞化現象が見られていることがわかる．

### 5.3.2　GIS 建物データベース化とその応用

　GIS 建物データベース化とその応用について紹介する．たとえば，省エネ型都市システムを検討するためには，建物のエネルギー消費の予測が必要である．そこで建物のエネルギー消費に関連する各種情報を属性データとした GIS 建物データベース化を行った．GIS を用いることにより，建物用途ごとにエネルギー消費量を予測したり，これらを合算したり，もしくは建物個別の評価だけでなく，街区などの複数の建物群を対象としたさまざまな分析が可能となる．

　ここでは仙台駅を中心とする東西 3 km，南北 2 km の範囲の建物 8,043 件を対象とした例を示す [5]．都市のエネルギー消費の予測を目的とする場合，一つひとつの建物について建物用途と用途別延床面積，そしてエネルギー消費量が必要であるため，表 5.2 に示すようにデータベース化する属性データを設定した．既存の建物データベースでは建物の用途や階数などが整備されておらず，これら必要不可欠な項目を目視実態調査した．建物のエネルギー消費量は，建物用途別延床面積に**建物用途別エネルギー消費原単位**を乗ずることによって算定される（本書第 8 章に詳しい）．調査結果および GIS 建物データベースに基づく延床面積 1 m² あたりの建物エネルギー消費量分布を図 5.8 に示す．

表5.2 ● 建物エネルギー消費予測のための GIS 属性データ項目の例[5]

| 項　目 | エネルギー消費量に関する細項目 | |
| --- | --- | --- |
| 建物番号（識別番号）<br>建物名称<br>建物階数<br>建築面積<br>延床面積<br>建物用途（階別）<br>エネルギー消費量 | 月別 | 総エネルギー消費量<br>冷房用エネルギー消費量<br>暖房用エネルギー消費量<br>給湯用エネルギー消費量<br>電力エネルギー消費量 |
| | 時刻別<br>夏季・冬季の<br>ピーク月 | 冷房用エネルギー消費量<br>暖房用エネルギー消費量<br>給湯用エネルギー消費量<br>電力エネルギー消費量 |

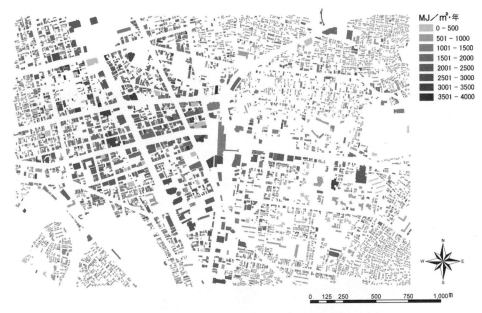

図 5.8 ● 延床面積 1 m² あたりの建物エネルギー消費量の分布[5]

　これらの GIS データベースを用いることにより，エネルギー消費量の高密度な街区の抽出を行ったり，熱消費量と電力消費量を別々に算定して比較検討したり，さらに建物個別に時刻別にエネルギー消費量を算定し，建物群で集計することによってエネルギー消費量の日変動の変化を検討することが可能となる．また，エネルギー消費に伴う人工排熱放出量の推計を行うことにより，都市のヒートアイランド現象（第 2 章参照）への影響を考えたり，大気汚染物質の排出量を推計したり，温室効果ガスの一つである二酸化炭素の潜在的な発生量を推計することも可能である．

## 5.3.3　GIS の都市防災への活用

　限られた資源を有効に使って防災性を高めるソフト面の対策は，情報をいかに効果的に活用できるかが勝負である．災害現象が位置をもった空間的な広がりのある現象であることから，空間的な情報の活かし方がソフトな防災対策の鍵を握っているといえる．したがって，空間的な情報をコンピュータ上で効率よく扱うことができる GIS を使いこなすことが，防災対策上も重要である．GIS の都市防災面の活用を，GIS が備える機能と災害のフェーズで整理すると表 5.3 のようにな

表5.3 ● GISの都市防災面の活用の整理

|  | 事前対策 | 緊急対応 | 復旧・復興 |
|---|---|---|---|
| 収集・整理 | ○ | ○ | ○ |
| 解析 | ○ | ○ | ○ |
| 表示 | ○ | ○ | ○ |

る[6]．災害への対応のフェーズを「**事前対策**」，「**緊急対応**」，「**復旧・復興対策**」に分けている．災害の各フェーズにおけるGISの利用に関して，おもに行政の立場からの利用方法を交えて以下に解説する．

「事前対策の収集・整理」では過去の災害履歴，**ハザードマップ**などのデータベース化が有効である．それを日常から管理しているさまざまな施設等の地図データと統合することで，日常から各施設等の災害危険性の把握が可能となる．「事前対策の解析」に用いる例として，GISデータを用いたハザードの解析，被害想定の集計などがある．文献［7］ではデジタル標高モデル（DEM）と土地利用データを用いて危険な崖の抽出を行う手法を提案し，その精度を確認しているが（図5.9），これはGISの解析機能をハザードの解析に用いたものである．「事前対策の表示」機能では，一例としてGISで扱えるハザードマップの公開があげられる．自分が住んでいる家を中心に拡大することで，家と周辺のハザードとの位置関係が細かくわかるとともに臨場感のある情報が提示されるので，より正確な情報伝達ができ，防災意識を高めることになる．収集・整理・解析した災害関連空間情報を統合して，災害の種類，対応する立場ごとに，災害と対応のシナリオがイメージできる支援型データベースを構築すると，さらに有用である．

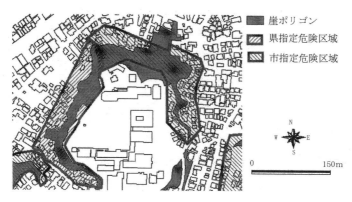

図5.9 ● 抽出された崖ポリゴンと県・市指定危険区域との重ね合わせ[7]

「緊急対応」とは災害発生を警戒する段階から発生直後の対応のことである．この段階では水害に関しては時々刻々推移する雨量，水位などのデータ，地震では震度情報などを収集し表示することが考えられる．また，内閣府や横浜市をはじめ，いくつかの自治体で，直後に地震による地盤の揺れの情報を収集し，そのデータから被害推定を行う**リアルタイム被害推定システム**が導入されている．これらは発災直後の情報をもとに解析機能を使うシステムである．このような詳しいリアルタイム情報をもとに被害を推定し対応に活かすことは有用であるが，ハード整備費用，非常時の情

報収集の信頼性，情報収集・解析に要する時間などの課題がある．また，被災の様相は多様であり，地盤の揺れに伴う建造物の損壊だけでなく，火災，危険物施設の損壊による影響，鉄道被害，高層建築や地下空間における被害などさまざまな状況に対する情報支援が必要である．その対策として，先に述べた支援型データベースを災害発生直後の情報の空白期に活用することが考えられる．想定される地震の揺れの情報，さまざまなハザード，施設等の地図を事前に重ね合わせたデータセットをファイルしておき，直後に震源等の地震に関する第一報が入ってきたところで，最も近い想定地震に関するデータセットを取り出して，被災の中心地域，さまざまなハザードに関する相対的に被災の可能性が高い地域についておよその見当をつけることができる．

「復旧・復興」に関しては，建物の被害状況，がれき処理，避難所の状況などの収集された情報を整理し，対応の検討に解析機能を用いること，復旧情報等をGISによって公開することなどが考えられる．

### 5.3.4 リモートセンシングによる土地被覆変化の調査

1985年，1990年，そして1995年のLandsatデータを用いた，都市郊外の宅地開発に伴う土地被覆変化に関する調査事例を紹介する．図5.10は1985年に緑地であったが1990年には裸地に変化した画素を白色で示したものである．変化箇所は仙台市中心部（図中の中心）よりほぼ等距離に位置する郊外山林部の縁の部分（図中の濃色部分）に点在していることが明瞭である．さらに1990年に裸地であった箇所について，1995年に市街地・住宅地への変化した画素を白色で示したのが図5.11である．図5.10に示した，緑地から裸地へ変化した画素の多くが，その後の5か年間で裸地から市街地・住宅地に変化しているのが明瞭である．1990年において緑地であった部分が1995年に裸地へと変化した箇所も同様に数箇所見られたが，前述の土地被覆変化状況からすると，数年のうちに市街地・住宅地に変化していくものと推測される．

都市郊外部の宅地開発に伴う土地被覆の変化は，主として緑地から裸地へ，そして市街地・住宅地へと推移していることがわかる．土地被覆変化の生じた箇所にのみ着目すると，それらは点在

図 5.10 ● 緑地から裸地への変化箇所（'85 → '90）[11]

図 5.11 ● 裸地から市街地・住宅地への変化箇所（'90 → '95）[11]

し,相互に関連していないように見える.しかし,経年変化を追い,画像上で重ね合わせてみると,発生した変化は既存の住宅地と住宅地の間や近隣に発生し,まさに典型的な都市のスプロール化現象を呈しているといえる.

### 参考文献

[1] 野上道男ほか:地理情報学入門,東京大学出版会,2001
[2] 土屋清編著:リモートセンシング概論,朝倉書店,1990
[3] 日本建築学会リモートセンシングWG:リモートセンシングに関する研究論文選集(都市・建築環境)第1集(1987),第2集(1990),第3集(1995),第4集(2000)
[4] 須藤諭ほか:国土数値情報を利用した仙台市の土地利用調査(仙台市圏における都市環境管理システムの構築に関する基礎的研究その1),日本建築学会東北支部研究報告集第59号,1996
[5] 渡辺浩文ほか:GIS建物データベース構築による分散型エネルギーシステム導入適地の検討に関する研究,空気調和・衛生工学会平成14年度学術講演会講演論文集,2002
[6] 小檜山雅之,山崎文雄:災害対応の羅針盤,防災GIS,建築雑誌,Vol.117,No.1485,日本建築学会,2002
[7] 川﨑昭如,佐土原聡ほか:崖災害対策へのGISの活用―崖およびその被災危険区域の抽出と雨量による崩壊危険区域の公開―,GIS―理論と応用,Vol.9,No.2,地理情報システム学会,2001
[8] 川﨑昭如,佐土原聡ほか:自治体等の災害関連情報の公開のあり方に関する研究―横浜市におけるアンケート調査を通した考察―,地域安全学会梗概集,No.11,地域安全学会,2001
[9] 浦川豪,秋本和紀,佐土原聡,西山寿美生:GPS登載の携帯電話を利用した震災直後の被害情況把握システムの構築に関する研究,GIS JAPAN,(株)表現研究所,2002
[10] 佐土原聡:都市防災とGIS,structure,No.83,日本建築構造技術者協会,2002
[11] 渡辺浩文:リモートセンシングデータによる都市郊外宅地開発に伴う土地被覆変化の調査,可視化情報学会研究報告会,2000

# 第6章

# CFDを利用した都市気候シミュレーション

　都市気候問題は，さまざまなスケールにおけるさまざまな要因が複雑に関与している．現在，都市環境を改善するために多くの提案がなされているが，個別の要因ごとに対策を立てても，それが全体の気候に及ぼす効果を正しく評価することは非常に難しい場合が多い．したがって，良好な都市環境を実現するためには，各種要因を総合的に考慮した環境の予測，評価が必要となる．近年の**数値流体力学**（computational fluid dynamics：CFD）を利用した**環境シミュレーション**技術の発達は，このような総合的な環境予測を可能としつつある．

　本章ではCFDを利用した都市の気候の数値解析手法について，特に，専門の書籍，文献を読む前に知っておいた方がよく，かつ通常の建築学科のカリキュラムでは触れられることが少ないと思われる事項を中心に解説することとしたい．興味をもたれた読者は，ぜひ，文献［1］［2］等を勉強していただきたい．

## 6.1 対象とする空間スケールと関係する物理現象

　われわれが都市の気候，あるいは屋外の環境等という場合，その時々に応じてさまざまな空間スケールを想定している．「東京のヒートアイランド対策のために行政が屋上緑化を推進している」というような話をするときには，われわれは首都圏全域の広域の気候を考えている．また，「街路樹を植えることにより，屋外環境をしのぎやすくする」というような場合は，これよりもずっと小さいミクロスケールの気候を念頭においている．

　いずれのスケールを考える場合でも，都市の気候は，①短波（日射）・長波の放射による熱輸送，②地中・建物壁体への熱伝導，③都市表面（地表・建物表面）における熱のバランス，④都市部のエネルギー消費に伴う人工排熱，そして，風の流れと**大気の乱流拡散**による，⑤**運動量の輸送**，⑥**熱の輸送**，⑦**水蒸気の輸送**，⑧**汚染物質の輸送**，などにより決定される．したがって，都市気候の数値シミュレーションでは，これらの要素をモデル化した方程式系を解くが，**都市スケール**（100 kmスケール：**メソスケール**）の気候のシミュレーションと**街区スケール**（100 m～1 kmスケール：**ミクロスケール**）の気候のシミュレーションでは，その取り扱いが異なる点もある．都市スケールの気候の解析では，気象学の分野で研究されてきた手法が用いられ，街区スケールの解析では機械工学等の工学の分野で研究されてきた手法が用いられる．

歴史的に見ると，建築環境工学分野における都市環境のシミュレーションは，まず街区スケールを対象として発展してきた．最初に行われたのが高層建物周辺で発生するビル風の数値予測手法の研究である．これは上記の①〜⑧の要素の中で⑤のみを解くものであるが，1980年代前半にその研究が始まった（図6.1）．その後，大気による汚染物質，熱，水蒸気の拡散（上記⑤と⑥〜⑧），あるいは，大気による砂，雪（図6.2），火の粉等の飛散現象の解析が行われるようになった．そして，1990年代半ばになると，**3次元**の**放射計算**と**流体計算**の連成が実現し，①〜⑧のすべての要素を組み込んだ解析が可能となった．また，同じ頃に気象分野で開発されたモデルを利用して，100 kmスケールの都市気候を解析する試みが建築の分野でも行われるようになってきた．

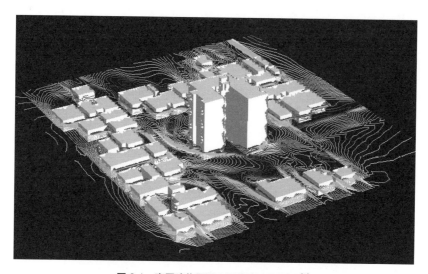

**図6.1** ● 高層建物周辺の風環境の予測例 [3]

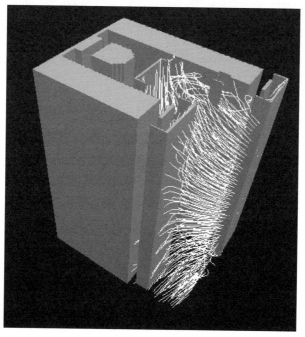

**図6.2** ● 風による雪の輸送の予測例 [3]

## 6.2 CFDに基づく気候数値解析手法の概要

### 6.2.1 屋外温熱環境の形成に及ぼす気流分布の役割

まず，6.1節で示した①〜⑧の物理要素がどのように屋外環境に影響を及ぼすかについて，仙台市の公園緑地を対象とする実測および解析結果を用いて説明する．図6.3に実測対象地区の概要を示す．図6.4は典型的な夏季の晴天日の日中に撮影した公園北側の境界付近の熱画像である．舗装道路と緑地の表面温度にはきわめて顕著な差が生じている．このような表面温度の差は，上記①〜⑧の要素の中の①〜③によりもたらされるものである．

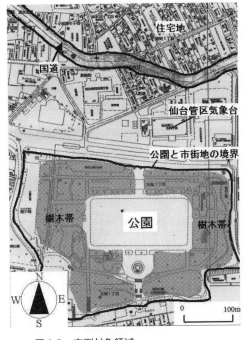

図6.3 ● 実測対象領域
（仙台市榴ヶ岡公園とその周辺）

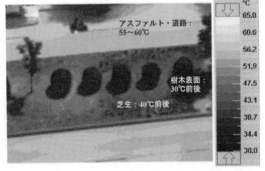

図6.4 ● 公園北側境界付近の熱画像

このように表面温度に差のある地表面付近の空間に風が流れることにより，加熱されたアスファルトやコンクリート表面から大気に放出される熱，空調機や自動車からの排熱，あるいは緑地からの冷気や水蒸気が風に運ばれ他の領域に輸送され，気温分布や湿度分布が形成される．図6.5は実測対象空間の風速分布，気温分布の数値シミュレーション結果である．この解析は上空風向が南南東（図中の斜め右下から左上へ向かう風向）という条件で行ったものであるが，樹木帯や建物の影響で，公園北側出口付近で複雑な風の流れが生じている．そして，公園内の**冷気流**はこの複雑な風の流れに運ばれて市街地に流出するため，公園からの距離が同じでも公園緑地の**気温低減効果**の恩恵を受ける場所と受けない場所が存在している．この結果からも，都市の風の流れを事前に予測し，その効果を適切に考慮することが，快適な都市環境を計画する上できわめて重要であることが理解されよう．次の6.2.2項では，流体の数値解析に用いる基礎方程式を説明する．

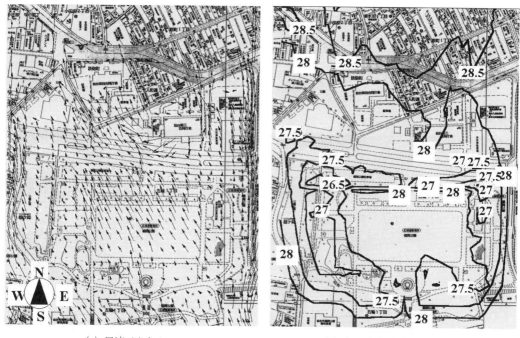

(a) 風速ベクトル　　　　　　　　　(b) 気温分布（単位 ℃）

図 6.5 ● 公園内外の風の流れと気温分布に関する数値解析結果（2000 年 8 月 3 日 13 時，高さ 1.5 m）

## 6.2.2　流体の数値解析手法の概要

### (1) 基礎方程式

都市環境にかかわる風の流れは，非圧縮[注1]で非等温の乱流である．このような流れは以下の方程式系で記述される．

① 連続式

$$\frac{\partial u_i}{\partial x_i} = 0 \tag{6.1}$$

② **Navier-Stokes の方程式**（N-S 方程式）

$$\frac{\partial u_i}{\partial t} + u_j \frac{\partial u_i}{\partial x_j} = -\frac{1}{\rho}\frac{\partial p}{\partial x_i} + \frac{\partial}{\partial x_j}\left(\nu \frac{\partial u_i}{\partial x_j}\right) - g_i \beta \Delta\theta \tag{6.2}$$

③ 温度の輸送方程式

$$\frac{\partial \theta}{\partial t} + u_i \frac{\partial \theta}{\partial x_i} = \frac{\partial}{\partial x_i}\left(\alpha \frac{\partial \theta}{\partial x_i}\right) \tag{6.3}$$

④ 水蒸気（絶対湿度）輸送方程式

$$\frac{\partial q_W}{\partial t} + u_i \frac{\partial q_W}{\partial x_i} = \frac{\partial}{\partial x_i}\left(D \frac{\partial q_W}{\partial x_i}\right) \tag{6.4}$$

（記号）$u_i$：風速の瞬間値の 3 成分 [m/s]，$x_i$：空間座標の 3 成分 [m]，$t$：時間 [s]，
$\rho$：空気密度 [kg/m$^3$]，$p$：圧力の瞬間値 [Pa (=N/m$^2$)]，$\nu$：分子動粘性係数 [m$^2$/s]，
$g_i$：重力加速度 ($g_1 = g_2 = 0$，$g_3 = -9.8$ [m/s$^2$])，$\beta$：体積膨張率 ($= 1/T_0 = 1/(273 + \theta_0)$) [1/K]，

$\theta$：温度の瞬間値 [°C]，$\theta_0$：代表温度 [°C]，$\Delta\theta = \theta - \theta_0$ [°C]
$T_0$：$\theta_0$ に対応する絶対温度 [K]，$\alpha$：分子温度拡散係数 [m²/s]，
$q_W$：絶対湿度の瞬間値 [kg/kg']，$D$：水蒸気に関する分子拡散係数 [m²/s]

ここで，式 (6.1) が流量保存を表す式で連続式と呼ばれる．式 (6.2) は運動量の保存を表しており，運動方程式，あるいは Navier-Stokes の式と呼ばれている（以下では，N-S 式と称す）．また，式 (6.3)，(6.4) は温度や水蒸気の輸送方程式である．式 (6.1) ～ (6.4) は**テンソルの表記法**に従っている[注2]．

### （2）乱流のモデル化

都市環境分野で扱われる流れは，一般に**レイノルズ（Reynolds）数**がきわめて高い乱流である．乱流の正確な定義は専門書に譲るが[1][2]，その大きな特徴は大小さまざまなスケールの渦が存在し，渦の運動により運動量や熱，水蒸気，あるいは汚染物質の輸送，混合が行われていることである．この作用を乱流拡散と呼ぶが，この効果の大小が環境に大きな影響を及ぼす．ここでは煙突の煙の拡散を例に説明する（図 6.6）．建物等の影響のない上空では平均的には地面と平行に風が吹いているが，そのような大気中に煙突から煙が排出された状況を考えると，煙は図 6.6 に示すように平均流に運ばれて風下へ輸送されながら（これを平均流による移流と呼ぶ），**乱流渦**の運動に伴う**拡散作用（乱流拡散）**により，上下，左右にも広がっていく．そしてその広がり方の程度は，乱流拡散の効果の大小により図 6.6 に示すように異なったものとなる．同様に，熱の拡散，水蒸気の拡散もこの乱流拡散の作用により決定されており，気温分布，湿度分布の形成にも乱流拡散は非常に大きな影響を与えている．

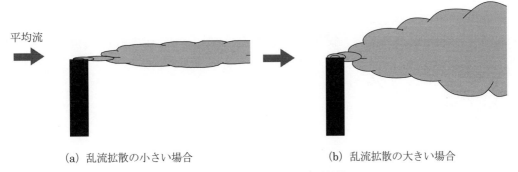

(a) 乱流拡散の小さい場合　　　　(b) 乱流拡散の大きい場合

**図 6.6** ● 煙突の煙の広がりと乱流拡散

都市環境で問題となる大気境界層中には，100 m オーダーのスケールの渦から 1 mm 以下の渦までが存在する．大きなスケールの渦は小さな渦に徐々に分解され，この過程で大きな渦の保有する**乱れの運動エネルギー（乱流エネルギー $k$）**が，大きな渦から小さな渦に順次輸送されていく．そして，最終的に 1 mm 以下の微小な渦まで分解されたときに空気の粘性の影響で熱エネルギーに変換される．この最小渦のスケールを**コルモゴロフのマイクロスケール**というが，このスケールにおいて，空気の粘性により乱流エネルギーが単位時間あたりに熱に変換される割合を**エネルギー散逸率 $\varepsilon$** と呼ぶ．

**数値シミュレーション**において，式 (6.1) ～ (6.4) をそのまま解いて，このメカニズムを正しく

予測するためには，この最小渦のスケールに対応するきわめて細かい空間分解能が必要とされる．そのためには膨大なグリッド数の計算が不可欠となり，多くの場合これを行うのは困難である．そこで，式 (6.1) ～ (6.4) をそのまま解くのではなく，平均流を対象とした方程式系を別途導出し，乱流の効果をモデル化してこれに組み込むという方法が用いられる．

式 (6.1) ～ (6.4) に**アンサンブル平均**を施すことを考える[注3]．まず，式中の各変数を以下のように分離する．

$$f = \langle f \rangle + f' \tag{6.5}$$

（記号）$f$：変数 $f$ の瞬間値，$\langle f \rangle$：変数 $f$ のアンサンブル平均値，$f'$：変数 $f$ の変動成分（$= f - \langle f \rangle$）

式 (6.5) を式 (6.1) ～ (6.4) に代入し，これらに対してさらにアンサンブル平均をとれば次式が得られる．

$$\frac{\partial \langle u_i \rangle}{\partial x_i} = 0 \tag{6.6}$$

$$\frac{\partial \langle u_i \rangle}{\partial t} + \langle u_j \rangle \frac{\partial \langle u_i \rangle}{\partial x_j} = -\frac{1}{\rho}\frac{\partial \langle p \rangle}{\partial x_i} + \frac{\partial}{\partial x_j}\left[\nu\frac{\partial \langle u_i \rangle}{\partial x_j} - \langle u_i' u_j' \rangle\right] - g_i \beta \langle \Delta \theta \rangle \tag{6.7}$$

$$\frac{\partial \langle \theta \rangle}{\partial t} + \langle u_i \rangle \frac{\partial \langle \theta \rangle}{\partial x_i} = \frac{\partial}{\partial x_i}\left[\alpha\frac{\partial \langle \theta \rangle}{\partial x_i} - \langle u_i' \theta' \rangle\right] \tag{6.8}$$

$$\frac{\partial \langle q_W \rangle}{\partial t} + \langle u_i \rangle \frac{\partial \langle q_W \rangle}{\partial x_i} = \frac{\partial}{\partial x_i}\left[D\frac{\partial \langle q_W \rangle}{\partial x_i} - \langle u_i' q_W' \rangle\right] \tag{6.9}$$

ここで，式 (6.7) は平均流に対する運動方程式であり，レイノルズ方程式と呼ばれる．

式 (6.7) ～ (6.9) と式 (6.2) ～ (6.4) を比較すると，式 (6.7) ～ (6.9) には各々 $-\langle u_i' u_j' \rangle$，$-\langle u_i' \theta' \rangle$，$-\langle u_i' q_W' \rangle$ といった新たな項が加わっている．これら新たに生じた項は，各々，**レイノルズ応力** $-\langle u_i' u_j' \rangle$，**乱流熱フラックス** $-\langle u_i' \theta' \rangle$，**乱流水蒸気フラックス** $-\langle u_i' q_W' \rangle$ と呼ばれる．これらは，乱流渦の運動による運動量や熱，水蒸気の輸送量を表す非常に重要な項であり，総称して乱流フラックスと呼ばれる．3 次元解析の場合 $-\langle u_i' u_j' \rangle$ は 9 成分（対称性を考えると 6 成分），$-\langle u_i' \theta' \rangle$，$-\langle u_i' q_W' \rangle$ は各々 3 成分ずつの変数（未知数）を示しているが，平均操作により新たにこれらの未知変数が現れ，方程式の数よりも未知数の方が多くなるために，上記の式 (6.6) ～ (6.9) のみでは方程式系がクローズしなくなる．このため，これら新たに生じた未知数を何らかの方法で，$\langle u_i \rangle$，$\langle p \rangle$，$\langle \theta \rangle$，$\langle q_W \rangle$ といった平均量で表現する（モデル化する）ことにより，クローズした方程式系を作成する必要が生じる．そして，方程式系をクローズするためにさまざまな乱流モデルが開発されてきているが，現在，最も広範に用いられているのが，**$k$-$\varepsilon$ 型 2 方程式モデル**である．注 4) に同モデルの説明を示す．

## 6.3 街区スケールの解析事例

ここでは緑地が温熱環境に与えるプラス面とマイナス面の総合評価について述べる[7]．樹木には，①日射遮蔽，蒸散による気温低減などの夏の温熱環境を改善する効果と，②湿度上昇，風速低減などのような夏の温熱環境を悪化させる効果がある．したがって，＋の側面と－の側面を冷静かつ総合的に評価することが大切である．本節では，**3次元の対流・放射・湿気輸送連成解析**により，緑地が市街地温熱環境に及ぼす影響を調べた結果を紹介する．

ここで，樹木の効果としては，

**①風速低減**と**乱流拡散**の増加
②短波（日射），長波の放射の遮蔽，減衰
**③蒸散による潜熱放散**

をモデル化している．樹木のモデル化の詳細については，文献［1］，［7］等を参照されたい．

### 6.3.1 計算フロー

まず，図6.7中の左側の各種入力条件より**境界条件**を設定する．次に放射計算を行う．この放射計算より得られた地表面や壁体表面の温度分布等を境界条件として，CFDによる流体計算を実行することにより，風による熱，水蒸気の輸送が計算される．その結果，新たな風速，温度，湿度の空間分布が与えられ，これにより地表面，壁体表面からの顕熱輸送量や潜熱輸送量が変わるのでこの条件下で再び放射計算を行う．これら一連の操作を繰り返すことにより，風速，温度，湿度，**平均放射温度MRT**の空間分布が得られる．これに人体の**着衣量**，**代謝量**を仮定することにより**SET***などの**温熱快適性指標**の分布が算出される．

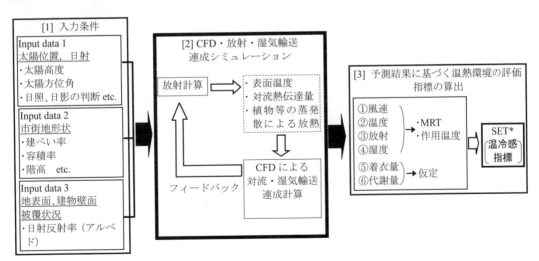

**図6.7** ● 屋外温熱環境予測のフロー [7]

### 6.3.2 計算ケース

図6.8に示すようなモデル化された街区を対象とし，以下の三つのケースの解析を行った．

case1：地表面の 10 ％が草地により覆われた場合（地表面の緑地率 10 ％）．
case2：地表がすべて草地に覆われた場合（地表面の緑地率 100 ％）．
case3：case2 の緑地率 100 ％の地表面上に，樹高 6 m，樹冠の直径 4 m の樹木を 5 m 間隔で均等に植えた場合（図 6.8（b））．

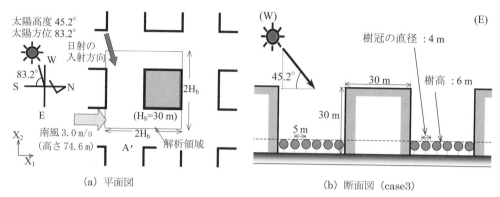

(a) 平面図　　(b) 断面図（case3）

図 6.8 ● 解析領域 [7]

### 6.3.3　計算結果

図 6.9 に高さ 1.5 m の SET* の水平分布を，また図 6.10 に各ケース間の SET* の差を示す．これらは，東京における 7 月下旬の晴天日の午後 3 時の気象条件の下での計算結果である．ここ

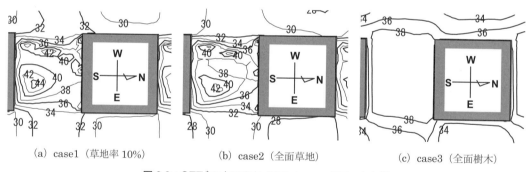

(a) case1（草地率 10%）　　(b) case2（全面草地）　　(c) case3（全面樹木）

図 6.9 ● SET* の水平分布（高さ 1.5 m，単位：℃）[7]

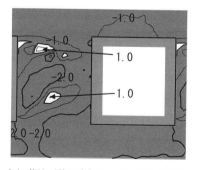

(a) 草地面積の増加による SET* の増減　　(b) 樹木の植栽による SET* の増減
　　（case2 − case1）　　　　　　　　　　　　（case3 − case2）

・図中の灰色の領域は SET* が低下し，夏季の温熱環境が改善された領域を示す．

図 6.10 ● 緑地の規模，種類の変化による SET* の増減（高さ 1.5 m，単位：℃）[7]

で図 6.10（a）が，地表面の草地の割合が 10 %（case1）から 100 %（case2）へ増加したことによる SET*の増減（case2-case1）を示し，図 6.10（b）が case2 と全面に樹木を植えた case3 の SET*の差（case3-case2）を示している．図中の灰色の部分が（case2-case1），あるいは，（case3-case2）の値がマイナスの領域，すなわち草地の増加もしくは樹木を植えることにより SET*が低下し，夏季の温熱環境が改善される領域であり，白色の部分は逆に SET*が増加し夏季の温熱環境が悪化する領域である．

本解析の結果では，草地の増加に伴い多くの領域において SET*が低下している（図 6.10（a））．これに対して全面に樹木を植えた case3 では，樹木を植えていない case2 に比べて，SET*が上昇する領域（白色領域）の方が，SET*が低下する領域（灰色の領域）よりも広くなっている（図 6.10（b））．この case3 は，全面に樹木を配置し，最も大きな**温熱環境緩和効果**が期待されそうなケースであるが，樹木の量が多すぎて過度の風速低下と湿度上昇をもたらし，多くの領域で温熱環境を改善せず，むしろ悪化するという意外な結果となった．この結果からも，樹木の配置を考えるときには，風通しの確保を同時に考慮することが非常に大切であることがわかる．

このように，放射計算と流体計算を連成させた**屋外温熱環境解析**により，緑化などに伴う環境変化のメカニズムを定量的かつシステマティックに分析することができる．ここでは緑化の例を示したが，**街区形態の変化**や外表面の**日射反射率の変更**，**保水性建材**の利用などのさまざまな都市環境改善手法の効果分析の目的で，同様の解析が数多く行われるようになってきている．

## 6.4 都市スケールの解析事例

東京を対象に 1930 年代から現代に至る都市化の進行が気候変化に及ぼす影響を試算した解析例 [8] を用いて，都市スケールの解析の手順を説明する．なお，本解析で用いた気象分野のモデルの説明を注 5）に示す．

### 6.4.1 土地利用データに基づく境界条件の設定

都市スケールの解析では，解析領域全体のサイズは水平方向は数 100 km，鉛直方向は数 km であり，水平方向のグリッド幅は，通常，数 km のオーダーである．したがって，グリッドサイズが建物サイズよりはるかに大きくならざるを得ない．このような解析では，国土数値情報等を利用して土地利用分布を地表面境界条件として与え，これに対応させる形で**粗度長**[注6]，**日射反射率**，**蒸発効率**，**人工排熱量**等の地表面の物理的特徴を定義するパラメータを設定する．

### 6.4.2 計算結果

図 6.11，6.12 は，都心を横断する南北断面内における 8 月上旬の晴天日の午後 3 時の気温，**風速ベクトル**の比較である（図 6.12 では風速鉛直成分が強調されるように表示されているので注意されたい）．1930 年代に比べて，1990 年代になると都心部の気温が約 3 ℃上昇している．そして，これに伴い海風の駆動力となる内陸と海面の温度差が大きくなり，海風の風速が増加し，内陸まで吹き込んでいる．また，都心部の高温域の上昇流が強調されている．図 6.13 は京浜工業地帯（川

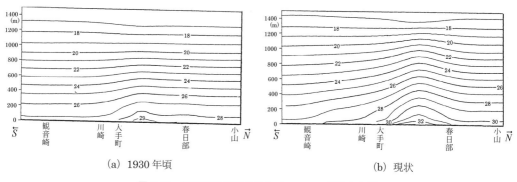

(a) 1930年頃　　　　　(b) 現状

図6.11 ● 鉛直断面の気温分布（15：00，単位℃）[8]

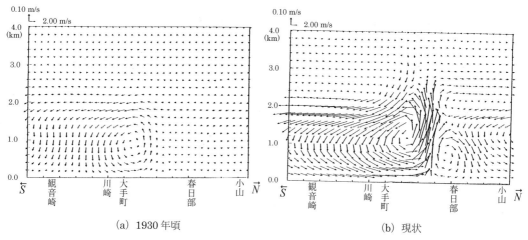

(a) 1930年頃　　　　　(b) 現状

図6.12 ● 鉛直断面内の風速分布（15：00）[8]

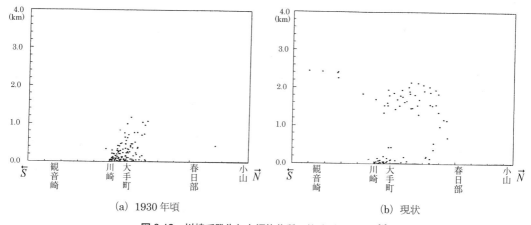

(a) 1930年頃　　　　　(b) 現状

図6.13 ● 川崎で発生した汚染物質の軌跡（15：00）[8]

崎）で発生した大気汚染物質の軌跡を示している．1930年代の場合，汚染物質は発生源の比較的近くに滞留しているのに対して，1990年代になるとヒートアイランド循環の影響で内陸部まで汚染物質が輸送されるようになっているが，この状況は近年の多くの観測事例と対応している．

近年，都市スケールの気候解析により東京だけでなく，内外の多くの都市の気候分析が行われ，都市化のもたらす気候変化の構造についての分析が進められている[11]．また，同時に都市緑化や

都市表面の日射反射率の変更等の各種ヒートアイランド対策の評価，効果分析も行われている．

**注 1) 非圧縮性流体**

空気の密度は圧力や温度によって変化する．すなわち，強い圧力を加えたり，冷却したりすると密度が増す．一方，流速が音速よりずっと小さく，流体中で大きな温度差がないときは，密度は一定と近似することができ，このような流体を**非圧縮性流体**と呼ぶ．

**注 2) 非圧縮流体の基礎方程式**

6.2.2 項の式 (6.1) ～ (6.4) はテンソルの表記法に従っている．ここで，添え字の $i$ や $j$ は 3 次元空間では 1 から 3 までの値をとり，$x_1$，$x_2$，$x_3$ は空間座標の 3 成分 $x$，$y$，$z$ を，また，$u_1$，$u_2$，$u_3$ は速度ベクトルの 3 成分 $u$，$v$，$w$ を示している．テンソルの表記では，添え字が一つの項で繰り返し出てくるときは，その総和をとる（このことを縮約をとるという）．この規則に従い，式 (6.1) ～ (6.4) を書き下すと以下のようになる．

①連続式

$$\frac{\partial u}{\partial x} + \frac{\partial v}{\partial y} + \frac{\partial w}{\partial z} = 0 \tag{6.10}$$

② Navier-Stokes の方程式（N-S 方程式）

$$\frac{\partial u}{\partial t} + u\frac{\partial u}{\partial x} + v\frac{\partial u}{\partial y} + w\frac{\partial u}{\partial z} = -\frac{1}{\rho}\frac{\partial p}{\partial x} + \nu\left(\frac{\partial^2 u}{\partial x^2} + \frac{\partial^2 u}{\partial y^2} + \frac{\partial^2 u}{\partial z^2}\right) \tag{6.11}$$

$$\frac{\partial v}{\partial t} + u\frac{\partial v}{\partial x} + v\frac{\partial v}{\partial y} + w\frac{\partial v}{\partial z} = -\frac{1}{\rho}\frac{\partial p}{\partial y} + \nu\left(\frac{\partial^2 v}{\partial x^2} + \frac{\partial^2 v}{\partial y^2} + \frac{\partial^2 v}{\partial z^2}\right) \tag{6.12}$$

$$\frac{\partial w}{\partial t} + u\frac{\partial w}{\partial x} + v\frac{\partial w}{\partial y} + w\frac{\partial w}{\partial z} = -\frac{1}{\rho}\frac{\partial p}{\partial z} + \nu\left(\frac{\partial^2 w}{\partial x^2} + \frac{\partial^2 w}{\partial y^2} + \frac{\partial^2 w}{\partial z^2}\right) - g_3\beta\Delta\theta \tag{6.13}$$

③温度の輸送方程式

$$\frac{\partial \theta}{\partial t} + u\frac{\partial \theta}{\partial x} + v\frac{\partial \theta}{\partial y} + w\frac{\partial \theta}{\partial z} = \alpha\left(\frac{\partial^2 \theta}{\partial x^2} + \frac{\partial^2 \theta}{\partial y^2} + \frac{\partial^2 \theta}{\partial z^2}\right) \tag{6.14}$$

④水蒸気（絶対湿度）の輸送方程式

$$\frac{\partial q_W}{\partial t} + u\frac{\partial q_W}{\partial x} + v\frac{\partial q_W}{\partial y} + w\frac{\partial q_W}{\partial z} = D\left(\frac{\partial^2 q_W}{\partial x^2} + \frac{\partial^2 q_W}{\partial y^2} + \frac{\partial^2 q_W}{\partial z^2}\right) \tag{6.15}$$

式 (6.2) ～ (6.4)（式 (6.11) ～ (6.15)）中の $u$, $v$, $w$, $\theta$, $q_W$ をすべて物理量 $\phi$ として表せば，これらの方程式は以下のように統一的に書くことができる．

$$\frac{\partial \phi}{\partial t} + u\frac{\partial \phi}{\partial x} + v\frac{\partial \phi}{\partial y} + w\frac{\partial \phi}{\partial z} = \Gamma\left(\frac{\partial^2 \phi}{\partial x^2} + \frac{\partial^2 \phi}{\partial y^2} + \frac{\partial^2 \phi}{\partial z^2}\right) + S_H \tag{6.16}$$

ここで左辺第 1 項が時間微分項，左辺第 2 ～ 4 項が移流項，右辺第 1 項が拡散項（$\Gamma$ は拡散係数），$S_H$ は圧力勾配などを意味する生成項である．

以下に温度の輸送方程式（式 (6.14)）を例にとり，その導出過程を示す．図 6.14 に示す微小直方体内の熱量の変化を考える．まず，移流により微小直方体に流入する熱量と流出する熱量を考える．流体の密度を $\rho$ [kg/m³]，比熱を $Cp$ [J/kgK] とし，$x$, $y$, $z$ 方向の流速を各々 $u$, $v$, $w$ とすると，微小時間 $\Delta t$ 内に面 A から移流により流入する熱量は，$Cp\rho\Delta y\Delta z\theta u\Delta t$，また，面 B から流出する熱量は

$$Cp\rho\Delta y\Delta z\left(\theta u + \Delta x\frac{\partial \theta u}{\partial x}\right)\Delta t$$

となる．

$y$ 方向，$z$ 方向も同様に考えると，移流により微小時間 $\Delta t$ 内に微小直方体に蓄積される熱量は次式のようになる．

$$\text{移流による熱量の変化分} = Cp\rho\Delta y\Delta z\theta u\Delta t - Cp\rho\Delta y\Delta z\left(\theta u + \Delta x\frac{\partial\theta u}{\partial x}\right)\Delta t$$

$$+ Cp\rho\Delta z\Delta x\theta v\Delta t - Cp\rho\Delta z\Delta x\left(\theta v + \Delta y\frac{\partial\theta v}{\partial y}\right)\Delta t$$

$$+ Cp\rho\Delta x\Delta y\theta w\Delta t - Cp\rho\Delta x\Delta y\left(\theta w + \Delta z\frac{\partial\theta w}{\partial z}\right)\Delta t$$

$$= -Cp\rho\Delta x\Delta y\Delta z\left(\frac{\partial\theta u}{\partial x} + \frac{\partial\theta v}{\partial y} + \frac{\partial\theta w}{\partial z}\right)\Delta t \tag{6.17}$$

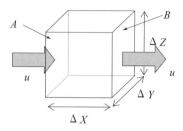

**図 6.14 ● 微小直方体**

次に拡散により微小直方体に流入する熱量と流出する熱量を考える．熱伝導率を $\lambda\,[\mathrm{W/m\cdot K}]$ とし，まず，$x$ 方向の拡散による微小直方体への熱量の流入，流出を考える．微小時間 $\Delta t$ 内に，拡散により面 A から流入する熱量は，

$$H_a = -\lambda\frac{\partial\theta}{\partial x}\Delta y\Delta z\Delta t \tag{6.18}$$

また，面 B から流出する熱量は，

$$H_b = -\lambda\frac{\partial}{\partial x}\left(\theta + \frac{\partial\theta}{\partial x}\Delta x\right)\Delta y\Delta z\Delta t \tag{6.19}$$

流入する熱量（$H_a$）と流出する熱量（$H_b$）の差を求めると，

$$H_a - H_b = -\lambda\frac{\partial\theta}{\partial x}\Delta y\Delta z\Delta t + \lambda\frac{\partial}{\partial x}\left(\theta + \frac{\partial\theta}{\partial x}\Delta x\right)\Delta y\Delta z\Delta t$$

$$= \lambda\frac{\partial}{\partial x}\left(\frac{\partial\theta}{\partial x}\right)\Delta x\Delta y\Delta z\Delta t \tag{6.20}$$

同様に $y$ 方向，$z$ 方向についても熱量の変化分を求め，3 方向の和をとると，

$$\lambda\frac{\partial}{\partial x}\left(\frac{\partial\theta}{\partial x}\right)\Delta x\Delta y\Delta z\Delta t + \lambda\frac{\partial}{\partial y}\left(\frac{\partial\theta}{\partial y}\right)\Delta x\Delta y\Delta z\Delta t + \lambda\frac{\partial}{\partial z}\left(\frac{\partial\theta}{\partial z}\right)\Delta x\Delta y\Delta z\Delta t \tag{6.21}$$

この微小直方体内の温度が $\Delta t$ 時間後に $\theta$ から $\left(\theta + \frac{\partial\theta}{\partial t}\Delta t\right)$ になったとすると，この間の微小直方体内の熱量の変化は $Cp\rho\Delta x\Delta y\Delta z\frac{\partial\theta}{\partial t}\Delta t$ となる．

以上の微小直方体内の熱量の変化に加え，生産項（$S_H$）を考慮すると，

$$Cp\rho\frac{\partial\theta}{\partial t}\Delta x\Delta y\Delta z\Delta t = -Cp\rho\left(\frac{\partial\theta u}{\partial x}\Delta x\Delta y\Delta z\Delta t + \frac{\partial\theta v}{\partial y}\Delta x\Delta y\Delta z\Delta t + \frac{\partial\theta w}{\partial z}\Delta x\Delta y\Delta z\Delta t\right)$$

$$+ \frac{\partial}{\partial x}\left(\lambda\frac{\partial\theta}{\partial x}\right)\Delta x\Delta y\Delta z\Delta t + \frac{\partial}{\partial y}\left(\lambda\frac{\partial\theta}{\partial y}\right)\Delta x\Delta y\Delta z\Delta t + \frac{\partial}{\partial z}\left(\lambda\frac{\partial\theta}{\partial z}\right)\Delta x\Delta y\Delta z\Delta t + S_H\Delta x\Delta y\Delta z\Delta t \tag{6.22}$$

式 (6.22) を整理すると

$$\frac{\partial \theta}{\partial t} + \frac{\partial \theta u}{\partial x} + \frac{\partial \theta v}{\partial y} + \frac{\partial \theta w}{\partial z} = \frac{\partial}{\partial x}\left[\alpha \frac{\partial \theta}{\partial x}\right] + \frac{\partial}{\partial y}\left[\alpha \frac{\partial \theta}{\partial y}\right] + \frac{\partial}{\partial z}\left[\alpha \frac{\partial \theta}{\partial z}\right] + \frac{1}{Cp\rho} S_H \quad (6.23)$$

ただし，$\alpha = \lambda/Cp\rho$．ここで，連続式（式 (6.10)）を用いて，式 (6.23) の移流項（左辺の第 2～4 項）を書き換えると，式 (6.14) が得られる．

同様に速度 $u$ の輸送方程式を考える．この場合，生成項 $S_H$ は圧力勾配項となり，

$$\frac{\partial u}{\partial t} + u\frac{\partial u}{\partial x} + v\frac{\partial u}{\partial y} + w\frac{\partial u}{\partial z} = -\frac{1}{\rho}\frac{\partial p}{\partial x} + \nu\left(\frac{\partial^2 u}{\partial x^2} + \frac{\partial^2 u}{\partial y^2} + \frac{\partial^2 u}{\partial z^2}\right) \quad (6.11)\text{ 再掲}$$

が得られる．$v, w, q_w$ の輸送方程式 (6.12)，(6.13)，(6.15) も同様のプロセスから導出される．ただし，$w$ の輸送方程式の場合，生成項として圧力勾配以外に浮力項（$-g_3\beta\Delta\theta$）も加わる．なお，運動量保存を示す式 (6.11) ～ (6.13)（N-S 方程式）の導出は，微小直方体に作用する力のバランスから説明する方が一般的である．その詳細については流体力学の教科書を参照されたい．

**注 3）アンサンブル平均**

アンサンブル平均とは，できる限り同一の条件下で独立の実験を繰り返したときの，実験開始時から特定の時刻後の特定の場所の値の平均のことであり，集合平均とも呼ばれる．流れの統計的性状が時間とともに変化しない場合，このアンサンブル平均値と時間平均値は一致する．

**注 4）$k$-$\varepsilon$ 型 2 方程式モデル（表 6.1）**

レイノルズ応力 $-\langle u_i' u_j' \rangle$ 等の乱流フラックスのモデルとして，最も代表的なモデルは式 (6.24) に示すような**渦粘性近似モデル**と呼ばれるモデルである．渦粘性近似では分子粘性係数 $\nu$ によって生じるせん断応力と速度勾配の関係式とのアナロジーから，渦動粘性係数 $\nu_t$ を導入し，レイノルズ応力 $-\langle u_i' u_j' \rangle$ と平均速度勾配と $\nu_t$ を関連づけて以下のように表す（渦粘性近似のことを勾配拡散近似と呼ぶこともある）．

$$-\langle u_i' u_j' \rangle = \nu_t\left(\frac{\partial \langle u_i \rangle}{\partial x_j} + \frac{\partial \langle u_j \rangle}{\partial x_i}\right) - \frac{2}{3}k\delta_{ij} \quad (6.24)$$

ここで渦動粘性係数 $\nu_t$ は空気の動粘性係数 $\nu$ と同様に（長さ）$^2$/（時間）[m$^2$/s] の次元をもつが，$\nu$ は物性値であり空間一定であるのに対して，$\nu_t$ は空間各点の渦の乱流拡散作用の大小に応じて変化する量である．また，式 (6.24) の右辺第 2 項中の $k$ は乱流エネルギー [m$^2$/s$^2$] であり，その定義は $k = \langle u_1' u_1' + u_2' u_2' + u_3' u_3' \rangle/2$ である．$\delta_{ij}$ はクロネッカーデルタと呼ばれ，$i = j$ のときに 1，$i \neq j$ のときに 0 となる関数である．

式 (6.24) の右辺第 2 項（$-(2/3)\cdot k\delta_{ij}$）は $i = j$ のときに式 (6.24) の左辺の 3 成分の総和をとると，$-2k$，すなわち $-\langle u_1' u_1' + u_2' u_2' + u_3' u_3' \rangle$ となることから導かれる項である．また，乱流熱フラックス $-\langle u_i' \theta' \rangle$，乱流水蒸気フラックス $-\langle u_i' q_w' \rangle$ も同様に次式のようにモデル化することができる．

$$-\langle u_i' \theta' \rangle = \alpha_t \frac{\partial \langle \theta \rangle}{\partial x_i} \quad \left(\alpha_t = \frac{\nu_t}{\sigma_\theta}\right) \quad (6.25)$$

$$-\langle u_i' q_w' \rangle = D_t \frac{\partial \langle q_w \rangle}{\partial x_i} \quad \left(D_t = \frac{\nu_t}{\sigma_W}\right) \quad (6.26)$$

ここで，$\sigma_\theta$，$\sigma_W$ は $\alpha_t$，$D_t$ と $\nu_t$ を関連づけるモデル係数であり，$\sigma_\theta$ は乱流プラントル数と呼ばれ，0.5～0.9 程度の値が用いられている．式 (6.24) 中の渦動粘性係数 $\nu_t$ が渦の運動による乱流拡散の効果を表す重要なパラメータであり，何らかの方法でモデル化する必要がある．ここで $\nu_t$ を乱流の特徴的な速度スケール $U$ とその特徴的な長さスケール $l$ により，次式で表せるものと考える．

$$\nu_t = l \cdot U \quad (6.27)$$

ただし，$l$：特徴的長さスケール [m]，$U$：特徴的速度スケール [m/s]
また，乱流の特徴的な長さスケール $l$ が特徴的速度スケール $U$ と特徴的時間スケール $t_0$ を用いて $l = U \cdot t_0$ と表現できるとすれば，

$$\nu_t = U^2 \cdot t_0 \tag{6.28}$$

ここで乱流の特徴的速度スケール $U$ が乱流エネルギー $k$ $[\mathrm{m^2/s^2}]$ の1/2乗で，また，特徴的時間スケール $t_0$ が $k$ と単位時間あたりの $k$ の散逸率 $\varepsilon$ $[\mathrm{m^2/s^3}]$ から $k/\varepsilon$ で評価できるとすると，$\nu_t \propto k^2/\varepsilon$，ここで比例係数を $C_\mu$ と書くと，

$$\nu_t = C_\mu \frac{k^2}{\varepsilon} \quad (C_\mu = 0.09) \tag{6.29}$$

ここで，式 (6.6)～(6.9) の他に $k$ と $\varepsilon$ について各々の輸送方程式を解き，得られた $k$ と $\varepsilon$ より式 (6.29) から $\nu_t$ を与えるのが $k$-$\varepsilon$ モデルである[4]．式 (6.6)～(6.9) のほかに $k$ と $\varepsilon$ について二つの輸送方程式が付加されるので，$k$-$\varepsilon$ 型2方程式モデルと呼ばれる．表6.1にその方程式系を示す．

**表6.1 ● 街区スケール（ミクロスケール）の気候解析のための基礎方程式**
（標準 $k$-$\varepsilon$ モデルとその改良）[1]

[a] 標準 $k$-$\varepsilon$ モデルに基づく基礎式[4]

① 連続式

$$\frac{\partial \langle u_i \rangle}{\partial x_i} = 0 \tag{6.30}$$

② 運動方程式

$$\frac{\partial \langle u_i \rangle}{\partial t} + \langle u_j \rangle \frac{\partial \langle u_i \rangle}{\partial x_j} = -\frac{\partial \langle p \rangle}{\partial x_i} + \frac{\partial}{\partial x_j}\left[\nu_t\left(\frac{\partial \langle u_i \rangle}{\partial x_j} + \frac{\partial \langle u_j \rangle}{\partial x_i}\right)\right] - g_i \beta (\langle \theta \rangle - \theta_0) \tag{6.31}$$

③ 乱流エネルギー $k$ の方程式

$$\frac{\partial k}{\partial t} + \langle u_i \rangle \frac{\partial k}{\partial x_i} = \frac{\partial}{\partial x_i}\left[\frac{\nu_t}{\sigma_k}\frac{\partial k}{\partial x_i}\right] + P_k + G_k - \varepsilon \tag{6.32}$$

④ 粘性消散率 $\varepsilon$ の方程式

$$\frac{\partial \varepsilon}{\partial t} + \langle u_i \rangle \frac{\partial \varepsilon}{\partial x_i} = \frac{\partial}{\partial x_i}\left[\frac{\nu_t}{\sigma_\varepsilon}\frac{\partial \varepsilon}{\partial x_i}\right] + \frac{\varepsilon}{k}(C_1 P_k + C_3 G_k) - C_2 \frac{\varepsilon^2}{k} \tag{6.33}$$

⑤ 温度 $\theta$ の方程式

$$\frac{\partial \langle \theta \rangle}{\partial t} + \langle u_i \rangle \frac{\partial \langle \theta \rangle}{\partial x_i} = \frac{\partial}{\partial x_i}\{-\langle u_i' \theta' \rangle\} \tag{6.34}$$

⑥ 絶対湿度 $q$ の方程式

$$\frac{\partial \langle q_w \rangle}{\partial t} + \langle u_i \rangle \frac{\partial \langle q_w \rangle}{\partial x_i} = \frac{\partial}{\partial x_i}\{-\langle u_i' q_w' \rangle\} \tag{6.35}$$

$$G_k = -g_3 \beta \langle u_3' \theta' \rangle \tag{6.36}$$

[b] 浮力効果の組み込みのためのモデル改良[6]

① 乱流熱フラックス $\langle u_3' \theta' \rangle$

$$\langle u_3' \theta' \rangle = -\frac{\nu_t}{\sigma_\theta}\frac{\partial \langle \theta \rangle}{\partial x_3} - \underline{\frac{k}{\varepsilon} C_{\theta 3} g_3 \beta \langle \theta'^2 \rangle} \tag{6.37}$$

② 乱流水蒸気フラックス $\langle u_3' q_w' \rangle$ （浮力効果を示す項）

$$\langle u_3' q_w' \rangle = -\frac{\nu_t}{\sigma_w}\frac{\partial \langle q_w \rangle}{\partial x_3} - \underline{\frac{k}{\varepsilon} C_{\theta 3} g_3 \beta \langle \theta' q' \rangle} \tag{6.38}$$

[c] 建物風上側での乱流エネルギーの過大生産の抑制のためのモデル改良[5]

① 標準 $k$-$\varepsilon$ モデル

$$P_k = \nu_t S^2 \tag{6.39}$$

$$\nu_t = C_\mu \frac{k^2}{\varepsilon} \tag{6.40}$$

$$S = \sqrt{\frac{1}{2}\left(\frac{\partial \langle u_i \rangle}{\partial x_j} + \frac{\partial \langle u_j \rangle}{\partial x_i}\right)^2} \tag{6.41}$$

② Launder–Kato モデル

$$P_k = \nu_t S \Omega \quad (\nu_t : (6.40)式) \tag{6.42}$$

$$\Omega = \sqrt{\frac{1}{2}\left(\frac{\partial \langle u_i \rangle}{\partial x_j} - \frac{\partial \langle u_j \rangle}{\partial x_i}\right)^2} \tag{6.43}$$

③ 改良 Launder–Kato モデル

$$P_k = \nu_t S \Omega \quad (\Omega/S \leq 1 \text{ の場合}) \tag{6.44}$$

$$P_k = \nu_t S^2 \quad (\Omega/S > 1 \text{ の場合}) \tag{6.45}$$

$C_1 = 1.44$, $C_2 = 1.92$, $C_3 = 1.44$, $C_{\theta 3} = 0.25$, $\sigma_k = 1.0$, $\sigma_\varepsilon = 1.3$, $\sigma_\theta = \sigma_w = 0.5$

標準型の $k$-$\varepsilon$ モデルを建物まわりの流れの解析に用いると，風上コーナー部で**乱流拡散**が過剰となり，屋上面に生じる逆流や地表付近の**風速増速領域**が正しく予測できないことが明らかとなっている[1]．現在，標準型の $k$-$\varepsilon$ モデルのこの問題点を改善するための改良型のモデルが種々考案され，建物周辺の気流予測に適用したときの精度の検証が行われている．これら改良型の $k$-$\varepsilon$ モデルの中で現在よく用いられているのが，Launder–Kato により提案されたモデル[5]である（表6.1 [c] ②）．ただし，同モデルを全解析領域に適用すると問題が生じる部分も出てくるので，表6.1 [c] ③に示すようにその適用範囲に対する制約条件を課して利用されている[1]．この改良のほかに，都市の熱環境の予測に $k$-$\varepsilon$ モデルを利用する場合に考えなくてはならないのが，浮力効果の組み込みである．実際の都市空間においては，加熱されたアスファルト道路と緑陰部等では大きな温度差が生じ，浮力により生じる熱対流の効果が大きなものとなる．

この効果は通例の勾配拡散近似では正しく評価されず,乱流熱フラックスや乱流水蒸気フラックスを評価する際には浮力効果を示す付加項を加えたモデルが考案されている[6](表6.1[b]).

**注5) 気象分野のモデル**[1][9][10]

メソスケールの局地気象を対象とする乱流モデルとして最も著名なのがMellor-Yamadaの提案した**大気乱流モデル**である[1][9].Mellor-Yamadaは最も簡易なレベル1から最も精緻なレベル4までの各種のモデルを提案している.従来,気象分野の解析では圧力の静力学平衡を仮定する場合が多かった.この静力学平衡の仮定とは,鉛直(z)方向の運動方程式において,移流項,拡散項が無視され重力項と鉛直方向の圧力勾配項がつり合っているとする仮定であり,静水圧近似ともいう[10].この場合,次式が成立する.

$$\rho g_3 = \frac{\partial p}{\partial z} \quad (g_3 = -9.8 \text{ m/s}^2)$$

この仮定は格子分割を細かくすると誤差の要因となり,水平スケールで1～2km以下となると,問題が多いといわれている.したがって,同仮定を用いる場合,計算グリッドの幅をやみ雲に細かくすればよいわけではない.

**注6)** 粗度長とは,**地表面の凸凹**による空気力学的効果の程度を示すパラメーターであり,長さの次元をもつ.その値は,水面の$10^{-5}$m程度から都市の10m程度まで地表の凸凹の大小により広範に変化する[10].

### ●参考文献●

[1] 村上周三:CFDによる建築・都市の環境設計工学,東京大学出版会,2000
[2] 数値流体力学編集委員会編:数値流体力学シリーズ3 乱流解析,東京大学出版会,1995
[3] 富永禎秀,持田灯,吉野博:集合住宅周辺の気流分布と雪の吹き込みに関するCFDとCGによる解析,日本雪工学会誌,Vol.18,No.1,pp.3-11,2002
[4] B. E. Launder and D. B. Spalding: The numerical computation of turbulent flows, Comp. Method in Applied Mech. and Eng., 3, pp.269-289, 1974
[5] B. E. Launder and M. Kato: Modelling flow-induced oscillations in turbulent flow around a square cylinder, ASME Fluid Eng. Conf., 157, Unsteady Flows, pp.189-200, 1993
[6] 野口康仁,村上周三,持田灯,富永禎秀:都市の温熱環境の数値シミュレーション(その3),日本建築学会大会学術講演梗概集(環境),pp.65-66,1994
[7] 吉田伸治,大岡龍三,持田灯,富永禎秀,村上周三:樹木モデルを組み込んだ対流・放射・湿気輸送連成解析による樹木の屋外温熱環境緩和効果の検討,日本建築学会計画系論文集,第536号,pp.87-94,2000
[8] 杉山寛克,持田灯,村上周三,尾島俊雄:沿岸部における都市圏の拡大がヒートアイランド形成に及ぼす影響に関する解析,日本建築学会計画系論文集,第492号,pp.83-90,1997
[9] Mellor, G. L., and Yamada. T.: A Hierarchy of Turbulence Closure Models for Planetary Boundary Layer, Journal of Applied Meteorology, Vol.13, No.7, pp.1791-1806, 1974
[10] 近藤純正編著:水環境の気象学―地表面の水収支・熱収支―,朝倉書店,1994
[11] Sangjin Kim,村上周三,持田灯,大岡龍三,吉田伸治:数値気候モデルによる都市化のもたらす関東地方の気候変化のメカニズムの解析,日本建築学会計画系論文集,第534号,pp.83-88,2000

# 第7章 自然や気候を生かした都市熱環境の改善

　その地域の気候に基づいて都市をつくるのが基本である．たとえば，住宅地を計画する場合，夏季の涼しい風を建物で遮ってしまわないために，地域全体の建て込みを防ぐ必要がある．また，緑は都市環境上多様な効果をもっており，都市をさまざまな形で緑化することが大切なことはいうまでもない．このような考え方からドイツの都市では都市気候の専門家が「クリマアトラス（都市環境気候図）」と呼ばれる気候の分析や提言をまとめた図を作成し，これに基づいて地域住民，建築家，都市計画担当者が実際に建物や都市の計画を行っているところもある．都市環境に関する研究を実際の計画に活かしているという点できわめて先駆的な事例といえる．夏季夜間の気温上昇対策などわが国の都市熱環境の改善につながるクリマアトラスをつくることが急務である．この章ではドイツのクリマアトラスの事例から，その地域の気候に基づいて都市をつくるという基礎的な考え方を学んだ上で，地区全体の風通しを考慮した住宅地計画のあり方，都市熱環境を改善する緑の計画のあり方を学ぶ．

## 7.1 都市・地域計画におけるクリマアトラスの活用

　ドイツ語で「クリマ」は気候，「アトラス」は地図集を意味する．一般的な意味からすると専門的な用語ではないが，気候環境の研究成果を大気汚染対策やヒートアイランド対策に活かすという視点からシュツットガルト市[1]のようにクリマアトラス "Klimaatlas" という言葉を用いることがある．また，**都市環境クリマアトラス**は，**都市環境気候図**とも呼ばれ，ドイツの多くの都市でこのような地図がつくられている．この背景には近年の環境意識の高まりや，1987年に施行されたドイツの建設法典が環境保全，自然管理，気候の考慮を謳っていることがある．この節ではドイツのこうした都市環境クリマアトラスの事例を通じて，その地域の気候に基づいて都市をつくるという基礎的な考え方を学ぶ．

### 7.1.1 都市環境クリマアトラスとは

　都市環境クリマアトラスの目的は，対象地域（または場所や土地）を気候学的視点から分析し，その結果を用いて地域総体として自然環境を保全し，かつ省エネルギーおよび二酸化炭素排出削減となるような都市計画や建築計画の最適解を見つけることである．この目的のもと，都市環境クリマアトラスは，都市計画担当者，建築家，地域住民，研究者などが，都市計画や建築計画などの立

案に際して，共通に用いるツールとしての気候分析結果に関する地図集や図面集を意味している．ドイツにおいては，大気汚染対策，新鮮空気の都市への導入といった視点がかなり意識されて作成されている．本来，対象地域の地形，土地被覆などによりクリマアトラスの用いられ方は異なってくるものである．たとえば，日本では，作成の目的として次のような項目が考えられる．

1) 熱環境の改善，特に，蒸暑気候下の都市化による夏季夜間の気温上昇対策，および冷房用エネルギー消費量の削減とそれに伴う**二酸化炭素の排出量削減**．
2) 大気汚染対策，おもに自動車，工場による窒素酸化物，光化学オキシダント
都市環境クリマアトラスの対象領域は，一般に，その用いられ方から**行政区域単位**（10～30 km 四方）であり，地図の縮尺は，1/10,000 から 1/50,000 である．

一般に，クリマアトラスは基本的に次の三つの地図集から構成される．

1) **気候要素**の基礎的な分布図：気流分布，気温分布，大気汚染物質濃度分布など気候調査結果や計算結果を表した地図．
2) **気候分析図**（または気候解析図）：熱環境や大気汚染の評価を意図した気候分析結果を表す地図．都市気候専門家が市民や都市計画担当者にわかりやすく気候分析結果を伝えることを目的とする．
3) **対策・提言のための地図**：基本的には気候分析図で目的は達成されるので，つくられない場合も多い．

### 7.1.2 気候分析図

シュツットガルト市は周囲を丘に囲まれており，風が弱く温度の逆転がしばしば生ずるため，都市の発展とともに大気汚染は深刻なものとなっていった[2]．シュツットガルト近隣都市連合のクリマアトラス[1]の中には「気候分析図」と「計画のための指針図」との2種類の地図がまとめられている．また，ルール地域市町村連合（KVR）の総合的気候作用図[3]は25自治体の報告書を集大成したものである．気候調査結果を集約したこれらの図面は，いわば 1/25,000 または 1/50,000 の国土基本図の上に，1) **クリマトープ**，2) 気候的特徴による地形分類，3) 空気の交換，4) 人為的汚染源の位置と汚染の範囲，以上4項目を**オーバーレイ**したものになっている．図7.1 にシュツットガルト市の気候分析図に用いられている記号の例を示す．

1) クリマトープ（背景色で表現）：クリマトープとは，ひとまとまりの最も小さな気候空間単位を表している．図7.1 には示していないが，シュツットガルトの事例では，水面，フライラント（耕作地や牧草地などの空の覆われていない土地），森林，公園緑地，田園都市，郊外，都市，都心，中小工場，工場，軌道施設，以上11種類ある．これは気候的特徴に基づく土地利用を表している．土地利用と気温および表面温度とは地表面の熱収支に基づいてかなり密接な関係にあり，この意味でクリマトープは地表付近の温度環境を表現しているとみることができる．
2) 気候的特徴による地形分類（範囲を網掛けや色で表現）：シュツットガルト市の事例では冷

冷気の領域，地形の特徴

 冷気侵入領域：フライラント（空開地）で夜間冷たい新鮮な空気の産出

 冷気の集まる領域：相対的に深い地形における冷気の蓄積，冷気の誘導路

 空気の堰（せき）：建物，ダム，森（Waldriegel）による冷気湖

谷横断面の狭まった場所：流れの障害物

空気の交換

 斜面流：平面状に広がった冷気の流出

 山谷風系：集中的な冷気流

 空気誘導路（汚染負荷なし）：谷間，山の鞍部

空気誘導路（汚染負荷あり）：谷間，山の鞍部

絵文字

 住居：比較的大きな住宅による燃焼排気

 交通：比較的大きな平面状に広がった交通機関による排出

 中小工場：比較的大きな汚染排出

 工場：広域的に影響している比較的大きな汚染排出

 地表・谷霧：頻繁に起こる接地逆転により危険な区域と谷間

 逆転の解消：熱的な流れ，ヒートアイランド

 気流場の変化：たとえば高層建築物，斜面による作用

 風配図：風向の頻度分布

 大気汚染の風配図：風向による大気負荷の指標

**図 7.1** ● シュツットガルト市の気候分析図に用いられている記号の例
［Amt fuer Umweltschutz und Nachbarschaftsverband Stuttgart: Umweltatlas Klima Stuttgart, Klimaanalyse und Hinweise fuer die Planung, Nachbarschaftsverband Stuttgart（Stand 1991）より引用］

気の産出域と集積域，冷気の流れに対する障害物の位置と範囲が地形起伏との関係で示されている．また，ルール地域では低地（接地逆転，霧の発生が多い），谷間（山谷風），緩やかな山頂（風通しがよい），斜面（風の場に強い影響を与える），軌道施設（昼夜の温度差大），以上5分類に分けて表示している．いずれも地形に基づく気候的特徴が表現されており大気汚染との関係が示されている．

3）空気の交換（矢印で表現）：シュツットガルトでは斜面風，山谷風系による冷気流，谷間や山の鞍部の風の通り道が記入され，ルール地域でも局地的な空気交換の道や冷気の通り道が矢印で表示されており，中には汚染空気の通り道の表示もある．ただし，上述の気候的特徴による地形分類と区分し難い側面をもっている．

4）人為的汚染源の位置と汚染の範囲（道路や工場などを絵文字で表現）：シュツットガルトでは交通による汚染負荷として道路による影響範囲を3段階に分けて表示し，大気汚染についても4段階に分けて範囲を表現している．また，絵文字により工場などの汚染物質発生源を表示しているのはルール地域も同様である．

シュツットガルトの「計画のための指針図」では，地域を自然地域（フライラント）と居住地域の大きく二つに分けて表示している．自然地域は気候作用の重要性から3段階に分け，居住地域は同様に4段階に分けて示し土地の高度利用や建物の高密度化に対する許容の程度を表している．

また，大気汚染や騒音の著しい道路を太い線で特別に表示している．

### 7.1.3 都市計画への適用例

**（1）Bプランの変更事例**

　以上のような都市スケールのクリマアトラスが実際に利用された例を次に示す．シュツットガルトのような盆地状の地形に立地する都市では図7.2に示すように，夜間に周囲の斜面や谷間から吹き出す山風（冷気流）が都市に新鮮な空気をもたらし大気汚染を軽減する．そのようにできるだけ多くの冷気が都市に流入するように，その流れる道を想定して障害物をなくし都市に誘導したものは「風の道」と呼ばれることがある．

　図7.3はシュツットガルト市シェルメネッカー地区のBプランの例[2]である．建物は南斜面に計画されており，建物の北側は森で冷気流の供給源でもあった．当初案（図7.3左）の小さな緑地

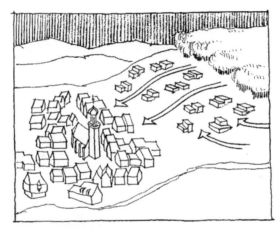

**図7.2** ● 風の道のイメージ（都市に流入する冷気の流れ）
[Staedtbauliche Klimafibel, Wirtschaftsministrium Baden-Wuertemberg, 1998 より引用]

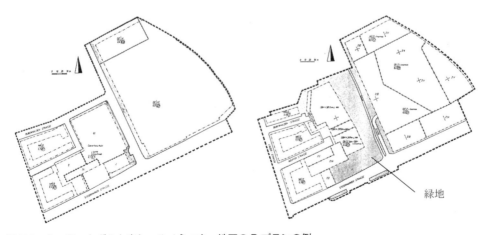

**図7.3** ● シュツットガルト市シェルメネッカー地区のBプランの例
　　　　（左図：Bプランの当初案1970，右図：変更後のBプラン．緑地が広げられている）
[J. Baumueller, U. Reuter: Urban Climate and Urban Planning －The Example of Stuttgart－, Klimaanalyse fuer die Stadtplanung－A Small Japanese-German Meeting－, 1994 より引用]

帯（灰色）が冷気の効果的な流れを確保するため，図7.3右のように幅50～60 mの緑地に広げられた．

### （2）シュツットガルト21計画

　シュツットガルト21計画は，シュツットガルトの中央駅およびそれに隣接する鉄道の軌道敷を地下に移すことによって生まれる約100 haの地域の都心部開発である．開発予定地は，盆地の中でしかも市の中心に位置し，風速が弱いため大気汚染が問題であり，自動車の排気ガスによる大気汚染と夏季における熱環境の悪化（ヒートアイランド効果）が予想された．図7.4に示すような気候学的視点による多くの実験やシミュレーションが行われ，その膨大な結果はCD-ROM「都市気候21」に収められ市販された[4]．最終的に図7.5に示すような提言（recommendation）が主要な換気経路，夜間の**冷気流**など計画上考慮すべき点を地図上に示し，コンペ（設計競技）の際の付属資料として使用された．今後，GISを利用して行政単位ばかりでなく上記のような開発計画，既成市街地のまちづくりなどでも**地区詳細計画**などに活かしていくことが考えられる．

### （3）日本の都市環境クリマアトラス

　以上述べたドイツの事例は，おもに，大気汚染対策を意識した市街地への新鮮な空気の導入が目的である．一方，日本は地理的，気候的位置や都市活動などから生じてくる夏季における熱環境のストレスはドイツよりはるかに大きい．大阪や西南日本の状況では，夏季の熱環境対策，特に最低

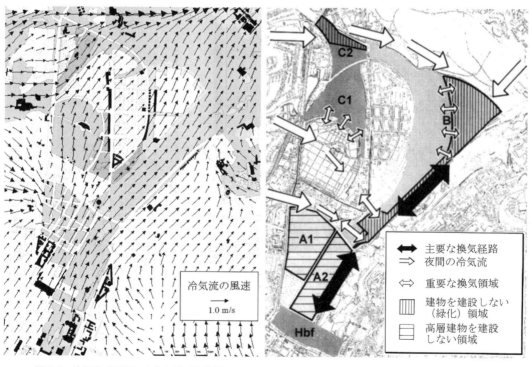

図7.4 ● 冷気流（風速）の分布図（計算値）　　図7.5 ● シュツットガルト21計画への提言
　　　　（シュツットガルト21）

[J. Baumueller: "Urban climate 21"-Climatological basics and design features for "Stuttgart 21" on CD-ROM, "Klimaanalyse fuer die Stadtplanung" Second Japanese-German Meeting, 1997 より引用]

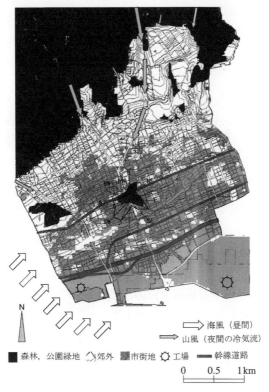

図 7.6 ● 神戸市灘区地域の都市環境クリマアトラス

気温の上昇（熱帯夜日数の増加）に対する対策が，特に重要なテーマとなってくるであろう．図 7.6 は，神戸市灘区を対象とした都市環境クリマアトラスの例である．

あらゆる場所は，地形や土地被覆との相互作用のもとに，その場所に特有な気候が形成される．結局，ここで述べた「クリマアトラス」とは，気候調査の結果を熱環境の改善や大気汚染の対策に活かすため，気候を分析した専門家がその要点を地図上に表現したものである．そして，専門家がその地図を使用して市民や建築家，都市計画家にヒートアイランドの緩和策などに対して，**気候学的視点による提言**を行うためのものである．

# 7.2 風通しを考慮した住宅地計画

建物が密集すると建物が風を遮ってしまい風通しが悪くなる．地区全体の風通しは，空気汚染の拡散，夏季の体感温度の低下，省エネルギーの面で効果がある．ここでは，地区全体の風通しを考慮した住宅地計画のあり方を学ぶ．

## 7.2.1 風通しのよい都市

1963 年にマケドニア共和国の首都スコピエ市で大地震が発生し，市の中心部は壊滅した．その震災復興計画を作成したのは日本の建築家丹下健三であり，現在のスコピエ市はその計画をもとに

再建されている．この復興計画では，**シティウォール**と呼ばれる二重の高層建築物の列が既存の市中心部を取り囲むように配置されている．

このシティウォールが内側にある市中心部への風通しをできるだけ遮らないようにするため，シティウォールの形態を変えた4タイプの模型を用いて**風洞実験**が行われた[6][7]．模型上でシティウォールに囲まれた市中心部の道路や中庭の風速を多数の地点で計測したところ，シティウォールを構成する建物の一部を通常の板状から塔状に置き換えるとともに，板状の建物にピロティ[1]を設けることで市中心部全体の風速を増加できることが判明している．風洞実験によって確かめながら風通しのよい都市づくりを目指した実例である．

地区全体の風通しは，道路や中庭など外部空間の空気汚染を拡散させる一方，夏季の歩行者の体感温度を下げる．また，窓を通して外部から室内に空気を取り入れやすくさせるため冷房の使用が減り，省エネルギーにつながる．住宅地は地区全体の風通しを十分に考慮して計画される必要がある．

## 7.2.2　住宅地のグロス建ぺい率と地区全体の風通し

風洞実験により住宅地の建て込み方が地区全体の風通しにどのような影響を与えるかを調べた研究[8]を見てみよう．

### （1）風洞実験の方法

この研究では，実際の住宅地から選定した**低層住宅地**や**中高層集合住宅団地**の270 × 270 m範囲の建物配置を縮尺1/300で再現した模型を用いている．図7.7のように風洞内に設置された模型上において，道路や中庭などの外部空間に50点程度の計測点をほぼ均等に配置し，ターンテーブルを回して模型の風向を16方位に変え，各風向における全計測点の風速を計測している．つまり，各地区のデータの総数は計測点数×16方位となる．なお，計測の高さは歩行者が風を感じる地上1.5 m（風洞床面から5 mm）である．

**図7.7 ● 風洞に設置された模型**

---

1) 建物の2階以上に室を設け，1階は柱のみを残す建築様式．

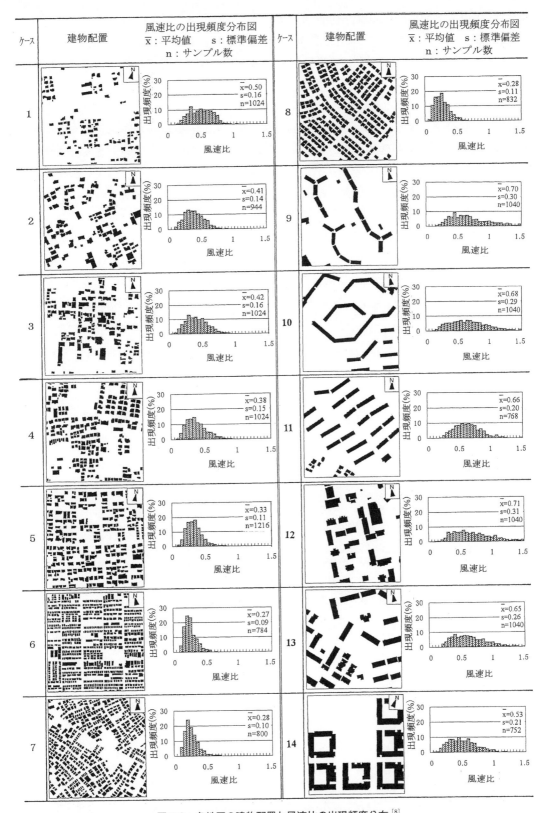

**図 7.8** 各地区の建物配置と風速比の出現頻度分布 [8]

### （2）各地区の建物配置と風速比の出現頻度分布

風洞実験で得られた各計測点の風速を模型のない平坦な状態の風速で割って風速比を計算している．風速比が大きいほどその計測点の風通しがよい．計測点の風速が模型のない場合と等しいとき，風速比は1となる．また，風速比が1よりも大きいとき，その計測点では模型がない場合よりも風速が大きくなったことを意味する．

各地区の建物配置と風速比の出現頻度分布図を図7.8に示す．風速比の出現頻度分布図とは，全方位における全計測点の風速比を0から1.5まで0.05間隔で30段階に分け，各段階のデータ数の比率を棒グラフで表現したものである．これに加え，この図には各地区の全方位における全計測点の風速比の平均値と標準偏差を示している．ケース1～8はおもに1～2階建ての戸建住宅によって構成された低層住宅地であり，ケース9～14は中高層集合住宅団地である．

この図を見ると，中高層集合住宅団地では低層住宅地に比べ風速比の出現頻度分布図が横に広がっており，一つの地区において計測点の風速比にばらつきが大きいことがわかる．中には風速比が1を超える計測点もあり，そうした計測点では**ビル風**の影響で模型がない場合よりも風速が大きいことを示している．

### （3）グロス建ぺい率と風速比平均値の関係

図7.9は，横軸に地区のグロス建ぺい率，縦軸に地区の風速比平均値をとって各ケースをプロットしたものである．

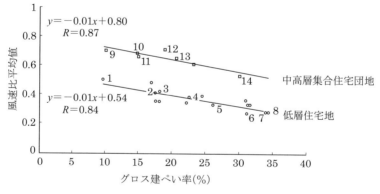

**図7.9** ● グロス建ぺい率と風速比平均値の関係 [8]

ところで，**建ぺい率**とは敷地面積に対する建築面積（建物の外壁で囲まれた部分の水平投影面積）の比率であり，通常敷地単位で計算するが，地区全体の建て込み方の度合いを示す尺度として地区全体で計算することもできる．その場合，分子は地区内すべての建築面積の合計となるが，分母に，道路や公園などの公共用地を除いた建物敷地だけの合計面積を用いるのが**ネット建ぺい率**であり，一方，公共用地を含む地区全体の土地面積を用いるのが**グロス建ぺい率**である．ここでは風通しを地区全体で分析するのが目的なので，グロス建ぺい率を用いている．

図中の番号は図7.8のケース番号を示す．この図によると，全体的に地区のグロス建ぺい率が大きいほど風速比平均値が低い．

グラフ上の各ケースのプロットを中高層集合住宅団地と低層住宅地に分けると，風速比平均値は

全体的に中高層集合住宅団地の方が低層住宅地より高い．グラフのプロットを近似する直線を回帰直線というが，図に示すように中高層集合住宅団地と低層住宅地のそれぞれのプロットに回帰直線を引くことができ，地区のグロス建ぺい率と風速比平均値との間に高い相関があることがわかる．2本の回帰直線の傾きが等しく切片が異なるため，地区のグロス建ぺい率が等しい場合，風速比平均値は中高層集合住宅団地の方が低層住宅地より常に0.26程度高いことになる．

中高層集合住宅団地は地区全体が一体的に計画されることから，まとまった連続的なオープンスペースが形成され，これが風の道として機能するため地区全体の風通しがよい．低層住宅地においては，敷地の細分化や狭小化が進み，建物が建て込んでグロス建ぺい率が高くなると地区全体の風通しが悪くなる．

### 7.2.3　気候に基づいて都市をつくる

風が弱すぎると夏季に暑く感じるし，風が強すぎると不快に感じたり危険に感じたりする．強すぎず弱すぎない適度な風が大切である．そこで，ケース6（低層住宅地）とケース13（中高層集合住宅団地）を取り上げ，両地区とも首都圏近郊の埼玉県川口市にあると仮定し，この地域の風速の観測データと風洞実験データから，両地区の各計測点における地上1.5 mの高さの2月と8月の平均風速を計算した．

**風環境評価尺度**[9]によれば，8月のように平均気温が25℃以上の場合，平均風速0.7～1.7 m/sが**適風域**とされている．ケース6ではほとんどの計測点で風が弱すぎ，**非適風域**にあったが，ケース13ではほとんどの計測点が適風域にあった．つまり，ケース6のような低層住宅地では夏季に風が弱すぎることを示している．

2月のように平均気温が10℃以下の場合，平均風速0～1.3 m/sが適風域である．ケース13で風が強すぎ非適風域となる一部の計測点を除いて両ケースともすべての計測点が適風域となる．このように中高層集合住宅団地では冬季に風が強すぎる地点が発生することもある．

わが国には風が強い地域もあれば風が弱い地域もある．同じ地域でも夏季と冬季では風の強さが変化する．住宅地を計画する際，夏季に風が弱い地域の低層住宅地ではグロス建ぺい率を低く抑えることが重要である．また，中高層集合住宅団地は地区全体の風通しがよいが，冬季に風の強い地域の場合，グロス建ぺい率を高くしたり防風対策を講じたりする必要がある．こうした考え方の根底にあるのは「その**地域の気候**に基づいて都市をつくる」という姿勢であり，このような姿勢の大切さを再認識しなければならない．

## 7.3　緑の計画による都市熱環境の改善策

植生は，光合成により有機物を合成し，土壌から水分を吸収して葉から蒸散し，根は土壌を保持し，葉は実質より見かけの占有する空間が大きい．この結果として，人間から見た植生の機能には，a. 気候の緩和，b. 大気の浄化，c. 斜面地の保護，d. 火災時の延焼防止，e. 美観・景観，f. レクリエーションの場を提供，g. 動物に生活の場を提供，がある[10]．このように，植生は多様な機能や環境効果をもっているが，この中でも**気候の緩和効果**は植生の蒸散と樹葉による緑陰

の作用によるところが大きく，**植生の生存機構**そのものと最もよく一致している．真夏の都心部で樹冠部が天空を覆い，しかも適度な換気のある気温の低い緑の下の快適な歩行空間を**クールスポット**と呼ぶ．このような場所を都市の各所に設けて上に述べたような機能を植物が存分に発揮できるような都市を創ってゆく必要がある．ここでは，おもにヒートアイランド緩和の面から都市熱環境を改善する緑の計画のあり方を学ぶ．

### 7.3.1　緑化計画のタイプ

都市における緑化のタイプには緑と熱環境対策の視点から次のように考えることができる．(a) 分散タイプの緑，(b) グリーンベルト，(c) 高層化による地表面の開放と緑地化，である．図7.10はそれを模式的に表現したものである．

(a) 分散タイプの緑によるヒートアイランド強度の軽減

(b) グリーンベルトによるヒートアイランドの分断

(c) 高層化による水平方向のヒートアイランドの解消

(d) 風の道・冷気の誘導

**図 7.10 ● 緑と風による熱環境対策概念図**

分散タイプの緑化は都市全体でヒートアイランド強度を弱める働きをもつと考えられ，一方，グリーンベルトは大都市の大きなヒートアイランドを小さく分断する働きがある．高層化に伴う地表面の開放は大規模な緑地を可能とし，水平方向のヒートアイランドを解消する．図7.10 (d) は**海陸風**，**山谷風**などの**地域循環風系**が都市の大気を入れかえる効果を示しており，緑の適切な配置により風の誘導と大気の浄化効果が得られる．

### 7.3.2　分散タイプの緑

緑は人々の生活環境や都市景観の向上，過密都市における熱環境の改善などのためになくてはならないものである．緑の少ない過密都市の中に緑地を増やしていく現実的手法として，図7.10 (a) に示すような分散タイプの緑，すなわち小さな緑化空間を多数確保していく方法が考えられる．緑

化する空間は，建物の高層化に伴って，平面（地表面緑化）だけでなく垂直（立体緑化）についても考える必要がある．**生物の棲息空間**など，緑の機能をさらに高めるためには分散タイプの緑に対して緑の連続性やネットワークを検討すべきである．

## （1）地表面の緑化

地表面の緑化には，街路樹，住宅団地の中庭，**総合設計制度**による**公開空地**の緑化などがある．都市において街路は大きな面積を占める公共空間である．しかし，自動車のために整備された現在の街路や駐車場は，アスファルトで覆われ，日射熱を蓄積する都市の巨大な蓄熱体となり，自動車からの排熱も相まって，都市の熱環境悪化の主要因となっている．近年，日本の諸都市においても街路の緑化は進んでいるが，街路樹の環境は路面が舗装され，地中には配管が張り巡らされ過酷な条件である場合も多い．また，樹冠に覆われたために街路空間に自動車の排ガスが滞留してしまうなど，景観の改善，熱環境の緩和を行うためには実のところ，車に依存した社会の改革なしにはその根本的な解決は困難であろう．さらに車はその駐車のため，舗装された広大な空間を必要とするのである．

集合住宅の中庭は住民共有の自然を保つ大切な場所である．また，過密都市において公開空地は，貴重な緑地空間である．しかし，公開空地は一般に高層ビルの足元にあり，風害を受けたり日影になったりしている場合も多く，緑の生育環境としては必ずしも適当であるとはいえない．そこで，質の高い緑地とするために，公開空地をまとめて大規模緑地を生み出す工夫も必要である．

## （2）立体的な緑化

**屋上緑化，壁面緑化，人工地盤上の緑化**などの立体的な緑化は，建築計画においてその利用が計画的に意識されて生まれる場合のほかに，緑地の少ない地域で緑地を増やす手段として，また，建物に占有された土地を自然環境に還す手段として位置づけられ，公園面積の増加による都市気候の改善や建物の劣化防止などが効果として期待される．

一般に，中高層建物の屋上は，冷却塔などの設備機器置き場程度の機能しか役割を与えられておらず，景観面においても無機的な街並みをさらけだしている．しかし，屋上には何にも遮られない太陽や風があり，開けた空間がある．そこで，過密都市における公共的緑地空間を拡大するために，屋上を開放して緑地化することを促進したい．また，屋上緑化は，建物の断熱においても優れた効果をもっており，屋上面の劣化を防ぐ点からも有効である．図 7.11 は都心部にある建物の屋上庭園の例を示している．

代表的な壁面緑化には，ベランダやテラスに花や草木を置くことが古くから行われており，壁面につる植物を登らせたり垂れ下がらす方法もある．図 7.12 は大規模な階段状緑化の例である．これらは建物の表情に潤いを与え，日射熱を蒸散に消費して表面温度を下げ，放射熱を弱めることから都市の熱環境の改善に大きな効果がある．

都市部における道路問題の一つに**地域分断**があげられる．歩道橋は，その解決策の一つであるが，魅力のない強制労働のような装置である．歩道橋というより，人工地盤を道路上に設け，緑化し公園化することにより，地域のレクリエーションやクールスポットの場として人々に活用される方が望ましい．大規模な例として，シアトル・フリーウェイパーク（ローレンス・ハルプリン設計）がある[11]．

図7.11 ● 都心部の屋上庭園（大阪市，御堂ビル Sky Oasis）

図7.12 ● 階段状緑化の例（福岡市，アクロス福岡）

### 7.3.3 グリーンベルト

1924年の**国際住宅・都市計画会議（IFHP）**で発表された**アムステルダム宣言**では，グリーンベルトについての有効性が盛り込まれていた．以後，「大ロンドン計画」等，グリーンベルトは世界各国の都市計画の中で検討され実行されることになる．当時は，都市の拡大を防ぎ都市人口を抑制することが目的であった．現在では次に述べるような**環境緑地**として，また，地震火災に対する備えとしても緑地が線状に伸びる**グリーンベルト（防災緑地）**は重要である．

#### （1）グリーンベルトの幅

都市におけるヒートアイランド強度（都市と郊外の気温差）は，一般に，都市規模（面積や人口）が大きくなるほど大きく，また，建物密度が高いほど大きい．連続して広がった都市は適当に緑地で区切り，ヒートアイランドを分断することが必要である．ヒートアイランドの分断にはおよ

そ150mから200m以上の幅の緑地が必要であると考えられている．これらの緑地は夏にはクールスポット効果をもったレクリエーションの場としても重要であり，都市環境の質を維持する上でなくてはならないものである．

都市内の河川は夏の日中，ヒートアイランドの分断を行っている．これは気温の低い海風が河川に沿って勢いよく都市部に進入するためである．沿岸部に立地する都市の多い日本ではこの効果を都市計画に上手に活かす方法を考えていきたい．

**（2）環境緑地**

環境緑地には，**ビオトープやクラインガルテン**などがある．ビオトープとは「生物の生息に必要な最小単位の空間」を意味しており，緑地計画や都市計画などの分野で価値のある野生生物の生息空間を表す用語としている．小中学校などに環境教育の場として普及が図られている．

クラインガルテンは，もともとドイツにおいて，中高層集合住宅に住む都市住民が土のある庭をもてるように考え出されたものである．一般には週末を庭いじりで過ごす憩いの場であり，広さは1区画160〜300 $m^2$ ほど50区画程度で構成されている．運営は自治体が行っているものが一般的であるが民間のものもあり，利用者は賃貸契約のもとに1区画を借り，25 $m^2$ 程度の小さな小屋をもつことができ，植物を育てるのに必要な道具や休息のためのテーブルと椅子，簡単な炊事場などがある．また，共同の施設として集会室やトイレのあるクラブハウスや子供の遊び場，広場などをつくる場合もある．また，市が運営管理するクラインガルテンは公開が原則であり，一般の人も中に入って緑を楽しむことができ，美しく咲かせた花を見せる庭が多い．市民農園，**コミュニティーガーデン**という用語もクラインガルテンと同様な意味で用いられる．

### 7.3.4 高層化と地表面の開放による大規模緑地

建物の高層化，特に高層住宅には，画一化傾向や子供の生活環境などに問題があると指摘されることがある．しかし，高層化によって地表面の過密を緩和することができ，公共的緑地空間を拡大できる点は評価しなければならないであろう．一方，高層建物内での**人間の活動総量**を考えると，その人工熱排出量は莫大なものと推定され，働く人々と排出される熱とのバランスを考えると，規模の大きな緑地が隣接している必要がある．特に都心業務・商業地域の高層高密街区は，日中に多くの人々が集い働く場であり，住宅地と同様に豊かな緑地空間が必要である．ニューヨークのマンハッタンとセントラルパーク，新宿副都心と中央公園，大阪ビジネスパークと大阪城公園の組合せなどを例としてあげることができる．

#### ●参考文献●

[1] Amt fuer Umweltschutz und Nachbarschaftsverband Stuttgart: Umweltatlas Klima Stuttgart, Klima‐analyse und Hinweise fuer die Planung, Nachbarschaftsverband Stuttgart（Stand 1991）
[2] J. Baumueller, U. Reuter: Urban Climate and Urban Planning‐The Example of Stuttgart‐, Klimaanalyse fuer die Stadtplanung‐A Small Japanese-German Meeting‐, 1994
[3] Synthetische Klimafunktionskarte Ruhrgebiet, 1992
[4] J. Baumueller: "Urban climate 21"‐Climatological basics and design features for "Stuttgart 21" on CD-ROM, "Klimaanalyse fuer die Stadtplanung" Second Japanese-German Meeting, 1997

[5] 日本建築学会編著:都市環境のクリマアトラス,ぎょうせい,2000
[6] 勝田高司,土屋喬雄,村上周三:建築列による風の遮蔽に関する風洞模型実験 〜 市街地の気流に関する研究(1),日本建築学会論文報告集,第 155 号,pp. 41-49,1969
[7] 勝田高司,土屋喬雄,村上周三:実在都市(スコピエ市)の市街地気流に関する風洞模型実験〜市街地の気流に関する研究(2),日本建築学会論文報告集,第 156 号,pp. 51-60,1969
[8] 久保田徹,三浦昌生,富永禎秀,持田 灯:実在する 270 m 平方の住宅地における地域的な風通しに関する風洞実験 建築群の配置・集合形態が地域的な風通しに及ぼす影響 その 1,日本建築学会計画系論文集,第 529 号,pp. 109-116,2000
[9] 村上周三,森川泰成:気温の影響を考慮した風環境評価尺度に関する研究〜日平均風速と日平均気温に基づく適風,非適風環境の設定,日本建築学会計画系論文報告集,第 358 号,pp. 9-17,1985
[10] 森山正和:生態論,新編建築学体系 8 自然環境,彰国社,1984
[11] ローレンス・ハルプリン,Process: Architecture No. 4,1981
[12] 丸田頼一:都市緑地計画論,丸善,1983

# 第 II 部

# インフラストラクチャー整備と都市環境

8. 都市のインフラストラクチャー整備
9. 都市のエネルギー供給システム
10. 都市の水供給処理システム
11. 都市の廃棄物処理システム

# 第8章 都市のインフラストラクチャー整備

　本章では，基本的に街区や都市スケールを対象に整備される都市インフラストラクチャーについて解説する．都市インフラストラクチャーは，都市活動が健全に機能するために不可欠なものであるが，その整備，計画手法は，対象となる地域の都市構造，すなわち地域の用途，密度（容積率），街区の大きさ，道路率などの物理的要因や，関連法制度の整備状況や経済状況などの社会的要因によって大きく異なる．また，平常時と非常時では，その果たす役割も大きく異なるため，それらを総合的に計画されるものである．

　本章の構成上，各節ごとに論点を設定し，今後の良好な都市環境の形成に資する都市インフラストラクチャーの計画や整備手法について解説する．

## 8.1 都市インフラストラクチャー整備と都市環境

### 8.1.1 都市インフラストラクチャー整備の目的

　インフラストラクチャーとは本来，下部組織，下部構造を意味する．土木分野では，治山，治水，利水施設，鉄道，港湾，道路などを包含的に意味するし，都市計画分野では，道路（地区幹線道路や区画道路）をはじめ，学校，病院，市場，公園などの**都市施設**をも包含的に意味する場合がある．

　**社会資本**とは国民福祉の向上やさまざまな経済活動の基盤となる公共投資ストックと民間資本の一部を含む概念であるが，図8.1に示すように，尾島はこれを設置の形態から上部構造である**スプ**

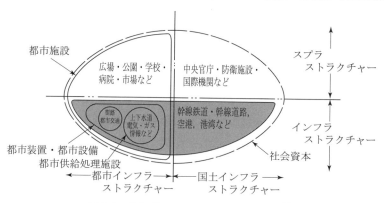

**図8.1 ● 都市インフラストラクチャーとは** [1]

ラストラクチャーと地下支持施設であるインフラストラクチャーに分類している．さらに，インフラストラクチャーを「長期にわたって変化のない都市または国土の基盤となる施設」と定義し，施設の効用の圏域により**都市インフラストラクチャー**と**国土インフラストラクチャー**に大別している[1]．

都市インフラストラクチャーの中でも，とりわけ上下水道，電力，ガスなど都市供給処理施設は，近代都市生活に不可欠なものとして，**公共事業**または**公益事業**として，明治維新以降，公共が主導的に整備してきたものである．

一方，1970年代頃から，普及が進んだ**地域冷暖房**，**中水道**，**ごみのパイプ輸送**などの都市インフラストラクチャーは，都市生活の利便性や快適性を高め，かつ省資源，省エネルギー等環境負荷を削減することを目的としたより高度なインフラストラクチャーとして位置づけられるものである．これらは，公益性は認められているものの，民間事業として整備されてきており，供給事業者および需要家の経済的メリットが導入の是非を判断する大きな要因の一つとなっている．

また，これらの高度な都市インフラストラクチャーの多くは，導入当初と現在では，システムの技術革新とともに，整備の目的も大きく変わってきた．たとえば，地域冷暖房の普及の目的は，当初は大気汚染物質の排出量削減が第一義的な目的として掲げられていたが，熱源機器の技術革新とともにその導入目的は，より快適で利便性の高い都市生活の実現に移り，最近ではそれに加えて，都市レベルでの排熱利用などを考えた省資源，省エネルギー，二酸化炭素排出量削減を達成するシステムとしてその整備目標が移り変わっている．

最近では，従来公共主導で整備されてきた上下水道，電力，ガスについても，その役割の複合化，自由化が進んでいる．たとえば，下水道では，その制御のために下水管内に敷設された光ファイバーを通信用に利用しているし，電力も電線網を利用した通信ネットワークがすでに事業化されている．電力小売事業は，1995年以降参入規制が順次撤廃され，2016年にはすべての需要家に対し小売参入の全面自由化が達成された．また，2012年に再生可能エネルギー発電の固定価格買取制度が開始されている．また，都市内の**分散型地域エネルギープラント**の設置は，電力と熱を同時に供給するプラントとして，その有効性が実証されつつあるし，事業主体も，従来主流であったエネルギー会社にとどまることなく，多様な分野の事業主体が事業に参画することが可能となっている．

さらに，最近のIT技術の目覚しい進歩によって，通信手段は電信電話からインターネットへと大きく様変わりしつつあり，そのインフラストラクチャーも大きく変化してきている．通信媒体一つをとってみても，メタルから光ファイバーへ移行し，**データセンター**，**サーバーセンター**のあり方も拠点型からネットワーク型へ，その計画思想そのものが急速に変化した．今後の都市開発においては，個々の都市インフラストラクチャーを，従来の枠組みにとらわれることなく，総合的に計画し，それを可能とする最適な事業方式等を併せて検討していくことが必要となる．

### 8.1.2　都市インフラストラクチャー整備の視点

一般に，**都市整備事業**や都市開発事業は，建築単体の整備事業に比較して，対象とするエリアが大きく，要する時間も長く，投資規模も大きい．そのため，**都市インフラストラクチャー**の計画策定にとって重要なことは，検討すべき領域と時間のレンジを大きく設定することと，事業性の検証

を十分に行うことである．

### （1）検討領域の拡大

　ある開発事業があったとしよう．都市インフラストラクチャーは，その開発エリアの中で完結するものばかりではなく，周辺の都市構造（地域特性や施設分布状況など）を総合的に判断し，計画されるべきものである．たとえば，都市の水システムを考える場合，開発エリア内での**地域循環システム**を考えることも重要であるが，近傍に，公共の水処理センターがあったり，隣接して中水道のシステムが整備されている地区があったりした場合には，それらとの連携を検討することによって，より効率の高いシステムを実現することも可能となる．また，エネルギー供給システムについても，より省エネルギー性の高いシステムを検討するためには，排熱などの利用が求められており，周辺に利用可能な排熱源や再生可能エネルギーの存在がないかという観点から検討を行うことが重要である．

### （2）検討時間の拡大

　まず，都市開発事業に要する絶対的時間の長さに注目すべきである．数 ha の開発でも，計画が発意されてから，地権者や関係者の調整を行い，計画条件をまとめ，設計，施工を経て，計画が完成するまでには，数年，数十年という単位の時間を必要とすることも少なくない．

　このような長期の間には，開発を支える経済状況や周辺の都市整備状況も少なからず変化することが多い．計画の立案，実現にあたっては，これらの変化を予測し，条件の変更に対しては，それを柔軟に吸収しうる条件設定，危険回避方策などについて十分な検討を行うことが重要である．上物整備に先行して整備された共同溝や地域冷暖房などの都市インフラストラクチャーに，その後の経済状況の変化によって，上物開発の進捗状況が大きく後退し，先行投資が回収できずに事業性を圧迫している例を少なからず見ることができる．

　次に重要なことは，最近ではプロジェクトの評価を，ライフサイクルで行うようになったことである．省エネルギーを考えるとき，従来はともすれば，運用時のみを対象としてその効果を評価することが多かった．しかし，最近では，**ライフサイクルコストやライフサイクル二酸化炭素排出量，ライフサイクルアセスメント**など，プロジェクトをその建設段階から，修繕，更新，改修を含んだ運用段階，果ては廃棄時を含めたライフサイクルで評価するようになっている．

　運用時に多大な省エネルギー効果が期待されるシステムでも，建設時，修繕・更新時，廃棄時に多大なエネルギーを必要とするようなプロジェクトの組み立てでは，本来的な意義が認められないことになるので留意するようにしたい．

## 8.1.3　環境負荷の小さい都市インフラストラクチャーの実現

### （1）循環利用・多段階利用

　建築だけでは再利用できないものも，都市のレベルでは再利用することが可能になるものがある．これまで特に気にすることもなく大気に放散していた熱エネルギーや河川に放流していた下水処理水，焼却され埋め立てられていたごみを再び有効な資源として利用することが求められている．

たとえば，新聞紙を古紙として再生したり，下水処理水を中水道として再利用するように資源を多段階に利用したり，再利用することが重要になる．「**循環利用**する」ことは，最終的なごみや排熱の発生する速度を抑制することにつながる．都市施設からの排熱の利用や未利用エネルギーの利用は，個々の建物では不可能であっても，都市スケールで検討すると可能になる場合がある．逆に，都市施設の適切な配置や，資源・エネルギーを融通する都市インフラストラクチャーネットワークの整備を検討することも重要である．

## （2）負荷削減

負荷削減の多くは，建物側の技術で達成される．都市側では，建物周辺の環境，さらには都市全体の自然環境を考えることが重要である．

大量のエネルギー消費と水や緑などの自然地表面の喪失により，都市の気温は上昇し続けている．縁側での夕涼みの光景や，冬の霜柱も都市部では見られなくなった．建物に涼しい風を導入しようとしても，ヒートアイランドと化した都心部の環境ではなかなか思うような効果は期待できない．「自然の恵みをうまく取り入れる」ことは地域単位の計画にも重要である．水や緑などの自然地表面の蘇生は，ヒートアイランド現象の解消に寄与する．都市の気温が下がることにより，建物での自然エネルギーの利用もより効果の高いものになる．建物の熱負荷が削減されれば，人工排熱が少なくなるというように，相乗効果が期待できるのである．

## （3）分散と集中そしてネットワーク

改めていうまでもないが，都市開発における効率の高い都市インフラストラクチャーの整備は，それ自体が目的ではなく環境負荷の小さい都市を実現するための手段である．開発の規模やスケジュールが異なる個々の都市開発においては，それぞれの開発内容に適合する都市インフラストラクチャー整備がなされる必要がある．

どのような単位に都市インフラストラクチャーを整備すべきか，あるいはすべきでないかの判断をする際に重要な視点となるのが，開発の区域面積と密度（容積率）そして街区，建物の大きさである．都市インフラストラクチャーの多くは，拠点的に整備されるプラントから，周辺に存在する個々の需要家に，媒体を通じて何かを分配または集積するシステムであるため，一般にはスケールメリットが存在する．区域面積，密度（容積率），個々の建物が大規模であるほど，システムの効率は高くなる傾向にある．個々の都市インフラストラクチャー整備の単位をいかに決めるか，いい換えればプラントをどの程度集中し，または分散して配置するかがシステム効率に大きく影響するのである．

整備単位を大きく，すなわちプラントの集中度合いを高めれば，設備容量の低減，管理運営の省力化（人件費の削減），スペースの有効利用が可能になるというメリットがある一方，多数の事業者の合意形成が必要，先行投資規模が大きくなり事業に対するリスクが大きくなる，工事期間が長期化するなどのデメリットが存在する．

特に，大規模な面開発にあっては，整備に長期間を要するため，都市インフラストラクチャーを先行整備しても負荷が存在せず，事業性を圧迫することになりかねない．上物の整備単位に合わせて都市インフラストラクチャーを整備し，完成した個々のシステムをネットワークしていくなど開発特性に整合する都市インフラストラクチャーの整備計画を立案することが重要である．

## 8.2 都市インフラストラクチャーの地下利用

都市インフラストラクチャーはプラントなどの拠点施設と搬送部分とに分けられる．搬送部分は道路空間を利用して敷設され，電気・電話等のケーブル以外は大半が道路下に敷設される埋設物である．高密度市街地では空間競合状態が生じ，新たな施設の設置空間や維持管理空間の不足が問題となっている．

### 8.2.1 地下埋設物の配置基準

道路下の空間利用の錯綜を避けるために，道路法その他で**地下埋設物**の**道路占用位置**に関する基準が決められている．東京都でも都道の**占用物件配置標準**を**道路幅員**別に定めているが，幅員 15 m の場合の例を図 8.2 に示す．同図のように本線を車道部に，供給管を歩道部に設置すること，供給管の配列は民地境界より電話，ガス，上水，電気の順に設置することが原則となっている．

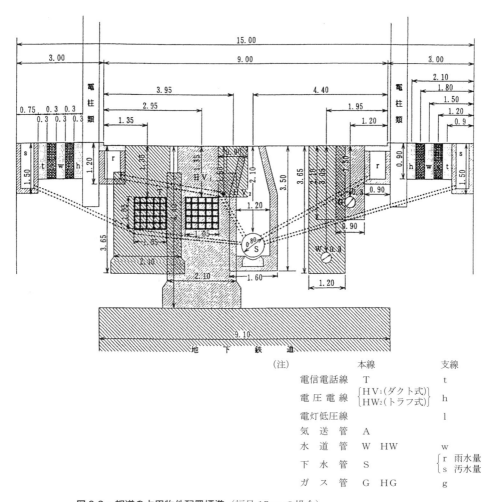

図 8.2 ● 都道の占用物件配置標準（幅員 15 m の場合）
［平成 8 年度道路工事設計基準，（財）東京都弘済会，平成 9 年 2 月より引用］

### 8.2.2 共同溝，電線類の地中化 [3]

高密度な市街地では都市インフラストラクチャーの搬送部分を道路下の**共同溝**に収容すること，または電線類を地中化することなどの対策が取られている．これらの対策によって，①施設の設置や修繕のための道路の掘り返しによる交通障害を防止する，②災害時にも壊れにくい供給信頼性の高い施設となる，③電柱などにより道路有効幅員が狭くなるのを防ぐ，④消防活動への支障を防ぐ，⑤電線，電柱などによる景観の悪化を改善する，などの都市環境面の向上を図ることができる．

#### （1）共同溝

共同溝は「2以上の公益物件を収容するため道路管理者が道路の地下に設ける施設」（共同溝法第2条第5項）であり，路面の掘削を伴う道路の占用に関する工事が頻繁に行われることにより，道路の構造の保全上および道路交通上著しい支障を生ずるおそれがあると認められるものを，国土交通大臣が共同溝を整備すべき道路，すなわち**共同溝整備道路**として指定する．共同溝への収容物件は相当の公共性を有するものでなければならず，同法で収容を認められている物件は電力，ガス，上下水道，電話などである．

わが国の共同溝は関東大震災後の帝都復興事業の一環として，1926年に九段坂，浜町公園付近，八重洲通りの3箇所に建設されたのが最初である．その後，建設は進まなかったが，昭和30年代に入って，都市部の交通渋滞緩和のために道路の掘り返し防止に有効な共同溝の重要性が認識され，1963年，「共同溝の整備等に関する特別措置法」（**共同溝法**）が公布されて，整備計画，費用負担，管理方法等が決定され，共同溝整備のための基礎が確立した．

共同溝の建設費は共同溝法に規定された推定投資額方式に基づいて算定する．推定投資額とは，共同溝区間に占用物件を直埋設した場合を仮想した総工事費から，共同溝内に敷設した場合に必要な総工事費（新規必要経費）を減額したものである（厳密にはこれに75年の占用料を前払いした金額が加わる）．建設にかかる費用から各占用予定者の推定投資額を引いた残りが共同溝の建設に新たにかかる費用となるが，この費用の2分の1を限度に国庫補助が受けられ，**道路管理者**によって整備される．

ところで，共同溝法で収容を認められている物件（法上物件という）は電気，ガスなどであることは先に触れたが，新しい都市インフラストラクチャーである地域冷暖房の地域導管等は共同溝法上の収容物件となっていない（非法上物件という）．しかし図8.3に示すように，みなとみらい21，筑波研究学園都市などでは，法上の収容物件が収容される共同溝と非法上物件を収容する空間とが一体的に整備されている（図8.4）．これらは一見，一つの共同溝のようであるが，よく見ると両者の収容空間が左右に分かれていることがわかる．表8.1に示すように，法上物件を収容する部分は共同溝で道路法上の**道路の付属物**であり，非法上物件を収容する部分（表中の「準用共同溝」）は道路法上の占用物件であるというように，道路法上の扱いをはじめ，法的な扱いがいろいろと異なっている．したがって，共同溝と一体で地域導管の収容空間を整備するには工夫が必要であり課題も多い．費用負担については，非法上物件を収容する部分は国庫補助を受けることができず，しかも，関係企業が費用の全額を負担する必要がある．今後，公共性の高い非法上物件に関しては法上物件に入れるための検討が必要である．

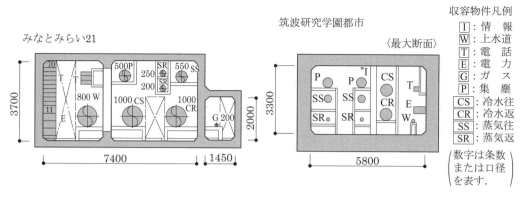

**図 8.3 ● 一体型共同溝断面の例**
［横浜市道路局特定街路課資料より引用］

**図 8.4 ● みなとみらい21 共同溝内**
［横浜市道路局特定街路課資料より引用］

**表 8.1 ● 収容物件および共同溝等の法的取扱い**

| | | 共 同 溝 | 準用共同溝 |
|---|---|---|---|
| 収容物件 | 種 類 | 上水道<br>中水道<br>電気通信（1）<br>電気通信（2）<br>電 力 | 地域冷暖房<br>真空集塵<br>CATV |
| | 収容物件の性格 | 共同溝法の公益物件 | 道路法の占用物件 |
| | 占用申請 | 共同溝法第12条 | 道路法第32条<br>道路法施工令第9条 |
| | 道路の占用料 | 共同溝建設時に75年間分を前払い<br>（共同溝法第20条） | 共同溝建設後，占用料を道路管理者に支払う（道路法第39条） |
| 道路法の位置付け | | 道路の付属物<br>（道路法第2条第2項第7号） | 道路の占用物件<br>（道路法第32条） |
| 共同溝法の関連 | | 共 同 溝 | — |

## （2）電線類の地中化

道路管理者は1986年度から，おもに歩道部に**蓋掛け式U字型溝**の中に配電線，電話線等のケーブルを集約して収容する**キャブシステム**により，電線類の地中化を進めている．1995年度からの5か年計画の着手にあたって，「電線共同溝の整備等に関する特別措置法」が制定され，キャブシステムに替わって**電線共同溝（C・C・BOX）**により地中化を推進することになった（図8.5）．電線共同溝はキャブシステムよりもコンパクトで，設置空間が狭い場合でも整備が可能であり，コストも低い．電線類の地中化は欧米諸都市と比較して著しく立ち遅れているのが現状である（図8.6）．

光ファイバー網などの情報通信基盤に関しては，1998年度から電線共同溝の整備が進まない路線に情報ケーブルの専用ボックスを整備する事業が進められている．

**図 8.5** ● 電線共同溝
[写真提供：日本環境技研株式会社]

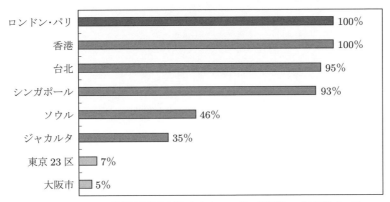

※1 ロンドン，パリは海外電力調査会調べによる2004年の状況（ケーブル延長ベース）
※2 香港は国際建設技術協会調べによる2004年の状況（ケーブル延長ベース）
※3 台北は国土交通省調べによる2013年の状況（道路延長ベース）
※4 シンガポールは海外電気事業統計による1998年の状況（ケーブル延長ベース）
※5 ソウルは国土交通省調べによる2011年の状況（ケーブル延長ベース）
※6 ジャカルタは国土交通省調べによる2014年の状況（道路延長ベース）
※7 日本は国土交通省調べによる2013年度末の状況（道路延長ベース）

**図 8.6** ● 道路における無電柱率の比較
[出典：国土交通省　http://www.mlit.go.jp/road/road/traffic/chicyuka/genjo_01.htm（2015.5.10閲覧）]

### 8.2.3 大深度地下の利用

錯綜する浅い地下を避けて空間を確保するとともに用地買収費用を軽減して都市インフラストラクチャー整備の促進を図るために，「**大深度地下の公共的使用に関する特別措置法**」が 2000 年 5 月に公布された．同法では図 8.7 のように大深度地下を①地下室建設のための利用が通常行われない深さ（地下 40 m 以深），②建築物基礎設置のための利用が通常行われない深さ（支持層上面から 10 m 以深）のいずれか深い方の深さの地下と定義している[4]．この大深度地下においては，生活に必要なライフライン等の公共性の高い事業に限って，土地所有者に対して原則として事前補償をせずに使用権を認めるものである．対象地域は当面，首都圏，近畿圏，中部圏の 3 大都市圏が中心である．この法律の施行によって，今後，さらに都市インフラストラクチャー整備の促進が期待されている．

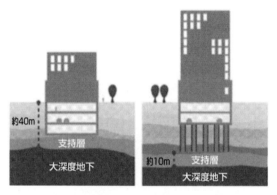

**図 8.7** ●「大深度地下の公共的使用に関する特別措置法」における大深度地下の定義
［国土庁（現 国土交通省）パンフレット：新たな可能性の空間・大深度地下，2000 より作成］

## 8.3 需要量の推計手法

都市インフラストラクチャーを計画する上で，それにかかる負荷を求めてその容量を決定する作業が必要となる．この作業の基礎データとなるのが都市の各地区のエネルギーや水などの需要量および下水や廃棄物の排出量である．これら推計結果は 9.3 節で解説する地域冷暖房プラントにおける熱需要などを計画する際の基礎データ，また第 2 章で解説したヒートアイランドの主要因であるビルなどからの人工排熱を推計する基礎データとしても使われている．ではこれをどのように推計すればよいのか．ここでは都市の各地区の需要量や排出量を推計する方法を解説する．

### 8.3.1 建物のエネルギー消費原単位

**（1）エネルギー消費原単位とは**

都市の各地区のエネルギー需要量とはその地区の建物が消費するエネルギーの総量を意味する．これを推計するには，一般的にその各地区に建つ個々の建物の**用途別延床面積**と**エネルギー消費原単位**を乗じて算定する．

それではエネルギー消費原単位と何か．これは建物の延床面積 1 m² あたりのエネルギーや水の消費量を意味している．たとえば，東京のある地区に事務所ビルが数棟あり，その延床面積の合計が 50,000 m² とする．そして一般オフィスビルの一般電力に関する**年間エネルギー消費原単位**は 170 kWh/m² 年である．したがって，この地区の事務所ビルでは年間 850 万 kWh の電力消費量が見込まれる．つまり建物の用途別（事務所，デパート，ホテル，住宅等）に延床面積 1 m² あたりどの程度のエネルギー消費量があるかを整理しておくと，対象地区を構成する各種建物の延床面積がわかれば対象地区のエネルギー消費量を簡易に推計できるのである．

## （2）エネルギー消費原単位の種類
### （a）エネルギー用途の種類

表 8.2 に早稲田大学尾島俊雄研究室で作成した年間エネルギー消費原単位を例示する．縦軸には都市を構成する建物用途がならんでいる．建物用途の整理方法はいろいろあるが，尾島研究室では都市計画上の施設分類に従って 9 分類している．

横軸には冷房用，暖房用，給湯用，一般電力と，エネルギーの使用用途がならんでいる．また併せて水消費量も併記している．冷熱用は冷熱源機器が使用するエネルギー消費量を意味し，温熱用は暖房用や給湯用の温熱源機器が使用するエネルギー消費量を意味する．一般電力は，総電力のうち上記熱源機器が使用する以外の電力消費量であり，照明・コンセント用や動力用の電力消費量を意味している．

### （b）時系列の種類

表 8.2 は年間の原単位を例示している．しかし実際の建物は年間 8,760 時間（365 日 × 24 時間）の消費データがある．しかしこれらを原単位として整理することは困難であるため，「月別原単位」「時刻別原単位」として整理している．「月別原単位」とは年間の合計消費量に対して各月に消費する割合を示したものである．「時刻別原単位」は一日全体の消費量に対して各時間帯に消費する割合を示したものである．時刻別原単位は夏期（6・7・8・9 月），冬期（12・1・2・3 月），中間期（4・5・10・11 月）に分けて整理されている．

## （3）エネルギー消費原単位の作成方法

前述の説明でわかるように，原単位とは実際の建物におけるエネルギーの使用用途別（冷房用，暖房用，給湯用，一般電力）に延床面積 1 m² あたりのエネルギー消費量を調査して，それらの平均値を整理したものである．したがって，調査した地域の特性（気候等）が影響するため一般的には地方ごとに整理されている．尾島研究室では，1963 年頃よりオフィスビルをはじめとして，首都圏を中心に各種建物の実態調査を組織的，継続的に行っている[6]．近年，各地方で調査が進み，原単位などが報告されている．

また，原単位を作成する上で重要な点として熱量換算値がある．たとえば表 8.2 の原単位は MJ で表記されている．これは熱源機器が消費したエネルギー消費量を整理したものであり，実際には熱源機器は電気，都市ガス，重油などさまざまな種類のエネルギーが使用されている．これら種類の異なるエネルギーを統一した尺度に置き換えるために用いているのが熱量換算値である．たとえば都市ガス（13A）であれば 1 m³ は 45 MJ となり，これは 1 m³ 燃焼した際に得られる発熱量を

表 8.2 ● 建物用途別の年間エネルギー消費原単位〔東京〕([6]を一部変更)

| 建物用途 | | 冷房用 (MJ/m²·年) | 暖房用 (MJ/m²·年) | 給湯用 (MJ/m²·年) | 暖房・給湯用 (MJ/m²·年) | 一般電力[*1] (kWh/m²·年) | 上水 (m³/m²·年) |
|---|---|---|---|---|---|---|---|
| 業務施設 | 一般オフィスビル | 299 | 209 | 56 | 265 | 170 | 2.1 |
| | 高層オフィスビル | 508 | 147 | 82 | 229 | 178 | 1.5 |
| | 庁舎 | 231 | 214 | 35 | 249 | 100 | 1.6 |
| 商業施設 | デパート | 359 | 77 | 94 | 171 | 291 | 3.2 |
| | ショッピングセンター | 280 | 192 | 269 | 461 | 230 | 4.1 |
| 娯楽施設 | 映画館 | 293 | 180 | 266 | 446 | 200 | 3.8 |
| 医療施設 | 総合病院 | 516 | 335 | 860 | 1,195 | 185 | 4.2 |
| | 救急病院 | 391 | 397 | 631 | 1,028 | 140 | 4.9 |
| 宿泊施設 | ホテル | 272 | 495 | 1,296 | 1,791 | 133 | 9.9 |
| 教育施設 | 小・中学校 | − | 335 | − | 335 | (23) | 3.6 |
| | 高等学校 | − | 149 | − | 149 | (31) | 3.1 |
| | 総合大学 | − | 237 | − | 237 | (55) | 6.1 |
| 文化施設 | 美術・博物館 | 180 | 360 | − | 360 | 63 | 1.4 |
| その他施設 | 地下街 | 899 | 411 | − | 411 | 456 | − |
| | 地下駐車場 | − | − | − | − | (62) | − |
| 住居施設 | 戸建住宅(公営) | 5 | 131 | 105 | 237 | 29 | − |
| | 戸建住宅(民間) | 34 | 602 | 261 | 863 | 25 | − |
| | 団地[*2] | − | 7,032 | 15,279 | 22,311 | (2,230) | 264 |
| | 高級マンション | 193 | 409 | 358 | 768 | 38 | 3.0 |
| | 郊外ファミリーマンション | 41 | 87 | 219 | 306 | 39 | 3.7 |
| | 都心ワンルームマンション | 90 | 280 | 360 | 640 | 58 | 3.7 |

[*1]:( )表記は総電力を意味する　　[*2]:団地は戸あたりの値である

意味している.表 8.3 に表 8.2 で用いた熱量換算値(発熱量)を示す.

ここで表に「1次エネルギー」と「2次エネルギー」という言葉が用いられている.**1次エネルギー**とは資源から直接得られるエネルギーであり,電気のように1次エネルギー資源を変換してえられるエネルギーは**2次エネルギー**と呼ばれる.したがって,電気の発熱量には,物理学上の換算値である 3.6 MJ/kWh を用いる場合と,1次エネルギーの熱から電気への変換効率を考慮した換算値を用いる場合がある.前者を2次エネルギー換算値,後者を1次エネルギー換算値という.したがって,1次エネルギー換算値は熱から電気への変換効率(火力発電所の効率)によって

表 8.3 ● エネルギー種類別の熱量換算値

| エネルギー種類 | | | 1次エネルギー換算値 | 2次エネルギー換算値 |
|---|---|---|---|---|
| 電力(全日) | | | 9.76 MJ/kWh | 3.6 MJ/kWh |
| ガス類 | 都市ガス | 13A | 45 MJ/Nm³ | — |
| 石油類 | | 灯油 | 36.7 MJ/L | — |
| | | 軽油 | 37.7 MJ/L | — |
| | | A重油 | 39.1 MJ/L | — |
| | | B重油 | 41.9 MJ/L | — |
| | | C重油 | 41.9 MJ/L | — |
| 地域冷暖房 | | 蒸気 | 1,360 kJ/MJ | 1,000 kJ/MJ |
| | | 温水 | 1,360 kJ/MJ | 1,000 kJ/MJ |
| | | 冷水 | 1,360 kJ/MJ | 1,000 kJ/MJ |

変化する．近年，全電源では 8 時から 22 時の時間帯は 9.97 MJ/kWh，22 時から 8 時の時間帯は 9.28 MJ/kWh が用いられている．

### 8.3.2 広域のエネルギー需要量の推計

前項で述べたように，ある建物のエネルギー需要量を求めるには，その建物の延床面積にその建物用途のエネルギー消費原単位を乗じる．そこで，広域のエネルギー需要の総量を推計するには，その地域にあるすべての建物の延床面積を建物用途別に合計した建物用途別総延床面積が必要となる．近年，デジタル形式の建物データの整備を始めている地方自治体があるので，これを用いて建物用途別の総延床面積を推計することが可能となった．

ここでは，福岡市を対象に広域のエネルギー需要量を推計した結果を紹介する[8]．

まず，福岡市において整備されている「都市計画基礎調査」による 22 の建物用途分類を，エネルギー消費原単位が明らかとなっている 9 種類の建物用途に集約し，建物用途別の総延床面積を推計した．表 8.4 に福岡市全体の建物用途別の総延床面積を区ごとに示す．

次に，町丁目ごとの建物用途別推定床面積にそれぞれのエネルギー消費原単位を乗じて，町丁目ごとの需要量を推計した．エネルギー消費原単位は福岡市調査のデータを用い，また，住宅については世帯あたりの原単位のため，住民基本台帳より町丁目ごとの世帯数を算出した．

**表 8.4 ● 福岡市の建物用途別延床面積**[8]

| 建物用途 | 中央区 | 博多区 | 東 区 | 南 区 | 城南区 | 早良区 | 西 区 | 福岡市 | |
|---|---|---|---|---|---|---|---|---|---|
| 事 務 所 | 2,744.8 | 4,390.7 | 1,298.7 | 437.3 | 128.8 | 541.6 | 314.4 | 9,856.3 | (9.8) |
| 商業ビル | 1,570.6 | 1,634.1 | 995.9 | 433.0 | 256.4 | 543.1 | 792.4 | 6,225.5 | (6.2) |
| ホ テ ル | 630.1 | 568.4 | 65.0 | 9.7 | 3.6 | 3.3 | 58.2 | 1,338.2 | (1.3) |
| 病　　院 | 478.2 | 408.0 | 1,193.3 | 476.6 | 483.9 | 383.9 | 224.3 | 3,648.3 | (3.6) |
| 学　　校 | 752.3 | 901.3 | 1,057.1 | 852.2 | 425.7 | 949.5 | 787.9 | 5,726.4 | (5.7) |
| 庁　　舎 | 333.7 | 386.0 | 166.2 | 83.8 | 21.8 | 152.7 | 70.6 | 1,214.9 | (1.2) |
| 集合住宅 | 7,987.4 | 7,642.3 | 7,367.3 | 6,563.9 | 3,281.0 | 5,145.5 | 4,039.3 | 42,026.6 | (41.8) |
| 戸建住宅 | 1,384.8 | 1,932.1 | 4,589.1 | 4,233.6 | 2,239.8 | 3,898.9 | 4,337.5 | 22,615.9 | (22.5) |
| そ の 他 | 824.7 | 2,206.7 | 3,438.3 | 336.4 | 67.4 | 234.9 | 812.1 | 7,920.5 | (7.9) |
| 合　　計 | 16,707.1 | 20,069.7 | 20,170.9 | 13,426.5 | 6,908.4 | 11,853.3 | 11,436.6 | 100,572.5 | (100.0) |

(　) は，福岡市の合計を 100 とした場合の面積割合 [%]　　　　　　　　　　　　　　　　単位：[× $10^3$ m$^2$]

図 8.8 は，福岡市の既成市街地における町丁目ごとのエネルギー需要量をその町丁目の面積で除してエネルギー需要密度を算定し分布図にしたものである．こうしたデータや図がインフラストラクチャーの計画に用いられたり，ヒートアイランドの主要因である建物からの人工排熱量の推計に使われたりするのである．

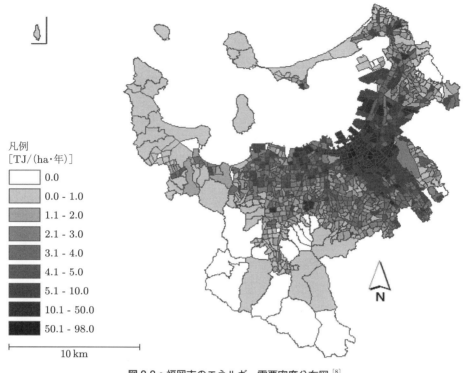

**図8.8** ● 福岡市のエネルギー需要密度分布図[8]

# 8.4 近郊都市のインフラストラクチャー整備

## 8.4.1 スプロール現象

　十分にインフラストラクチャーを整備してから都市をつくるのが基本である．この基本を守らずに，インフラストラクチャー整備が不十分なまま無計画，無秩序に開発が進むことを**スプロール現象**という．もともと英語でスプロール（sprawl）とは「むやみに広がる」という意味であり，道路や供給処理施設などインフラストラクチャー整備が不十分なところに外へ外へと都市がむやみに広がってしまう現象をいう．スプロール現象がわが国の**近郊都市**の大きな問題となっている．スプロール現象がもたらす弊害は深刻である．中心市街地の空洞化を招くとともに，無計画な開発によって郊外の緑が伐採されてしまう．この節では首都圏近郊の住宅地におけるインフラストラクチャー整備の実態とそれに対する住民意識の調査結果を見ながら近郊都市のインフラストラクチャー整備のあり方を学ぶ．

## 8.4.2 市街化区域におけるインフラストラクチャー整備

　都市計画法によって指定される**都市計画区域**とは「自然的・社会的条件，人口，土地利用，交通量などの現況および推移を勘案して，一体の都市として総合的に整備・開発または保全する必要がある区域」をいう．一言でいえば，都市計画区域とは都市として整備・開発する地域であるが，そ

の全域を都市にしようとするのではない．都市計画区域は**市街化区域**と**市街化調整区域**に区分されており，市街化区域は「すでに市街地を形成している区域か，あるいは今後優先的かつ計画的に市街化を図るべき区域」であるが，市街化調整区域は「市街化を抑制すべき区域」である．つまり，市街化区域が都市計画法上で都市として整備・開発する地域ということになる．

市街化区域の指定は市町村が行うが，その指定の時点で市街化区域の範囲内において道路をはじめとして，上下水道，電力，都市ガス，情報通信といった供給処理施設などのインフラストラクチャーが整備され，集約的な土地利用に耐えられるようにしておかなければならない．しかし，実際の市街化区域を調べてみると，道路の整備が不十分であったり下水道や都市ガスが整備されていないという区域が多く，市街化区域の中であってもスプロール現象が生じている．

### 8.4.3　インフラストラクチャー整備の実態と住民の意識

埼玉県は首都圏の都県の中でも人口増加が特に著しい．埼玉県の人口は1965年に約300万人であったが，2014年には約724万人となり，この50年間で2倍以上に急増している．このため県内ではインフラストラクチャーの整備が不十分なまま開発された住宅地が多く，スプロール現象が市街化調整区域の至るところで見られる．一方，市街化区域内では上水道，電力，情報通信は比較的整備されているものの，道路，下水道，都市ガスは整備に格差が生じている．そこで，ケーススタディとして県内の5都市を取り上げ，各市の市街化区域におけるインフラストラクチャー整備の実態とこれに対する住民の意識を調査した結果を紹介する[9][10]．なお，住民を対象としたアンケート調査の意義や方法については第14章で述べる．

#### （1）道路

5都市の市街化区域の住民を対象としてアンケートを行い，道路の問題点を複数回答可で選択させたところ，「道幅が狭い」，「歩道が整備されていない」を選んだ回答者はそれぞれ半数を超えた．「高齢者・障害者を配慮していない」や「大型車が通ると揺れが起こる」を選んだ回答者も多い．道路表面に凹凸が多く高齢者が足を引っかけたり車椅子やベビーカーが通りにくかったりするのである．

「住まい周辺の道路は整備されていると思うか」を聞いたところ，回答者の23％が「整備されている」と答えたのに対し，47％は「整備されていない」と答えており，道路整備が不十分と感じる住民が多い．また，住まい周辺の道路に対する満足度を聞いたところ「満足」，「やや満足」の合計が23％であったのに対し，「不満」，「やや不満」の合計は64％に達し，満足度は低い．市街化区域という本来インフラストラクチャーを十分に整備すべき地区にあって住民は道路が整備されていないと捉えている．

#### （2）下水道・都市ガス

図8.9は埼玉県下の5都市の市街化区域における**下水道**と**都市ガス**の整備状況である．各市の下水道の処理区域，都市ガスの供給区域を示している．県南西部の狭山市では市街化区域全体の面積のうち89％のエリアで下水道と都市ガスのいずれも整備されている．そのようなエリアの面積は県南部のさいたま市大宮地域（旧大宮市）の市街化区域で86％，越谷市の市街化区域で79％であるが，県中央部の東松山市では市街化区域の47％にとどまっている．一方，下水道も都市ガ

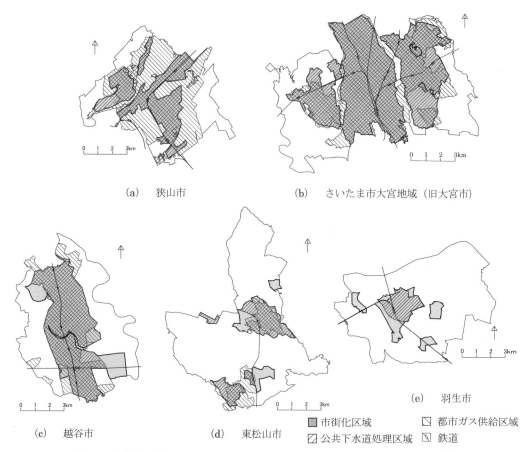

**図 8.9 ● 市街化区域における下水道と都市ガスの整備状況**（埼玉県内 5 都市の例）[9]

スもないというエリアは狭山市，さいたま市大宮地域の市街化区域にほとんどないが，越谷市の市街化区域の 13 %，東松山市の市街化区域の 22 % を占めている．県北部の羽生市の市街化区域では 48 % のエリアに下水道が整備されているものの，都市ガスはなく簡易ガス事業[1]が行われている．

ところで，5 都市全体の回答者のうち 7 % が下水道の処理区域内にもかかわらず浄化槽を使っており，同じく 54 % が都市ガスの供給区域内にもかかわらずプロパンガスを使っている．こうした回答者の世帯は地区内を通る下水道や都市ガス配管に接続していないためである．その工事費は住民が負担するので，これに消極的な住民が出てしまう．しかし，アンケートによれば，下水道の処理区域内で浄化槽を利用している回答者の 94 % が「下水道を使いたい」と答え，都市ガスの供給区域内でプロパンガスを利用している回答者の 80 % が「都市ガスを使いたい」と答えている．

図 8.10 に，下水道，浄化槽，都市ガス，プロパンガスそれぞれを利用する回答者の満足度の比率を示す．「満足」，「やや満足」を満足側，「不満」，「やや不満」を不満側とすると，下水道利用は満足側 33 %，不満側 38 % であり，浄化槽利用は満足側 10 %，不満側 60 % であった．浄化槽利用に対する不満側の比率がきわめて高い．これは「側溝などからの臭いが気になる」，「点検義務が

---

1) プロパンガスボンベなど簡易なガス発生設備においてガスを発生させ導管で供給する事業．一つの団地における供給世帯数が 70 以上とされている．

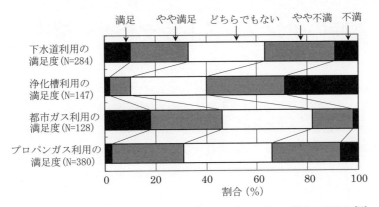

図 8.10 ● 下水道，浄化槽，都市ガス，プロパンガスの利用に対する満足度[10]

あり面倒である」と回答者が感じているためである．下水道利用に対する不満側の比率が意外に高いが，これは「下水道料金が高い」と回答者が感じていることによる．

一方，ガスについては，都市ガス利用は満足側 46 %，不満側 18 %であり，プロパンガス利用は満足側 31 %，不満側が 34 %であった．都市ガス利用に対する満足側の比率が高い．プロパンガス利用に対する不満側の比率が高いのは，「他のガス会社の料金と比べられない」，「ガスボンベがとても邪魔である」と回答者が感じているためである．

なお，宅地として利用しやすくするため土地の区画を変えることを**土地区画整理**というが，この事業が進行中の地区では，将来位置を変更する道路に費用のかかる下水道を整備してしまうと土地区画整理の足かせとなるため，事業の完了まで下水道を整備できない．道路はインフラストラクチャーの中心なので，道路整備の遅れはそれに設置される供給処理施設の整備に大きな影響を与える．

以上のように市街化区域にインフラストラクチャー整備が不十分な地区が残っている．市街化区域を指定する段階でインフラストラクチャー整備の状況を考慮し，市街化区域の指定はインフラストラクチャーが十分に整備された地区に限るべきである．

### 8.4.4 インフラストラクチャーが整備された中心市街地

駅周辺の中心市街地では道路，下水道，都市ガスの整備が進んでいる．これまで長い年月にわたってインフラストラクチャー整備に投資されてきた中心市街地を離れ，駅から離れたところに新たにインフラストラクチャーを整備して住宅地を形成するとインフラストラクチャーに対する投資の効率を大きく低下させる．広大な市街化区域を中途半端にインフラストラクチャー整備するのではなく，できるだけ小さくした市街化区域をしっかりインフラストラクチャー整備する方が費用面でも有利である．これからは駅から遠いところに薄く広がって住むのではなく，駅の近くに集まって住むことが求められている．早急にスプロール現象を食い止めるとともに，中心市街地に長寿命で良質の集合住宅をつくって土地利用の密度を高め，**都市のコンパクト化**を進める必要がある．近郊都市ではスプロールした都市からコンパクトな都市への転換が急務である．

## 8.5 非常時のインフラストラクチャー機能

都市活動は電気，ガスなどのエネルギー，水，情報通信の供給処理インフラストラクチャーによって支えられており，その機能が途絶えると都市が麻痺状態になることから，これらは**ライフライン**とも呼ばれている．電気は水供給処理，情報通信，交通の信号に至るまで電気以外のインフラストラクチャー機能を維持するために多くの用途に使われており，あらゆる建物で動力，照明用としても必要であることから，電力供給が停止すると影響は広範にわたる．水もすべての建物での生活上，また，火災に対する消火活動上欠かすことができない．ここでは，非常時のインフラストラクチャー機能について解説する．

### 8.5.1 都市インフラストラクチャー機能の停止による影響

大規模地震などの災害時には，供給処理機能がダメージを受け，能力が落ちた状況の中でさまざまな対応に迫られるので，対応は困難をきわめる．被災時に建物に要求される役割の大きさも建物用途によってさまざまである．病院であれば，負傷者が多数運ばれてくることが想定される．官公庁では非常時の情報収集，意思決定，情報発信などの機能が求められるなど，これらは平常時よりもむしろ多くの役割を果たすことが求められる．事務所ビルでは本社機能や重要な拠点を担っている事務所であれば，やはり非常時には平常時以上の役割が求められるが，ひどく被害を受けている地域の事務所などでは一時的に閉鎖することもありうる．このように建物側のニーズも状況によって異なる．したがって，非常時の都市インフラストラクチャー機能の停止による影響は，日常にそのインフラストラクチャーが果たしている機能だけではなく，非常時に新たに生じる状況も想定して考えておくことが必要である．

都市インフラストラクチャー機能停止時の影響を把握した一例が図 8.11 である．**阪神・淡路大震災**で被災してライフライン機能が停止した神戸のポートアイランドの住宅団地（8 〜 14 階建）において，**ライフラインの機能停止**と回復の状況に関する生活行為ごとの不満度をアンケート調査した結果である．この団地では電気が平均 14 時間，水道が 32 日間，ガスが 37 日間停止した．その状況下での回答である．トイレへの対処についての不満が最も大きく，2 番目が風呂であったが，実際，神戸では震災から 2 か月以上経っても，銭湯に長い列ができていたなど，水道，ガスの停止による影響が大変深刻であった（図 8.12）．

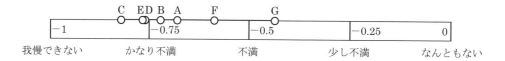

A：飲料水確保の不満度　B：生活用水確保の不満度　C：トイレ対処の不満度　D：洗濯対処の不満度
E：風呂対処の不満度　F：炊事対処の不満度　G：暖房対処の不満度

**図 8.11 ● ライフライン機能停止時の種々の代替方法の不満度**

**図 8.12** ● 銭湯の入口にできた長蛇の列（阪神・淡路大震災：1995 年 3 月撮影）

### 8.5.2　非常時のライフライン負荷

　災害時を考慮した都市インフラストラクチャーの計画は，「その地域の被災状況」→「被災状況下の地域や建物で行われる活動」→「その活動を維持するためのエネルギーや水などの必要量」→「必要量を確保するための都市インフラストラクチャー等の施設整備方策」といった視点から考えることが必要である．その中でも，非常時に建物で必要となるエネルギーや水の量から都市インフラストラクチャーの負荷を把握することが，計画の前提として重要である．しかし，実際には災害による**被災状況の想定**が不確定であること，建物が必要としている量の内訳や必要の程度の把握が容易でないことから，非常時のインフラストラクチャー負荷を正確に把握することは，現在のところ十分にはなされていない．

　表 8.5 は，阪神・淡路大震災程度の大地震を想定した場合の建物用途別の機能確保に必要な電力，水の必要容量を，建築設計技術者約 100 名へのアンケート調査によりまとめたものである．平常時に対する非常時に必要な負荷の割合は，病院，避難場所となる学校などの教育施設で他の用途の建物に比較して，大きな値となっていることがわかる．

**表 8.5** ● 建物用途別の平常時に対する非常時電力・水の機能確保に必要な負荷の割合

| 要求量<br>建物用途 | 非常時の電力・水要求量の平常時に対する割合（%） | | | | | |
|---|---|---|---|---|---|---|
| | 電力 | | | 水 | | |
| | 最も重要 | 重要 | 必要 | 最も重要 | 重要 | 必要 |
| 業務本社 | 17 | 28 | 42 | 16 | 24 | 36 |
| 官公庁 | 15 | 29 | 53 | 15 | 27 | 37 |
| 医療 | 21 | 28 | 52 | 19 | 33 | 45 |
| 一般業務 | 14 | 28 | 42 | 16 | 24 | 36 |
| 商業 | 11 | 27 | 49 | 19 | 30 | 40 |
| 宿泊<br>娯楽<br>文化 | 15 | 27 | 47 | 17 | 23 | 33 |
| 教育 | 16 | 40 | 51 | 30 | 39 | 53 |
| 集合住宅 | 9 | 24 | 38 | 12 | 19 | 28 |

### 8.5.3 非常時のインフラストラクチャー機能の維持方策

　非常時のインフラストラクチャー機能維持を考える単位（スケール）としては，都市インフラストラクチャー全体，地区単位，建物単位がある．現在の都市インフラストラクチャーのシステムも供給が途絶えないような対策が講じられてはいるが，供給エリア全域に一律のサービスレベルを確保する考えで整備されている．そこで，重要な建物では**自家発電設備**の設置や**2方向受電**を行うなど建物独自の対策を講じているのが現状である．特に重要な施設が集中している地区では，今後，共同でインフラストラクチャー機能維持を図る整備を行うという考え方が重要となる．

　機能維持を図る対策の視点としては，①機能停止が起こりにくいつくりにすること，②起こっても代替手段があること，③停止後，早期に復旧できるシステムにすることがあげられる．

　機能停止が起こりにくい供給信頼性が高いシステムにする方策としては，①**バックアップ**：予備の設備を設ける，②**貯蔵能力の増大**：供給が途絶えた後も一定時間貯蔵しているもので供給維持を図る，③**ループ化**：搬送部分を閉じた系とし，どこか1箇所が破損しても供給が途絶えない，④**ネットワーク化**：複数のプラントを結合し，一つのプラントが停止しても供給が途絶えない，⑤**ブロック化**：破損個所の影響を最小限の範囲にとどめるよう，搬送系をいくつかのブロックに分けられるようにしておく，⑥**地中化**：地震時の揺れの影響が小さい地中に搬送系を設置する，⑦**耐震化**：地震の揺れに強い構造にする，があげられる．バックアップ，貯蔵能力増大のための施設は，ふだんから活用することで経済面で有利な，維持管理面でも手間のかからないものにする．日常使うことによって供給信頼性が高いものにするという考え方が重要である．非常用と常用を兼用した**コジェネレーションシステム**などはその一例である．

　代替手段で応急対応する例として，阪神・淡路大震災では応急給水栓（図8.13），カセットコンロの無料貸し出し，自衛隊による風呂の提供などが見られた．

**図 8.13 ● 応急給水栓**（阪神・淡路大震災：1995年3月撮影）

　非常時のインフラストラクチャー機能の維持を図る地区単位での施設のイメージを図8.14に示す．特に重要な役割を果たす役所や病院などの建物が集中する地区では，骨格となる道路網を整備し，その地下に共同溝をつくって，供給処理のライフラインを収容し，インフラストラクチャー機能が途絶えないようにする．高度なプラント施設としてコジェネレーション，蓄熱槽を整備し，日常利用することによって効率的で信頼性の高い施設とする．このプラントからの耐震性の高い供給

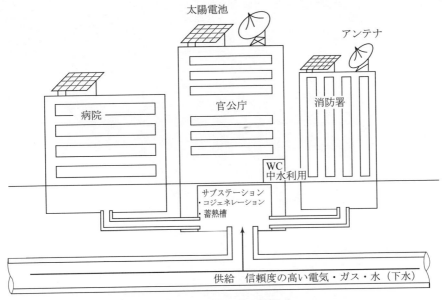

図 8.14 ● 非常時のインフラ機能の維持を図る地区単位の施設のイメージ

管を各建物に敷設する．建物側では**太陽電池パネル**などを設置して，非常時にも最低限の電気を得ることができ，情報通信機能を確保するなど建物単位のバックアップ施設を設けることが考えられる．

## 8.6 都市の情報インフラストラクチャー

　**情報インフラストラクチャー**とは，狭義には光ファイバー等の通信回線を指すが，情報化社会の構築という観点から考えると，通信回線，ハードウェア，ソフトウェアの複合体ということができる（図 8.15）．通信回線は光ファイバーやメタルケーブル，無線などの物理的なネットワークを指し，ハードウェアとは通信回線の終端，もしくは結節点に位置するさまざまな通信機器やコンピュータを意味する．これらの通信回線やハードウェアをコントロールし，さまざまなサービスや機能を提供するのがソフトウェアである．情報化の急激な進展に伴い，都市の情報インフラストラクチャーをめぐる状況も変化を続けている．

### 8.6.1　拡張する情報空間

　1990 年代に急速に普及したインターネットや移動電話は，従来**インテリジェントビル**やそれらを結んだ**インテリジェントシティ**などを中心に語られてきた都市の情報化を，産業界のみならず家庭や個人，公共サービスにまで拡張し，道路や外部空間を含む都市全体を情報の受発信が可能な空間へと変化させた．都市の情報インフラストラクチャーとは，このように都市全体へと拡張したサービスを支えるインフラストラクチャーといえる．

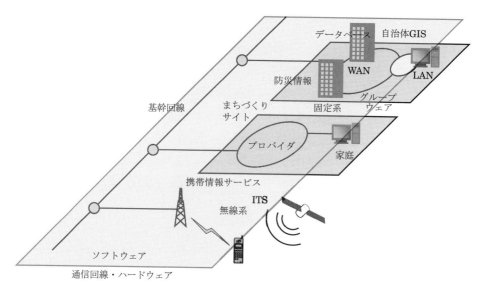

**図 8.15 ● 情報インフラストラクチャーの構成**

### 8.6.2 情報インフラストラクチャーと防災

　1995年の阪神・淡路大震災においては，脆弱な防災体制が露呈するとともに，情報インフラストラクチャーに対しても多大な損害を与えた．固定電話は負荷の集中により，約4日間にわたって機能に支障をきたした．当時，電話による安否確認ができない中，Web上の掲示板による安否情報が有効に機能したと喧伝されるインターネットも実際には多大な被害を受けている．インターネットの基幹部分は専用線を利用していることから固定電話の影響を受けない．しかしながら実際は，専用線そのものが切断されたり，**NOC**（network operation center）が停電や火災により機能を停止したりとハード的にも多大な被害を受けた．また，プロバイダーを利用していた一般市民は，電話の途絶の影響を受けたことから，電話に比べ決して災害に強いというわけではなかった．当時，インターネット利用者の多くは大学関係者や学生，専門家によって占められており，これらの脆弱性が過小評価されていた．これらの被害を最小限に防ぐには，都市のインフラストラクチャーとして災害時の**ノード（結節点）**となる公共施設や学校等を専用線によって結ぶことや，有線，無線の多様なネットワークに，パソコン，スマートフォン，タブレット等のさまざまなメディアを通じてアクセスできるようにしておくことが有効である．

　また，1995年に比べ，公共サービスや経済活動の情報インフラストラクチャーへの依存度は飛躍的に高まっている．情報化は社会全般に浸透しつつある．災害時における情報消失は，機器の破損による損害を大きく上回るものであり，データのバックアップや電源の確保，通信回線の**リダンダンシー**（redundancy）の確保等に十分留意する必要がある．リダンダンシーとは，冗長性ともいい，自然災害や停電時などによる障害発生時に，一部の途絶により全体が機能不全に陥らないよう，ネットワークを多重化しておくことをいう．

　また，データの管理・運営を行う**データセンター**が都市部で急増しているが，データセンターを大深度地下や廃坑等の安定地盤近くに配する動きもあり，建築を越えた都市インフラストラクチャーとして重要性を増している．

### 8.6.3 情報インフラストラクチャーと都市環境

さまざまな環境負荷削減や循環型経済システムの構築が求められる中，情報インフラストラクチャーは都市環境の改善に大きく貢献すると期待されている．

HEMS（home energy management system）や BEMS（building environment and energy management system）は高度なエネルギー管理を可能とし，**テレワーク**の普及や ITS の実用化は，排気ガスの削減等の効果が期待されている．

テレワークとは，情報通信技術を利用した，場所・時間にとらわれない働き方を意味する．自宅や自宅周辺のオフィスで就労することにより，バランスの取れた生活と労働の両立を目指す．環境問題や大都市一極集中の是正といった社会問題の解決策としても注目されている．

**ITS**（intelligent transport systems）とは，人と道路，車両を情報技術によって一体のシステムとして構築する社会システムをいう．**ナビゲーションシステム**の高度化，**自動料金収受システム（ETC）**，安全運転の支援，交通管理の最適化，道路管理の効率化，公共交通の支援，商用車の効率化，歩行者等の支援，緊急車両の運行支援という九つの開発分野から構成され，ETC など一部のシステムについてはすでに実用化されている．

また，部品や資材のリユースやリサイクル，余剰資材の需給マッチングを行う**電子商取引**も行われている．建設現場や自動車解体時に発生した副産物や資材・部品をインターネットを用いて売買したり，小規模な建築解体現場で協同回収システムを運行するなど，少量多品種化によって手間がかかりすぎると放置されてきた廃棄物処理分野が，情報インフラストラクチャーの利用により効率化され，環境負荷削減に寄与し始めている．

### 8.6.4 情報インフラストラクチャーがもたらす都市の変容

情報インフラストラクチャーの整備が都市空間やライフスタイルに与える影響として，**移動の代替性**があげられる．従来，交通手段を使って移動していたところを，通信手段で代替し，移動しないということである．特に東京都市圏では，通勤に長時間を費やしており，情報インフラストラクチャーを最大限利用したテレワークによる**通勤・移動負担の削減**が進められている．

テレワークには，会社や自治体が整備したテレワークセンターに通勤する場合や，在宅勤務などさまざまな形態がある．情報インフラストラクチャーの整備が進み，テレワークが広く普及すれば，交通インフラストラクチャーへの負荷削減や環境負荷の削減，新たな地域の核としての役割を果たすと期待されている．一方，インターネットや移動電話，スマートフォン，タブレット等の端末機器の活発な利用は，新たな対面接触機会を増加させ，それが交通量の増加に結びついている．このように情報インフラストラクチャーの普及には，移動量の増加と減少という二つの側面があると指摘されている．

また，携帯機器によりリアルタイムで連絡を取り合うことが可能であることから，待ち合わせ場所や時間を特に決めずに，動的に意志決定していく行動パターンが生まれている．このような行動パターンの変化は，従来の建築空間や都市空間にも変化をもたらしている．

## ● 参考文献 ●

[1] 尾島俊雄監修,JES プロジェクトルーム編:日本のインフラストラクチャー,日刊工業新聞社,1983
[2] 財団法人東京都弘済会:平成8年度 道路工事設計基準,1997
[3] 金崎智樹:共同溝事業,建設通信新聞,2001.3.29
[4] 国土庁パンフレット:新たな可能性の空間・大深度地下,2000
[5] 尾島俊雄ほか:新建築学大系9・都市環境,4.4都市の道路と地下埋設物,彰国社,1986
[6] 尾島俊雄研究室:建築の光熱水原単位〔東京版〕,早稲田大学出版部,1995
[7] 尾島俊雄:建築の光熱水費,丸善,1984
[8] H. Yoda, Estimation of the Energy Consumption and the Exhaust Heat from Buildings, Special Issue "the 7th Japanese-German Meeting on Urban Climatology", Journal of Heat Island Institute International, Vol. 9-2, pp.92-102, 2015
[9] 中嶋正,久保田徹,三浦昌生,八木佳紀:埼玉県における都市基盤整備状況の実態調査に基づくスプロール住宅地の評価,日本建築学会大会学術講演梗概集(東北),D-1分冊,pp.697-698,2000
[10] 山田高志,三浦昌生,久保田徹:埼玉県下5都市の都市基盤整備状況に関する住民意識調査,日本建築学会大会学術講演梗概集(東北),D-1分冊,pp.653-654,2001
[11] 白珉浩,佐土原聡ほか:東京都区部における防災性を備えた地域冷暖房の導入地区選定に関する研究,日本建築学会計画系論文集,第523号,pp.109-116,1999
[12] 白珉浩,佐土原聡ほか:ライフライン機能停止による集合住宅での機能支障とその対応に関する研究—阪神・淡路大震災におけるポートアイランドの実態調査と分析—,地域安全学会論文集No.1,1999
[13] 佐土原聡:震災と都市エネルギーシステム,日本エネルギー学会誌,第76巻第8号,1997
[14] 空気調和・衛生工学会:空気調和・衛生工学便覧第12版6応用編第2章地域設備総合計画,丸善,1995

# 第9章

# 都市のエネルギー供給システム

エネルギーは私たちの生活や産業活動を支える上で不可欠な資源であり，**地球温暖化ガス（二酸化炭素）**や**酸性雨**などの**地球環境問題**にも大きくかかわっている．私たちにとってエネルギー資源の安定供給や有効活用，そして地球環境保全などの面から都市のエネルギー供給システムを考えることは急務である．そこで本章では，まず大規模集中型エネルギー供給システムである電力・ガス供給システムについて説明する．次に化石燃料の代替エネルギーあるいはクリーンエネルギーとして期待されている新エネルギーや**地域エネルギー供給システム**の核となる地域冷暖房システムについて説明する．

## 9.1 電力・都市ガス供給施設

第8章で述べられた都市のインフラストラクチャー（特に都市供給処理設備）の中で都市のエネルギー供給システムにあたるものは電力供給施設と都市ガス供給施設である．現在これらはおもに一般電気事業者（電力会社）と一般ガス事業者（ガス会社）などの公益事業者によって整備・運営されている．本節では，私たちに身近なこれらの電力供給施設と都市ガス供給施設について説明する．

### 9.1.1 電力供給施設

電気は私たちに最も身近なエネルギーの一つである．エアコン（冷暖房機器），給湯（電気式貯

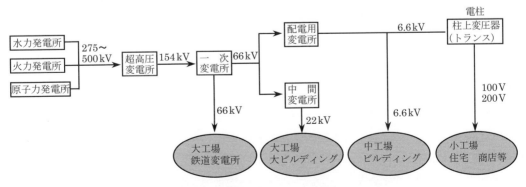

**図 9.1** ● 電力供給システムの構成

湯槽），照明器具，そしてさまざまな家電製品（冷蔵庫，テレビ，コンピュータ等）なども電気によって機能している．コンセントを介して便利に使える電気はどのようにして供給されているのであろうか．電力供給施設の機能は大きくは三つに分かれる．電気をつくる「発電部門」，その電気を住宅，ビル，工場などに運ぶ「送電部門」と「配電部門」である（図9.1）．

## （1）発電所

電気をつくる施設は発電所と呼ばれている．発電所の種類は大きく三つあり，「火力発電所」，「原子力発電所」，「水力発電所」である．おもに水力発電と原子力発電は一日の使用量のベースとなる電気を発電し，火力発電所は一日の使用の波に合わせて発電している．

火力発電所では石油，石炭，液化天然ガス（LNG）などの化石燃料がボイラーで燃やされ，その熱エネルギーが水を蒸気に変え，その蒸気がタービンを回し，発電機を稼動させる．原子力発電所も仕組みは火力発電所と同じであるが，化石燃料を燃やすのではなく，ウランを核分裂させたときに発生する熱エネルギーで蒸気をつくっている．これら二つの発電所はタービンを回転させた蒸気を冷やして水に戻す（復水）．このため大量の海水を使えるよう海岸に隣接して建設されている．水力発電所は山間部のダムでせき止め，貯留した水を利用する．水が高いところから低いところへ落ちるときの力を利用して水車を回し，発電機を稼動させる．

近年，地球温暖化ガスの削減の中で火力発電所から発生する二酸化炭素が大きな課題となっている．そのため，天然ガスを利用した**コンバインドサイクル発電**など高効率に電気をつくる方式の発電所も建設されつつある．また，原子力発電は二酸化炭素を発生しないが**放射性廃棄物の処理**という大きな課題を抱えている．これらに対して水力発電は最もクリーンな発電施設であるが，安定供給量確保の点や自然破壊につながる可能性もあるダム建設などの課題を抱えている．このように，私たちがなにげなく使用する電気がどのようにしてつくられているかを考えることも都市環境工学上非常に重要なのである．

## （2）送電施設

一般に発電所は都市部から離れた場所に建設されている．そのため発電所から都市部まで電気を運ぶ施設が必要となる．郊外に出かけたときに高さ45〜80 mの鉄塔とその間にはられた送電線を見ることがあるが，それらが**送電施設**である．一般的に私たちが家庭で使用する電気は100 Vである．しかし発電所から運ばれる電気はまず275〜500 kVの高圧で超高圧変電所に送られる．その後154 kVで一次変電所に送られ，その後66 kVで**配電用変電所**に送られる．また，大規模なビルや工場は一次変電所から中間変電所を経て22 kVで電気が供給されている．

このように電気は変電所で電圧を徐々に下げながら運ばれる．それは，送電する際に少しずつ熱として逃げる電気の熱ロスが，電圧が高いほど少なくなるためである．

## （3）配電施設

一次変電所から66 kVで配電用変電所まで運ばれた電気は6.6 kVに変圧されて，一部は中規模ビルや工場に供給され，一部は電柱の**柱上変圧器**（トランス）に送られる．そこで100 Vあるいは200 Vに変圧されて個々の建物に供給される．街中の道路にはり巡らされ，**都市景観**上よくないといわれる電柱も遠く発電所につながっている電力供給施設の一部である．

### 9.1.2 都市ガス供給施設

毎日の生活に欠かせない調理や風呂，洗面，台所で使うお湯など，私たちはガス会社から供給されるガスを使用している．一口に都市ガスといってもその種類は多い．都市ガスの原料には液化天然ガス（LNG）や液化石油ガス（LPG）などがある．現在都市ガスのほとんどは13A（10,000～15,000 kcal/m³：46～62.8 MJ/m³）および12A（9,000～11,000 kcal/m³：37.7～62.8 MJ/m³）と呼ばれる高カロリーガスであり，これらの主原料はLNGである．

そのため本節では天然ガスによるガス供給施設について説明する．ガス供給施設の機能は大きくは二つに分かれる．供給するガスをつくる「ガス工場部門」，そのガスを住宅，ビル，工場などに運ぶ「供給ライン部門」である（図9.2）．

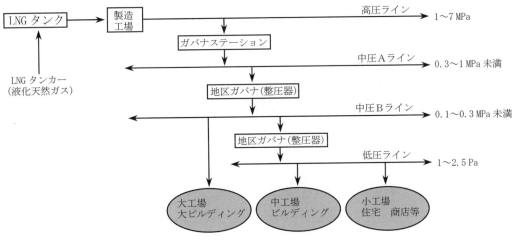

図9.2 ● 都市ガス供給システムの構成

**（1）ガス工場**

都市ガスの主原料であるLNGは天然ガス産出国で超低温（－162℃）まで冷却して液化した後（体積が1/600となる），LNGタンカーで日本に運ばれる．海上輸送されたLNGはLNGタンクに貯蔵される．そして都市ガスの需要量に応じてLNGは海水で温められて気化する．気化されたガスは産出国によって成分（熱量）が異なっているため，LPGで熱量を供給規定に調整する．そして安全のため臭いをつけて供給ラインの幹線（高圧ライン）に送り出される．

**（2）供給ライン**

ガス工場から**高圧ライン**に送り出されたガスは数回圧力を下げて個々の建物に供給される．高圧ラインは1～7 MPa，**中圧Aライン**は0.3～1 MPa未満，**中圧Bライン**は0.1～0.3 MPa未満，家庭に届く**低圧ライン**は1～2.5 kPaである．大規模な工場やビルには中圧ラインから供給されている．

この圧力を下げる電力のトランスにあたるのが**ガバナ（整圧器）**と呼ばれる装置である．高圧から中圧へ圧力を下げる**ガバナステーション**と，中圧から低圧に下げる**地区ガバナ**がある．

## 9.2 新エネルギー

### 9.2.1 新エネルギーの意義

毎日の暮らしや経済活動などの都市活動を支えるため，私たちは日々大量のエネルギーを使用している．それは石油，石炭，天然ガス，原子力，水力とさまざまな形態のエネルギーであるが，その源のほとんどは**化石資源**（燃料）である．現在その大量消費による環境問題が顕在化している．まず化石燃料は地球上の限られた資源であり，その枯渇問題が心配されている．次に化石燃料の燃焼には必ず二酸化炭素，硫黄酸化物や窒素酸化物の排出を伴い，地球温暖化問題や酸性雨などの地球環境問題の原因となっている．

そのため石油に代表される化石燃料の替わりに，クリーンで半永久的なエネルギー資源が求められている．この**代替エネルギー**を総称して**新エネルギー**と呼んでいる．新エネルギーの種類は大きくは三つに分かれている．

一つ目は，私たちを取り巻く自然から得られる太陽光，太陽熱，風力，水力，地熱などの**自然エネルギー**（再生可能エネルギー）である．物理学的にはエネルギーは本来再生できない．地熱以外は太陽のエネルギーが起源であり，再生可能という言葉が示す意味は非枯渇性といえる．地表面に降り注ぐ太陽からのエネルギー量は膨大である．

二つ目は，私たちが排出するごみ（廃棄物）処理の過程で燃やす焼却時に発生する排熱を発電や地域熱供給などに利用する**リサイクル型エネルギー**である．サーマルリサイクルともいわれている．

三つ目は，コジェネレーションシステムや燃料電池に代表される，化石燃料を高効率に利用する省エネルギーシステムである．化石燃料の利用効率を高めることで，同じ 2 次エネルギー需要量に対して，化石燃料の消費を少なくすることができる．実際には化石燃料を使うため広義の新エネルギーといえる．

現在，日本の 1 次エネルギーの年間総供給量に占める新エネルギーの割合は 1 ％台にすぎない．この背景には，割高な導入コストと社会的環境が整備されていないことなどがある．今後はさらなる技術開発と導入を促進するための制度の整備が課題である．

### 9.2.2 自然エネルギーの利用計画

#### （1）自然エネルギー導入の意義

自然エネルギーは環境への負荷の少ないクリーンなエネルギー源であり，自然エネルギーは**再生可能エネルギー**（renewable energy）とも呼ばれる．福島原発の事故以降，特に大きな期待が寄せられるようになった．わが国における発電電力量における水力を含む自然エネルギーの比率は 2013 年 10.7 ％であり，水力を除くと 2.2 ％に過ぎない．これを 2015 年に策定された長期エネルギー需給見通しでは 2030 年度までに 22 〜 24 ％に引き上げる予定である．

わが国のエネルギー供給は海外への依存がきわめて高いことから，国家主導によって進められてきた．それに対して自然エネルギーは，地域の資源を活用するものであることから，地域が主体と

なってその推進を図ってきた経緯がある．地域の自然エネルギーへの取り組みは，特に地方都市や過疎地域のまちおこし策としての期待が大きい．しかし，地域が自然エネルギー源を確保することは，エネルギーの自給を高めることであり，地方都市が大都市とは異なる方向性で自立していく活路を与えてくれるものでもある．

### （2）自然エネルギー導入の国際的な動向

自然エネルギーは石油危機の時期にも，石油代替エネルギーとして注目を浴びた時期があったが，日本ではその後積極的に普及が図られなかった．そのため，自然エネルギーは密度が小さい，供給の連続性，安定性に欠ける，コストが高い等の課題が指摘されてきた．その一方で，欧州では**風力発電**をはじめとした自然エネルギーの普及に力を入れ，技術的にも改善を重ねてきたため，多くの課題を克服してきた．

欧州にはドイツ，スウェーデン，デンマーク，オーストリア等，環境対策に熱心な国が多く，地球温暖化対策についてもイニシアティブを握ってきた．そして，持続可能な社会を目指して，自然エネルギーが積極的に推進されてきた．EU全体では，2020年までに電力だけでなく熱利用や自動車燃料も含めエネルギー全体に対する再生可能エネルギーの比率を20％にする目標を立てて取り組んできており，さらに2030年には最低27％という目標を立てている．

中でもドイツは政府が自然エネルギーによる電力の買い取りを義務づけたことが大きな原動力となり，風力発電，太陽光発電などによる発電量が増加し，2014年には電力の27.8％が再生可能エネルギーとなっている．さらに2050年に向けては再生可能エネルギーを80％に高める構想も打ち出している．

デンマーク政府は2011年に「エネルギー戦略2050」を策定し，2020年に最終エネルギー消費量の35％を賄い，2050年には100％を目指すという大胆な方針が打ち出されている．このような自然エネルギーの促進によって，デンマークは世界最大の風力発電設備生産国となり，風力発電で電力の30％を賄っており，それによる多くの雇用も生み出している．

また，欧州ではこのような取り組みを地域レベルでも進めているところが多く，自治体のみならず，農家をはじめとする地域住民が主体になって，バイオマスを軸にエネルギー自立を目指す地域も多い．バイオマスは暖房を賄う再生可能エネルギーとして，すでに大きなシェアを確保している．

### （3）自然エネルギー推進にかかわる制度

ドイツで始まった電力会社に自然エネルギーによる電力を買い取ることを義務づけた固定価格買い取り制度は欧州各国に広がり，そのことが普及を促進してきた．日本でも同様の制度の必要性が議論されていたがなかなか進まなかった．しかし，2011年に起きた福島原発事故後，導入が決められ，2012年から開始されることとなった．その結果，特にメガソーラーと呼ばれる大型の太陽光発電が急増することとなる．

自然エネルギーがこのようにコスト高となるのは，初期段階で十分な市場がなく，スケールメリットを活かせないことや技術開発が進められなかったことがあげられる．また，自然エネルギーによって回避できる環境への負荷や原発の事故リスクに対する社会的費用が現在の社会システムには組み込まれていないことは，根本的な問題として，今後持続的な社会を築いていくためにも改革を

要する点である．このように，自然エネルギーの導入は未来の環境とエネルギーに対する先見性のあるビジョンが不可欠なものである．

### (4) 自然エネルギーの利用計画と特徴

自然エネルギーには多様なものがあり，地域として最適なもの選択し，組み合わせていくことが重要である．ここでは，わが国でも早くから導入されてきた太陽エネルギー，近年計画が進む風力発電，そして今後有望視されるバイオエネルギーについて，それぞれの特徴を見てみる．

#### (a) 太陽光発電，太陽熱利用

太陽エネルギーの利用はわが国でも古くから取り入れられてきた自然エネルギーの一つである．太陽光を建築内部に開口部から取り入れることで暖房熱源とする考えは自然と身につけてきた自然エネルギー利用である．このようなもの以外に，近年は機械的な装置を用いるものとして，太陽熱温水器が長く利用されてきた．

太陽光発電は当初住宅の屋根に設置するものがほとんどで，自家消費した後の余剰電力を売電するものであった．しかし，固定価格買い取り制度以降は 10 kW 以上は発電の全量を 20 年間買い取る条件となったことから，地上に設置する大型のものが増えた．そして，日本は太陽光発電パネルの生産能力では世界一の規模となっていた時期もある．太陽光発電の最大の課題はコストであったが，このように生産規模が拡大したことで，生産効率が向上し設備の価格は年々低下している．このことはまた，設備生産に要するエネルギーを，発電によって何年で回収するかという，**エネルギーペイバックタイム**（energy payback time）をも短縮しており，１〜２年程度まで低下している．

太陽熱温水器，太陽光発電は建築への設置例が多いが，設計者が積極的に関与して導入された例は必ずしも多くはなく，建築デザインとしての一体性や施工性等，取り組むべき課題も多い．

#### (b) 風力発電

風力発電は自然エネルギーの中では現在最もコスト競争力があり，風に恵まれたところの多い北海道，東北，九州等での立地が近年急増している．風力発電の立地に適するのは年間平均風速 6 m/s 以上の地域といわれている．風車大国デンマークの場合，適地にはほぼ建設しつくしたといわれ，海上に建設する**オフショア型**の計画が進められている．

当初は自治体が中心となって建設するところが多かったが，風力発電設備の経済性が向上するに従って大手民間資本による整備が増えており，大型の風力発電設備群である**ウィンドファーム**と称されるものが商社や電力関連会社によって建設されている．風力発電設備の高性能化，低コスト化は主として，風車自体の大型化とその大量設置によって進められてきた．現在の主流は 2000 kW クラスのもので，30 基程度を一団に建設するケースが増えている．大規模化とともに，地域内での融和という新たな問題を生みつつある．たとえば，貴重な鳥類をはじめとする生態系に対しての影響から計画を断念するケースや，景観への配慮といった地域住民にも決断が迫られるケースも出ている．

このように，地域がグローバルな観点から自ら持続的なエネルギー源を確保することと，地域内でローカルな環境を保全していくことを両立させていくためにも，地方の主体的な関与は欠か

せないものといえる．

### (c) バイオエネルギー

バイオエネルギーとは生物資源をもととしたエネルギーであり，森林をはじめとして，やなぎやポプラといったエネルギー作物，穀物，牧草，そして生ごみや糞尿までさまざまなものがある．わが国ではこれまでバイオエネルギーは雪氷冷熱エネルギーとともに新エネルギーの中でも明確な位置付けを与えられていなかったものであり，欧米に比べ大きな遅れをとっている分野である．ヨーロッパでは温暖化対策としてバイオエネルギーはすでに大きな役割を果たしつつある．他の自然エネルギーと違い，貯蔵可能な熱エネルギーを供給してくれるという特徴をもっており，自然エネルギー特有の不安定さをカバーできる可能性をもっている．

一方，山は今，その森林資源が利用されずに放置されることで荒廃が進みつつある．日本では古来より森に人が入り，ありとあらゆるものが近くの山の木でつくられた森の国であった．ところが今，日本の木はほとんど使われることなく，山は荒れ，林業は衰退している．このような中，一定の森林資源をエネルギーとして利用することは，健全な森林環境を取り戻すことにもつながる．そして，山の森林は二酸化炭素を吸収し，固定化しながら成長している．その一部をまちへもっていけば，エネルギー源として使える．燃やせば二酸化炭素が排出され，またそれが森林に吸収される．つまり，山とまちを二酸化炭素が循環する中でエネルギー利用される．持続的な森林管理がなされた状態ならば，その木を燃やしても二酸化炭素の増大にはつながらないし，化石燃料を使わない分，削減できることになる．

木質バイオマスのエネルギー利用方法には，そのまま固体燃料として直接燃焼させるものと，ガス化や液化して燃焼させる方法がある．また，建物単位でストーブやボイラーの燃料として，ユーザーが直接バイオマスを利用する方法と，地域熱供給のエネルギー源として導入する方法がある．エネルギーの利用形態としては，温熱のみの利用と，発電を行うかに分かれるが，暖房需要の多い寒冷地には有望な自然エネルギーである．

表 9.1 ● 木質バイオエネルギー資源

| 製材廃材 | 樹皮，のこ屑，背板 |
|---|---|
| 林地残材 | 枝，葉，梢 |
| 間伐材 | スギ，ヒノキ，マツ |
| 建築廃材 | 解体木くず |
| 剪定枝条 | 果樹，街路樹，庭木 |
| 薪炭林 | ナラ，シイ，マツ |
| 特用林産物 | 廃ホダ木 |

表 9.2 ● 木質バイオマスのエネルギー利用方法

| 直接燃焼 | 固体燃料 | 薪，木炭，ペレット，チップ |
|---|---|---|
| 熱化学的燃焼 | ガス化 | 熱分解ガス |
| | 液化 | 黒液，メタノール，エタノール，ジメチルエーテル |

### (5) 市民参加と自然エネルギー

自然エネルギーは地域の資源を利用するという特徴とともに，比較的小さな規模の分散型エネルギー源であるという特徴を有している．そのため，これまでも小さな自治体でも取り組むことができたのであり，さらに市民レベルでも取り組むことが可能なエネルギー源である．実際に太陽光発電は住宅単位に導入が進められているものであり，市民個人の環境保全行為によるものだといえる．それでも，経済的な負担が小さいわけではなく，これを共同組織化して小さな負担でも参加できるようにしたのが，市民共同発電である．風力発電先進国であるデンマークの場合も，その多くは**市民の共同出資**による施設である．

欧州での自然エネルギー普及の歴史をたどると，反原発に端を発する市民によるエネルギー選択から，**グローバル化する環境問題**に対する危機感へとたどり着く．日本ではエネルギー問題を環境問題として捉える意識がまだ高くないが，エネルギー源の選択は未来の選択として，より多くの市民の参加によって将来像を描いていかなければならないものである．

### 9.2.3 リサイクル型エネルギー

日本の一年間に排出する一般廃棄物の量は約 4,500 万 t である．そしてそのうち約 3,400 万 t を焼却処理しており，これは排出量の約 75 % に相当する．ごみ焼却の際に発生する排熱量は，ごみの組成によって異なるが，約 10 MJ/kg（**低位発熱量**）といわれている[7]．つまり，ごみの焼却によって得られる**潜在エネルギー量**は約 34,000 万 GJ/年となる．2010 年度の日本の総 1 次エネルギー供給量は約 2,200,000 万 GJ/年であり，ごみの潜在エネルギー量はこれの約 1.5 % にも相当する．

ごみの焼却排熱の利用には，発電利用と熱利用がある．前者は一般には廃棄物発電といわれている．焼却排熱を利用したボイラーにより蒸気をつくり，その蒸気で**タービン発電機**を回して発電するシステムである．一般的に廃棄物発電は，清掃工場の処理量が 100 t/日以上の規模でないと経済的に成立しにくいといわれている[4]．廃棄物発電の詳細は 11.2 節に述べる．

後者の熱利用は，ごみ焼却施設（清掃工場）に隣接した，温水プールや老人ホームの冷暖房・給湯の熱源として，焼却排熱を利用する事例が多い．しかし清掃工場が大規模再開発地域や団地に隣接している場合は地域冷暖房の熱源として利用する事例もある．首都圏における大規模再開発地域の利用事例では東京都の臨海副都心地区，住宅団地の事例では東京都の光が丘団地，品川八潮団地などがある．これらは**未利用エネルギー活用型地域冷暖房**といわれている．しかし，このような大規模な熱利用の事例は少ない．その理由は，清掃工場は一般に迷惑施設とよばれており，住民感情などから熱需要の大きい市街地に隣接して建設することが難しいためである．未利用エネルギー活用型地域冷暖房の詳細は 9.3 節を参照のこと．

### 9.2.4 コジェネレーションシステム

#### (1) エネルギー高利用効率システム

コジェネレーションシステム（CGS：cogeneration system）は一つのエネルギーから二つ以上の有効なエネルギーを得るシステムである．一般的には電気と熱の二つのエネルギーを得る発電

システムである．欧米では **CHP**（combined heat and power）と呼ばれている．ではどうしてコジェネレーションシステムは高効率システムなのであろうか．

日本のおもな電源は火力発電所である．この火力発電所も石油，ガスや石炭などの燃料により原動機を駆動して発電機を回転させて発電する．その際に原動機に投入された燃料エネルギーの約40％が電気エネルギーになる．そして，この電気は発電所から送電線などを通してビルや住宅に電気が運ばれるが，送電線を通る間に約2％の電気エネルギーが失われる．したがって，ビルや住宅に届く電気エネルギーは，発電所に投入された燃料エネルギーの約38％となる．つまり約62％の燃料エネルギーが有効に使われていないことになる．この大きな原因は発電所が都市の市街地から離れた所に建設されているため，発電所から発生する排熱を回収して熱利用できないことである．

これに対してコジェネレーションシステムは都市内の市街地に小さな火力発電所を分散して設置するようなイメージである．ガスや石油などの燃料により原動機を駆動して発電機を回転させて発電し，原動機からの排熱を回収・利用して熱（冷暖房用・給湯用）をつくり，その熱をビルや住宅に供給する．コジェネレーションシステムの発電効率は約25〜30％，排熱回収効率が約40〜50％であり，原動機に投入した燃料エネルギーの70〜80％程度が有効に使われることになる．

このように，コジェネレーションシステムは，理論的にはエネルギーの高効率利用システムである．しかし，コジェネレーションシステムによる省エネルギーを図るには，発電する際の排熱をどれだけ有効に利用できるかが課題となる．排熱を回収してもそれが熱として利用されなければ意味がない．そこで導入される建物の電力需要と熱需要のバランスが重要となる．それを示す指標に**熱電比**がある．これは建物の電力需要に対する熱需要の比である．表9.3に各種建物の熱需要と電力需要および熱電比などの例を示す．この値は大きいほど電力需要に対して熱需要が大きいことを意味する．現在導入事例が多い施設は，病院，ホテル，高齢者福祉施設など熱需要が大きい建物である．

表9.3 ● 各種建物の熱需要と電力需要および熱電比の例 [[8], [9] をもとに作成]

| 用途 | 熱需要 | | | | 電力需要 | 熱電比 |
| --- | --- | --- | --- | --- | --- | --- |
| | 冷房 | 暖房 | 給湯 | 小計 | | |
| | $MJ/m^2 \cdot$ 年 | $MJ/m^2 \cdot$ 年 | $MJ/m^2 \cdot$ 年 | $MJ/m^2 \cdot$ 年 | $kWh/m^2 \cdot$ 年 | — |
| オフィスビル | 297 | 209 | 54 | 560 | 170 | 0.9 |
| デパート | 360 | 75 | 92 | 527 | 291 | 0.5 |
| 病院 | 515 | 335 | 862 | 1,712 | 185 | 2.6 |
| ホテル | 272 | 494 | 1,298 | 2,064 | 133 | 4.3 |
| 住宅 | 988 | 10,465 | 16,774 | 28,227 | 4,429 | 1.8 |

注1：住宅の単位は MJ/世帯・年
注2：熱電比は熱需要÷電力需要（3.6 MJ/kWh 換算）

## （2）都市のエネルギー供給における意義

図9.3に日本のエネルギーフローを示す．この図では，エネルギーは左側から右側へ流れている．一番左側は日本に供給されるエネルギー資源であり，一般には1次エネルギーと呼ばれている．それが発電あるいは精油などのエネルギー転換施設を経由して，私たちが直接使用できる電力，重油，軽油，灯油，ガソリン，都市ガスなどに転換される．そして，これら2次エネルギー

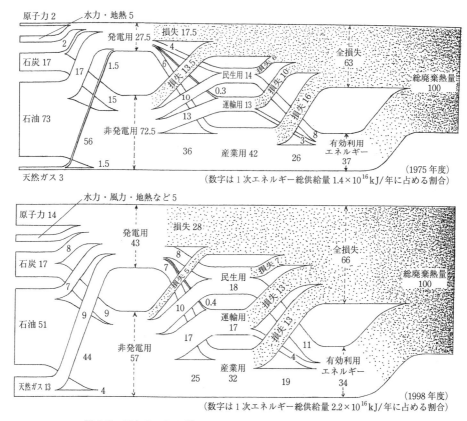

**図 9.3 ● 日本のエネルギーフロー**
[平田賢：21世紀：『水素時代』を担う分散型エネルギーシステム，機械の研究 第54巻第4号，2002 より引用]

は民生，運輸，産業などのさまざまな部門で使われる．しかし日本に投入された1次エネルギーのうち有効に使われるのは一部である．

図9.3には，1975年度と1998年度の**エネルギーフロー図**が示されている．これによれば日本のエネルギー利用の損失割合は若干ではあるが3％増えている．エネルギー利用技術の進歩している中でなぜ損失割合が増えているのだろう．この原因の一つは，1次エネルギーのうち発電に利用される割合が27.5％から43％に増えていることにある．前述したように，火力発電所では約60％の損失が生じている．

原子力，水力などのエネルギー資源は発電利用のみでもやむを得ない．しかし石油，天然ガスなどの化石燃料は発電利用と熱利用の二つが可能である．たとえば，天然ガスを例にとると，電気は天然ガス火力発電所から得て，調理，お湯（風呂等），暖房などの熱は都市ガスから得ている．つまり同じエネルギー資源を発電利用と熱利用という並列構造的に利用している．これがエネルギー資源を利用するときの無駄につながっている．

これに対して，コジェネレーションシステムはエネルギー資源を**直列構造**的に利用する．1,200℃程度の高温の熱でまず原動機を駆動し，発電機を回転させて電気をつくる．そして原動機を駆動した後に発生する排熱を熱の利用温度の段階に応じて，冷暖房，給湯などに利用していく．つまり燃料エネルギーを段階的に使うことで，エネルギーを有効に利用しているのである．このような段

階的な利用をカスケード利用という．

2014年3月現在のコジェネレーションシステムの導入実績は，民生用2,070 MW（10,708件），産業用7,972 MW（4,385件）である．合計の発電容量は10,042 MWであり，これは火力発電所2個分の容量にあたる．今後さらなる普及を図るには，都市におけるエネルギー供給システムのあり方を検討し直すとともに，**分散電源の配置**を都市計画的にも検討することが重要である．

### （3）分散電源の普及と電力供給事業の自由化

都市の分散型電源として，コジェネレーションシステムを普及させるためには，既存の電力供給施設である電力供給事業者との連携が不可欠である．つまり発電した電気を都市内の住宅やビルなどに供給するための社会的整備が必要である．

これまで電力の小売事業は電力会社10社がほぼ独占していた．そのため従来，建物や地域冷暖房のプラントにコジェネレーションシステムを設置しても，発電した電気は自家使用することしかできなかった．しかし，近年，規制緩和により電力会社以外の企業も電気を販売できるようになってきた．

まず1964年に制定された**電気事業法**が改正され，1995年12月から施行された．この改正により電力供給の規制緩和がなされた．一つは**卸供給の自由化**（入札制度），もう一つは**直接供給**（特定電気事業）である．特定電気事業は，特定の供給地点のビルに対して電気を販売する許認事業である．これにより地域冷暖房地区内においてビルに熱だけでなく電気も売れるようになった．しかし発電設備以外にビルまでの送配電設備も設置しなければならず，設備投資が大きくなるため，事例は少ない．大規模な事例では東京都区部の六本木六丁目再開発地区（六本木ヒルズ）において，地区のエネルギープラントに大規模なコジェネレーションシステム（36,500 kW）を設置し，地区内のビルなどに熱と電気を供給する予定である．

次に2000年3月に施行された改正電気事業法により，電力会社以外の一般企業が，大口の電力需要家に電気を販売できるようになった．しかし，販売対象は電力の使用規模が2,000 kW以上で，2万V以上の特別高圧線を使っている大口需要家に限られていたが，2016年から全面自由化された．しかし電力会社以外が電気を販売するには，電力会社の送電線を借りなければならない．この使用料金を**託送料金**といい，事業運営上，この託送料金の設定が大きく影響する．

### 9.2.5 燃料電池

**燃料電池**（fuel cell）は，天然ガス，メタノール，石炭ガスなどの化石燃料から得られた水素と，空気中の酸素を化学反応させ，直接電力として取り出す発電システムである．つまり水に電気を通すと，水素と酸素に分解する化学反応の逆の反応である．燃料電池は，エンジンやタービンを用いる従来型の発電システムと違って，燃料がもっている化学エネルギーから熱エネルギーを経由せずに電力を取り出せる．したがって，熱力学的な熱効率の制約がないため高い発電効率（40～60%）が得られる．そして二酸化炭素や硫黄酸化物，窒素酸化物をほとんど排出しない．このように燃料エネルギーの利用効率が高く，かつクリーンなエネルギー利用システムとして期待されている．そして現在その技術開発および実用化の促進が求められ，電池の耐久性の向上，システムの信頼性の向上，建設コストの低減が課題となっている．

## 9.3 地域冷暖房

　本節では高密度な都市域で環境保全，効率的なエネルギー供給，防災など多様な役割を果たす重要な基盤施設である地域冷暖房について学ぶ．はじめに地域冷暖房の定義，歴史，システムの概要，導入効果，導入上の課題などの基本的なことを学んだ後，日本およびヨーロッパにおける普及の状況について事例を通して理解する．そして，今後の都市開発の方向性を踏まえた発展可能性，将来像についても解説する．

### 9.3.1　地域冷暖房の歴史と現状

　**地域冷暖房**とは，一箇所または数箇所のプラントから複数の建物に配管を通して冷水・温水（蒸気）を送って冷房・暖房・給湯を行う施設のこと（図 9.4）で，比較的高密度に建物が建つ地域につくられる．熱供給施設の加熱能力が毎時 21 GJ 以上の地域冷暖房は公益事業と位置づけられ，**熱供給事業法**適用の対象となる．欧米では地域暖房の歴史が 100 年以上に及ぶが，わが国では 1970 年の大阪万国博覧会会場に地域冷房が導入されたのを契機に始まった．地域冷暖房の発展の流れを示したものが図 9.5 であり，これまでに二つの大きな発展の波が見られる．第 1 の波はわ

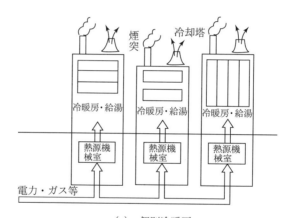

(a) 個別冷暖房

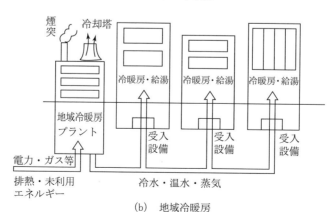

(b) 地域冷暖房

**図 9.4** ● 地域冷暖房とは

が国での導入が始まった直後の時期で，都市域の暖房による大気汚染の防止対策として北海道，東京，大阪などで導入が進んだが，1973年の石油ショックで導入が停滞する．その後，しばらく停滞が続くが，その間，ガスや電力などのエネルギー会社が本格的に市場参入し始め，さまざまな技術開発も進められた．そして，都市再開発が盛んになるに従って，再開発地域の高度な都市基盤施設として地域冷暖房がさかんに導入されるようになる．これが1990年頃まで続くバブル経済の時期であり，地域冷暖房の第2の波である．この時期には都市内のごみ，下水，河川水といったさまざまな未利用エネルギー，発電と同時に発生する熱を利用するコジェネレーションを活用したシステムの導入が進んだ．2014年3月末現在，熱供給事業法の対象となっている稼働中または稼働予定の地域冷暖房は，日本全国で139地点である．これを普及率（全国の冷暖房給湯エネルギーのうち地域冷暖房で賄われている割合）で見ると約1％と推定される．

### 9.3.2 地域冷暖房のシステム

地域冷暖房のシステムの構成は，熱源設備，熱搬送設備，熱受け入れ設備に分けられる．熱源設備では電気やガスなどのエネルギー，ごみ焼却排熱やコジェネレーションの熱，河川水や海水などの未利用エネルギー等を用いて温熱や冷熱を発生させるとともに，それらを一時蓄える（蓄熱槽）機能などをもつ．熱搬送には冷房用に約4〜7℃の冷水，暖房用等に約10 kgf/cm² の蒸気，120

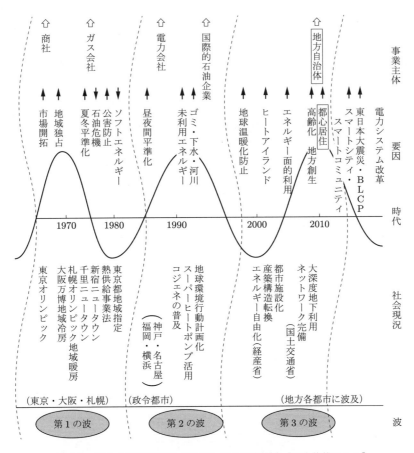

図 9.5 ● 日本の地域冷暖房（DHC）の大きな潮流［尾島俊雄による］

～180℃の高温水，約80℃の温水，47℃程度の温水など，さまざまな温度レベルのものが用いられており，還水管も必要である．冷房があまり必要のない地域や住宅を対象にしたものなどで冷熱供給を行っていない地点もある．供給される温熱の温度レベルはおもに熱源の種類によって異なる．ガスやごみ焼却排熱を直接利用するなど高温の熱源を用いる場合には，熱媒が蒸気や高温水となる．また，電気を用いてヒートポンプなどで空気中や河川水，海水などの熱を利用する場合には，供給温度が低いほど効率が高くなるので，47℃程度の温水となる．受け入れ設備は，地域冷暖房からの冷熱，温熱を受け入れて，建物内へ供給する中継機能をもつ．

日本初の地域冷暖房開始から今日までの導入地点数を示したものが図9.6である．2013年度末現在のコジェネレーション，未利用エネルギー等の活用地点数を示したものが表9.4である．コジェネレーションの熱を活用している地域冷暖房は地点数の割合で15.8％に達している．一方，熱媒によってシステムを分類すると（図9.7），全体の29％が**高温水**または温水と冷水を供給する方式，39％が**蒸気**と**冷水**を供給する方式となっており，冷水供給を伴わない事例は8％である．

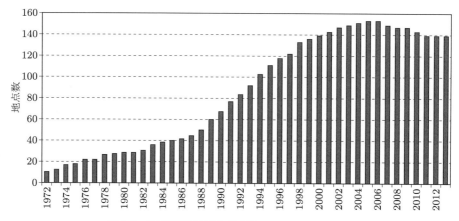

**図9.6 ● 地域冷暖房の導入地点数**
［資源エネルギー庁公益事業部計画課熱供給産業室監修：
熱供給事業便覧，平成26年版より作成］

**表9.4 ● コジェネレーション，未利用エネルギー等の活用地点数**

| 高温・低温の別 | 熱源 | 地点数 | ％ |
|---|---|---|---|
| 高温熱源 | ゴミ焼却・工場排熱 | 6 | 4.3 |
| | 発電所抽気 | 2 | 1.4 |
| | コジェネ | 22 | 15.8 |
| | 太陽熱 | 1 | 0.7 |
| | 木質バイオマス | 2 | 1.4 |
| | 廃棄物・再生油 | 1 | 0.7 |
| 低温熱源 | 中水・下水・生活排水・下水処理水 | 6 | 4.3 |
| | 地下水，河川水，海水 | 11 | 8.2 |
| | 地下鉄，変電所・変圧器排熱 | 7 | 5.0 |
| | 地中熱 | 1 | 7.2 |

［資源エネルギー庁公益事業部計画課熱供給産業室監修：熱供給事業便覧，平成26年版より作成］

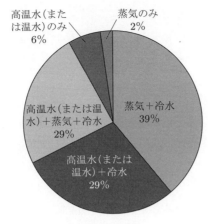

図 9.7 ● 地域冷暖房の熱媒の内訳
[資源エネルギー庁公益事業部計画課熱供給産業室監修：
熱供給事業便覧，平成 26 年版より作成]

### 9.3.3 地域冷暖房の導入効果

地域冷暖房には以下のようなさまざまな導入効果がある．

#### （1）エネルギー有効利用

河川水，海水などの自然エネルギー，ごみ焼却排熱や下水の熱などの都市排熱，コジェネレーションからの熱など未利用エネルギーの活用が可能となること，規模が大きくなるので高効率な熱源システムを導入しやすくなるとともに，熱源が集約されるので運転管理も高度化しやすくなることから，エネルギーの有効利用を図ることができる．

#### （2）環境保全の推進

エネルギーを有効に利用できること，汚染物質排出に対する高度な削減技術が導入しやすくなることによって，地球温暖化の原因となる二酸化炭素，および大気汚染物質である窒素酸化物，硫黄酸化物などの排出量を大幅に削減することが可能になる．また，エネルギー消費に伴う排熱量を減らすことができること，冷水によって冷房排熱を集められるので排熱の管理が容易になることからヒートアイランド防止対策としても有効である．このように地域冷暖房は地球環境，地域環境の保全に貢献する．

#### （3）都市防災性の向上

燃料を扱うプラントが集約され，高度な管理システムのもとに運転されるので，火災の危険性が小さくなる．また，熱供給を行うことでコジェネレーションシステムの導入がしやすくなる．コジェネレーションによって停電の影響を受けにくい電力が確保できる．さらに，地域冷暖房に設置されている**蓄熱槽**は非常時に消防用水，生活用水として利用が可能である．このような点から都市防災性も向上する．

#### （4）都市生活環境の向上

多様なエネルギー源の使用，高度な運転管理により信頼性が高く質の高いエネルギーを 24 時間

供給することができる．また，地域冷暖房の需要家となる建物では冷却塔が不要となり，都市景観が向上する．さらに，冷凍機，ボイラーなどの熱源機器が不要となるので，スペースを有効利用できる．このようにさまざまな面から都市生活環境の向上が図られる．

### 9.3.4　地域冷暖房導入上の課題と推進方策

　以上のように地域冷暖房にはさまざまな導入効果があるが，一方，課題も抱えている．地域冷暖房は先行投資の大きな施設であるため，先行きが不透明な経済情勢では導入しにくい．計画どおり建物が立ち上がり，需要家がついてくれれば問題ないが，計画が不確実である場合が多いこと，また，既成市街地ではスペースが十分でないこと，建物の設備更新に合わせて導入するのが現実的であるために加入時期が建物ごとに異なることが事業を困難にするなど難しい点があり，行政のイニシアティブが重要である．

　地域冷暖房は公共的な役割を果たすことから，質の高いまちづくりを支える重要な都市基盤施設と位置づけられて，施設整備に低利融資を受けられることや，まちづくりの事業で導入する場合に補助を受けられること，プラントスペースは容積率緩和の対象となるなどの行政からの支援が行われている．また，最も導入が進んでいる東京都では，1973年から**公害防止条例**で，**地域冷暖房推進地域**を指定するなどの規制により，積極的な導入が図られてきている．

### 9.3.5　日本における地域冷暖房の事例

　日本全国では139地点に地域冷暖房が導入されていることはすでに述べたとおりである．その分布状況を示したものが図9.8である．おもに北海道，および3大都市圏に広がっており，特に東京には60地点以上が集中している．地域冷暖房は配管で熱を搬送するので，その建設費や搬送

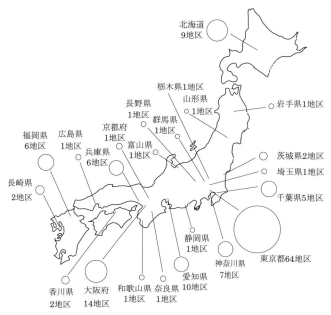

**図9.8 ● 日本全国の地域冷暖房事業地区**（2014年3月末現在139地区）
（(社) 日本熱供給事業協会資料）

**図 9.9** ● 日本最大の地域冷暖房施設をもつ新宿新都心地区
[写真提供：東京ガスエンジニアリングソリューションズ(株)]

**図 9.10** ● 新宿新都心地区の 10,000 RT の容量をもつタービン冷凍機
（1 台で霞ヶ関ビル 2 棟分の冷房が可能）
[写真提供：東京ガスエンジニアリングソリューションズ(株)]

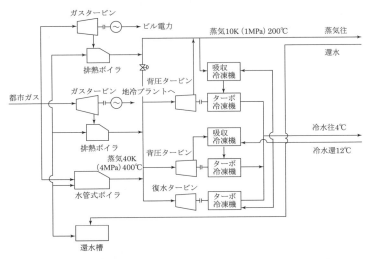

**図 9.11** ● 新宿新都心地区のシステム（コジェネレーション利用）
[東京ガス（株）資料による]

にかかるエネルギー，熱損失などが小さいほど導入しやすい．したがって，高密度に建物が建つ地域への導入が適している．また，ごみ焼却場などの未利用エネルギーがある施設の周辺であればさらに適しているといえる．

　図9.9，9.10は日本最大の地域冷暖房施設をもつ新宿新都心地区の様子と，プラント内の冷凍機である．この冷凍機は10,000 RT（US冷凍トン）の能力があり，1台で霞ヶ関ビル2棟分の冷房が可能である．システムフローを図9.11に示すが，都市ガスによってガスタービンを駆動して発電を行うとともに，得られた排熱から高圧蒸気をつくってタービン駆動の冷凍機を動かすか，または**吸収式冷凍機**を動かして冷熱をつくる．高圧蒸気は減圧して暖房給湯の供給にも用いられる．図9.12は隅田川の水を地域冷暖房プラント用の熱源水，冷却水として利用して，効率よく温熱と冷熱をつくりだしている箱崎地区の様子である．システムフローを図9.13に示す．

**図9.12** ● 隅田川の水を用いた地域冷暖房を行っている箱崎地区（白線の内側は供給対象の計画区域を示す）
［写真提供：東京都市サービス（株）］

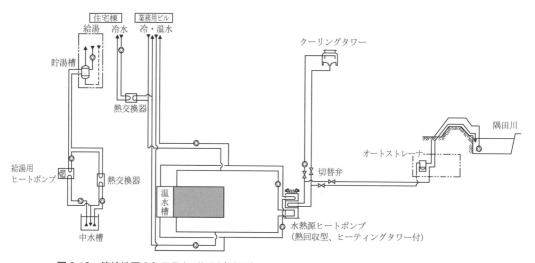

**図9.13** ● 箱崎地区のシステム（河川水利用）
　　［日本地域冷暖房協会：20年のあゆみ 1972-1992，日本工業出版株式会社，1992 より引用］

## 9.3.6 海外における地域冷暖房の事例

9.3.1項で触れたように，欧米では地域暖房の歴史が100年以上に及んでおり，すでに都市の基盤施設として定着している．これらの都市ではエネルギーの有効利用を行う上で地域暖房が不可欠であるとともに，大火に見舞われて防災的な重要性が認識されたことが普及の一因になった都市もある．北欧やドイツでは都市内の発電所からの熱が，パリではごみ排熱がおもな熱源となっているなど個々の特徴をもちながら，いずれも大規模な**熱供給のネットワーク**が構築されている．ヘルシンキ市の**広域熱供給ネットワーク**では，総延長約25 kmのユーティリティトンネル（utility tunnel）と呼ばれる地下50 mの安定岩盤内に建設された供給処理施設用トンネル（図9.14）により，郊外の**熱併給発電所**から都心部に熱を供給して，暖房給湯に必要な熱の90％以上を賄っている．一方，コペンハーゲンでは30 km以上離れた郊外まで図9.15に示す熱供給管が伸びているなど，海外の都市の熱供給ネットワークと東京都区部を同スケールで比較するといかに大きなネットワークが構築されているかが理解できる（図9.16）．このような複数のプラント間，排熱源や未利用エネルギー源と需要地とを接続するネットワーク化は，①排熱源，未利用エネルギー源の活用が可能になる，②熱源の選択可能性が広がる，③地域冷暖房の熱源プラントの余剰能力を有効に

図9.14 ● ヘルシンキの地下50 m程の安定岩盤内につくられた供給処理施設用トンネル
［ヘルシンキエネルギー公社資料］

図9.15 ● コペンハーゲンの地域冷暖房用幹線配管　［CTR資料］

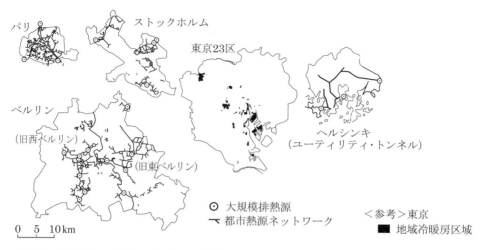

**図 9.16** ● 熱供給ネットワークのスケール比較
[国土交通省都市局：都市熱源ネットワーク—ゼロエミッション都市整備事業パンフレットに加筆]

活用できる，④熱源の相互バックアップによる供給信頼性が高まるなどの利点が得られる．ネットワーク化の計画に際しては，接続配管からの熱損失，省エネルギー性，環境保全性，経済性などに関する検討が必要となる．

### 9.3.7 これからのわが国の地域冷暖房

これからの都市整備，都市エネルギーを取り巻く情勢は次のようである．

・都心再整備とともに都心居住が進む．また，少子高齢化により安全で経済的な，そして健康的な生活環境の都市づくりが必要である．
・地球温暖化防止，ヒートアイランド軽減のためエネルギーの有効利用，排熱の管理が必要である．
・分散電源の技術開発が進み，エネルギー市場の自由化，災害時の自立電源確保の社会的要請とともに分散電源の導入が進む可能性がある．

このような状況の中で，従来の電気，ガス供給といったエネルギーの上流側のシステムに加えて，供給や消費の過程で発生する排熱を水によって集め，管理するとともに少し加工した後，再度供給するエネルギーの下流側のシステムである地域冷暖房の整備が進むことは意義がある．試算では，日本における地域冷暖房普及の潜在的可能性は現在よりも一桁大きい 11 % 程度に達すると見込まれている[11]．40 % を超えている北欧各国は別としても，10 % を超えている現在のドイツ並みには発展の可能性があることになる．

地域冷暖房を核としたこれからの都市エネルギーシステムの一つのイメージとして，図 9.17 が提示される．湾岸の埋立地に設けられたメインプラントの大規模熱併給発電所で発生させた熱と電気を，地下 50 〜 100 m の大深度地下を通る新幹線共同溝に収容された配管・ケーブルで都心部に輸送し，都心部の地域冷暖房施設に供給する．新幹線共同溝は熱のほか，ゴミや中水の輸送，通信幹線敷設などにも利用される．大深度地下は地震の影響を受けにくいことから非常時のライフラ

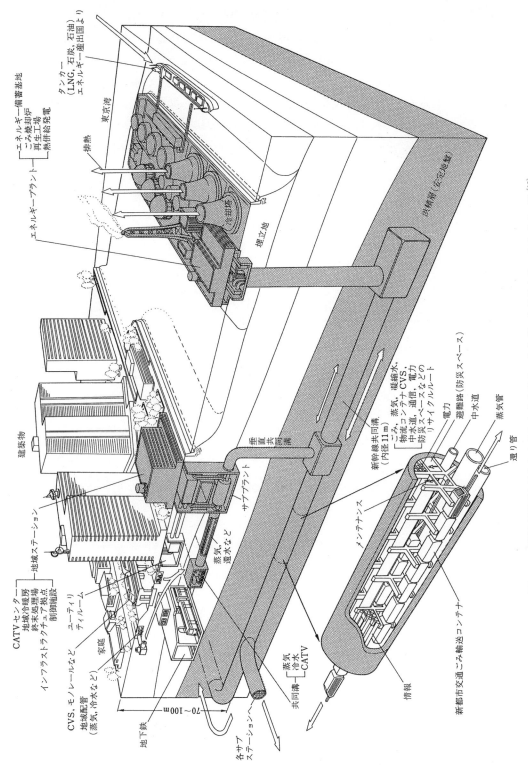

図 9.17 ● 地域冷暖房を核としたこれからの都市エネルギーシステムの一つのイメージ[12]

イン確保にも有効である．これにより30〜50％の省資源，省エネルギーに寄与し，投資も5〜10年の短期間で回収可能との試算もある．2000年5月に「大深度地下の公共的使用に関する特別措置法」が公布されて，地下室の利用や建物の基礎に使われることがない深さの大深度地下を公共的に利用することが可能となった．都市設備の再構築のための利用を促進する好機である．

また，一方で燃料電池や**マイクロガスタービン**などによるコジェネレーション，生ごみ処理システムなど分散型の都市設備の技術開発も進んでいる．今後は大規模なシステムと小規模分散型のシステムが連携して，電気と熱の併給，ゴミの熱利用といった**トータルエネルギーシステム**を構築し，情報システムによるきめ細かい制御で効率化を図りながら，空間的に離れた拠点間のエネルギーや資源のプラスとマイナス，昼と夜の時間的な過不足のギャップを補うことで，必要なエネルギー，資源を最小化し，自立性，供給信頼性を備えた都市像が考えられる．

### 参考文献

[1] 総合資源エネルギー調査会新エネルギー部会：今後の新エネルギー対策のあり方について，2001
[2] 飯田哲也：北欧のエネルギーデモクラシー，新評論，2000
[3] 資源エネルギー庁編：平成8年度版新エネルギー便覧，財団法人通商産業調査会出版部，1996
[4] 濱川圭弘，西川禕一，辻毅一郎共編：エネルギー環境学，オーム社，2001
[5] 山口勝三，菊池立，斎藤紘一：環境の科学，培風館，2002
[6] 足立芳寛編著：新エネルギー技術入門，オーム社，1997
[7] 財団法人新エネルギー財団地域エネルギー委員会編：最新未利用エネルギー活用マニュアル，オーム社，1992
[8] 尾島俊雄研究室：建築の光熱水原単位，早稲田大学出版部，1995
[9] 住環境計画研究所：家庭用エネルギーハンドブック，財団法人省エネルギーセンター，1999
[10] 中央環境審議会地球環境部会目標達成シナリオ小委員会：目標達成シナリオ小委員会中間取りまとめ，2001
[11] 佐土原聡ほか：日本全国の地域冷暖房導入可能性と地球環境保全効果に関する調査研究，日本建築学会計画系論文集，第510号，pp. 61-67，1998
[12] 尾島俊雄：新建築学大系9，都市環境，彰国社，p.70，1982

# 第10章

# 都市の水供給処理システム

　水は私たちの生活や産業活動を支える上で不可欠な資源であり，私たちの体の約60％は水であり，まさに水は生命の源でもある．しかし地球上で私たちが使える水はほんのごくわずかな量である．水の約97.5％は海水であり，淡水は約2.5％である．そして淡水のほとんどは極地の氷であり，河川水や湖沼水等は約0.8％である．

　私たちがこのわずかな水をきれいな水として使い続けられるのは大気を通じた蒸発と降水による水の循環のおかげである．ちなみに大気の水蒸気は約9日ごとにすべてが入れかわる．私たちはこの水の循環の一過程で水を都市に取水し，使用後の排水を捨てている．

　そして，水を利用する上で大切なことは水資源の量である．日本の年平均降水量は約1,700 mmであり，世界の平均の約2倍である．しかし，国民一人あたりの年平均降水総量は約5,000 $m^3$/年・人と，世界平均の約3分の1である．つまり日本の水資源は諸外国に比べると必ずしも豊かではない．したがって，限られた水資源を有効に使うために，都市内で水を循環利用することが必要となる．そこで本章では，まず都市における水道水の供給システムと下水の処理システムについて説明する．次に循環型の水利用システムについて説明する．

## 10.1　都市の水供給・処理システム

　水の循環から考えれば，水の供給と下水（排水）の処理は一つの流れである．したがって，水循環の過程において，水の供給システムと下水（排水）処理システムは，私たちが自然界から水を借りて返すプロセスといえる（図10.1）．したがって，自然の水循環の輪を壊さないように借りて返すことが必要となる．

　そのため水の供給プロセスでは，なるべく水（水道水）の無駄な使用量を削減することが必要である．また，下水の処理プロセスでは，河川や海に放流される処理水の水質を自然界の微生物などが浄化できる程度にまでにすることが必要である．

　現在都市の水供給は上水道事業が，排水処理は下水道事業が担っている．本節では8章で述べられた都市インフラストラクチャー（特に都市供給処理設備）の中に位置づけられる**上水道施設**と**下水道施設**について説明する．

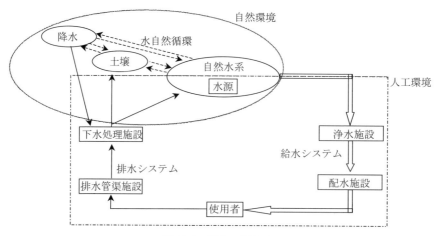

**図 10.1 ● 都市の水循環**

### 10.1.1　上水道システム

　一般的な上水道システムと下水道システムを図 10.2 に示す．基本的には水源から放流先までの一方向の流れである．都市部の上水道は**生活用水**と**工業用水**に分けられる．システムは「取水」，「導水」，「浄水」，「送水」，「配水」などの施設から構成されている．そして技術的には土木，建築，機械，電気，計装等の各分野にわたっており，これらが一体となって機能を発揮する．上水道システムの計画では以下の点を留意する必要がある．

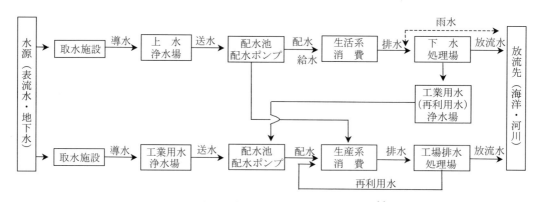

**図 10.2 ● 都市の水供給・処理システムの概念図**[1]

（a）**取水場**，**浄水場**および**配水場**等の位置やそれら施設間の導・送・配水方式は，地形の高低等に適合するものでなければならず，また，地形を極力有利に利用する配慮が必要である．

（b）都市計画などを考慮して，都市の発展の趨勢を見込み，将来の都市形態に適合するように水道の諸施設を配置する必要がある．

（c）取水場，浄水場，配水場およびこれらを結ぶ**管渠路線**の位置選定に当たっては，いくつかの比較案をつくり，用地取得の難易度，埋設道路の交通量，地下埋設物の輻輳度，基礎地盤の良否，土工量の大小，資材運搬路確保の難易度等について比較検討し，建設工事の安全性や，その進捗に支障を与えないものを選定し，併せて完成後の保守点検の難易度などについても比較検討して，維持管理が容易で安全に行えるものを選定する必要がある．

(d) 建設費，維持管理費の両面から見て，施設の全般的配置，構造，水位関係および導・送・配水方式等の最も有利なものを選定すべきである．

(e) 拡張，改良，更新の場合には，既存施設との間で機能上調和がとれるよう諸施設の配置を決定する必要がある．同時に，将来を見越した配慮をしておくことが望ましい．また，施設用地を取得する場合には，将来，施設の拡張，改良，更新を行う際に不都合が生じないよう用地の選定を行い，必要に応じて用地を広く買収しておくことも必要である．

(f) 広域的な水道整備計画が策定されている地域にあっては，この整備計画との整合に留意し，事業相互の施設整備計画の調和を図るなどの配慮が必要である．

### 10.1.2　下水道システム

下水道システムは，**下水管渠施設**，**ポンプ場**および**処理施設**からなっている（図10.2）．

**（1）下水管渠施設**

一般的に個々の建物から排出される下水を下水処理場までの運ぶには，自然流下方式が取られている．また，排水方法には雨水と汚水を同じ管渠で集める**合流式**と，別々の管渠で集める**分流式**がある．合流式の場合は，雨天時には一定量まで処理場へ送り，残りは処理場を経ずに放流される．分流式の場合は，汚水は処理場へ，雨水は直接河川へ放流される．すでに下水道建設が進んでいる大都市では合流式を採用しているところが多いが，公共用水域の水質汚濁防止には分流式下水道の方が効果が大きい．そのため，近年では原則的に分流式を採用している．

**（2）下水処理場**

下水処理の方法は**生物学的処理**がほとんどで，**活性汚泥法**が多く用いられている．下水処理施設の機能は，**下水処理**，**汚泥処理**に分類される（図10.3）．

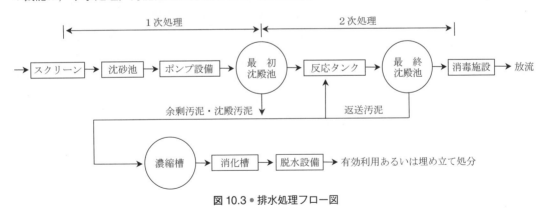

**図 10.3 ● 排水処理フロー図**

処理施設に入った水はまずスクリーンを通過し，ここで浮遊している大型のゴミが，沈砂池においては砂が取り除かれる．次に最初沈殿池で下水中に浮遊している固形物が除去され，**1 次処理**が終了する．**2 次処理**では，反応タンクにおいて最終沈殿池からの活性汚泥が加えられ，空気または機械を用いて撹拌すると，浮遊物はフロックを形成して沈殿しやすくなる．最終沈殿池では汚泥と上澄み液に分離，塩素滅菌の後，放流される．

一般的に下水の処理は2次処理までであるが，近年**高度処理**が実施される例も増えてきた．高

表 10.1 ● 高度処理の目的と除去対象物質および除去プロセス

| 目 的 | 除去対象項目 | | 除去プロセス |
|---|---|---|---|
| 環境基準達成水道水源対策等 | 有機物 | 浮遊物 | 急速ろ過，マイクロストレーナー，スクリーン<br>凝集沈殿，限外ろ過，精密ろ過 |
| | | 溶解性 | 活性炭吸着，凝集沈殿，逆浸透，オゾン酸化 |
| | 栄養塩類 | 窒素 | 生物学的硝化脱窒素法 |
| | | | 生物学的窒素リン同時除去法 |
| | | リン | 凝集剤併用型生物学的窒素除去法 |
| | | | 凝集沈殿，凝集剤添加活性汚泥法，嫌気好気活性汚泥法，晶析脱リン法 |
| 再利用 | 濁度 | | 凝集・砂ろ過，精密・限外ろ過 |
| | 溶解性物質 | | 逆浸透 |
| | 微生物 | | 消毒（NaOCl，オゾン，紫外線），精密・限外ろ過，逆浸透 |
| | 色度 | | オゾン，活性炭吸着 |

［下水道多目的活用研究会編：下水道最先端，理工図書，1997 より引用］

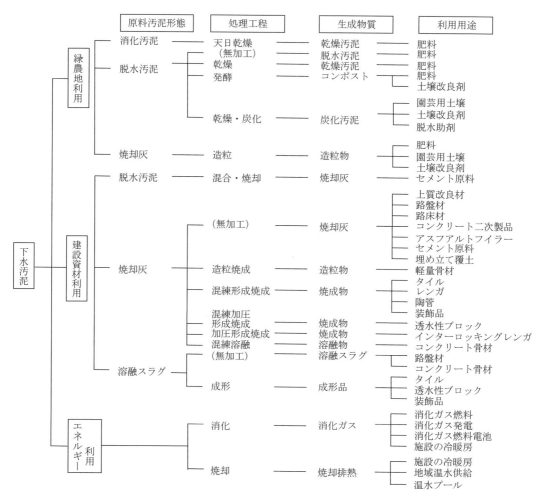

図 10.4 ● 下水汚泥の有効利用用途
［下水道多目的活用研究会編：下水道最先端，理工図書，1997 に加筆］

度処理とは，**水質環境基準**の達成など公共用水域の水質保全や処理水の再利用のために，2次処理による処理水の水質をさらに向上させるために行われる．通常の2次処理の処理対象物質（BOD，SS等）の除去率の向上を目的とする処理や，2次処理では十分除去できない物質（窒素，リン等）の除去率向上を目的とする処理を含む．表10.1に，現在技術開発が進められている，あるいは実用化されている高度処理技術を示す．

### （3）汚泥処理

水処理で分離された汚泥は，濃縮，消化，脱水等の工程により含水率を80％以下程度に減量化し，運搬が容易な性状にする．また，さらに減量化，安定化するため，乾燥，焼却，溶融等の処理を行う場合もある．これらの工程を汚泥処理という．

汚泥発生量は，下水道の普及が進むに従って年々増加しており，この傾向は今後も続くものと予想される．また，高度処理の実施等による汚泥の増加を考慮すると，汚泥発生量は一層増大するものと考えられる．現在下水汚泥の約6割は埋立処分されているが，処分地の確保が次第に困難になり，環境対策費も含めて処分費の高騰につながっている．

一方，下水汚泥は単なる廃棄物ではなく，貴重な資源である．近年下水汚泥の資源化技術の開発もめざましい発展を遂げ，資源としての利用も拡大しつつある．下水汚泥の有効利用用途は図10.4のように分類される．

## 10.2 循環型水供給処理システム

10.1節で都市の上水道システムと下水道システムについて述べた．私たちの水道水の使用量が増えると当然河川水などの水源からの取水量が増える．しかし，より安定的な水源を確保するためにはダム貯水池に依存する割合が増えることとなる．また，使用量の増大は下水の排出量の増大にもつながり，下水処理施設の負担も増大する．そのため都市内部で水の循環利用が求められている．本節では，水の利用状況と水源開発の問題点を踏まえた上で，都市内部の自己水源である排水の再利用システムと雨水の利用システムについて説明する．

### 10.2.1 循環型水供給処理システムの意義

#### （1）日本の水利用状況

2011年度末で，日本の水道普及率は97.6％に達し，使用量（取水量ベース）は約809億 $m^3$/年である．内訳は農業用水が約544億 $m^3$/年（約67％），都市用水が約265億 $m^3$/年（約33％）である．都市活動を支える都市用水の使用用途の内訳は生活用水が約57％，工業用水が約43％である．

生活用水の使用量（有効水量ベース）は約132億 $m^3$/年であり，これを給水人口で除した1人1日平均使用量は約289 L/人・日である．1人1日平均給水量は給水人口が大きい，つまり大都市ほど大きくなる傾向にあったが，近年は給水人口規模による差が小さくなっている．

では私たちはどのようにして都市用水を確保し使っているのであろうか．図 10.5 に都市における**水の代謝**を示す．一般的に河川の表流水や地下水から取水し，浄水場で浄水処理した後，利用先に水道水を配水し，使用後は排水として集められ，下水処理場で浄化処理後，河川や海に放流している．そしてこれらの代謝は太陽のエネルギーによる自然の水循環に依存している．2011 年の都市用水の取水量は約 265 億 $m^3$/年であるが，その水源の内訳は，約 76 ％が河川水，約 24 ％が地下水などである．水源は河川水への依存が進んでいる．

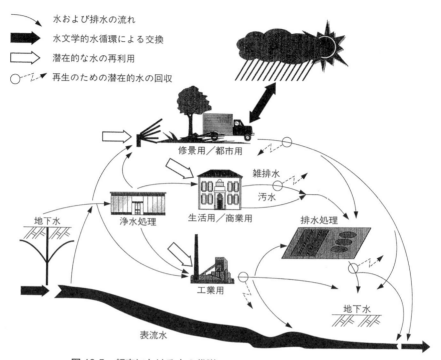

**図 10.5 ● 都市における水の代謝**
［浅野孝，丹保憲仁監修，五十嵐敏文，渡辺義公編著：
水環境の工学と再利用，北海道大学図書刊行会，1999 より引用］

### （2）水源開発の影響

河川水を利用するために，ダム，河口付近の堰などの建設による水源開発が行われてきた．日本は国土が小さく急峻な地形であり，河川の延長距離が短く，上流から下流への勾配が急である．そのため雨が降っても水が一気に海へ流れる．また，河川の流量は季節の降雨状況によって変化する．このようなことに対して安定した水利用を可能にすることが水源開発の目的である．

この水源開発に問題点がないとはいえない．

### （a）河川の汚濁

水源の確保と治水を目的として**ダム貯水池**を建設すると，**河川の自然流水が少なくなる**．また，貯水池のまわりの山腹が崩壊して土砂が流入して，土砂の細かい粒子がダムの放流水に混入する．そのためダムの建設後，もともと清流だった川が，石がごろごろし，濁水がわずかに流れる川に変わる可能性もある．

### (b) 水質の悪化

ダムを建設し，流水をたまり水に変えると，藻類（植物プランクトン）が増殖し，河川の水質の悪化につながる．そして藻類はカビ臭物質や発ガン性物質である**トリハロメタン**の原因物質をつくり，水道水の安全性が低下する場合がある．また，上流部のダムは**栄養塩類**（窒素とリン）の流入量が比較的少ないが，中下流部のダムは上流から流れ込む排水や下水処理水に含まれる栄養塩類により，藻類が発生しやすくなる．

### (c) 水道料金の高騰

私たちが水を浪費し続けると将来の水需要予測はますます大きくなり，ダム建設などの事業費の大きい水源開発が必要となる．しかし基本的に水道事業の経営は法律によって独立採算性となっているため，経営が悪化しても税金を使うことはできない．そのため，膨大な水源の開発費用が私たちの水道料金にはねかえることになる．

## (3) 代替水源の確保

私たちが水道水を浪費し続けることは，水源の確保（開発）を必要とする．これを少しでも回避する方法として，河川水などに替わる代替水源を確保することがある．

一般的に私たちが使うすべての水は飲料用に対応した水質の水が供給されている．表10.2に各種建物における**用途別水使用**の内訳を示す．住宅の場合，厨房用が26%を，トイレ洗浄用が21%を占めている．つまりトイレの洗浄水として水道水以外の水を使えれば，水道の使用量を約1/5節約できることになる．また，トイレ洗浄用以外にも水道水でなくてもよい使用用途はあり，それらにも水道水以外の水を適用できれば節約できる割合はもっと大きくなる．このように，良質な水質を必要とする水道水量を抑制すれば，それだけ水源開発の必要性も抑制できることになる．

表10.2 ● 建物における用途別水使用の割合

| | 利用用途割合（%） | | | | | | | |
|---|---|---|---|---|---|---|---|---|
| | トイレ | 空調 | 散水 | 手洗 | 風呂 | 洗濯 | 厨房 | その他 |
| 住　宅 | 21 | 0 | 0 | 8 | 21 | 24 | 26 | 0 |
| オフィスビル | 30 | 25 | 3 | 15 | 0 | 0 | 27 | 0 |
| デパート | 40 | 4 | 1 | 7 | 0 | 0 | 44 | 4 |
| ホテル | 20 | 18 | 1 | 5 | 28 | 3 | 25 | 0 |

［社団法人空気調和・衛生工学会：雨水利用システム設計実務，丸善，1997より引用］

では，良質な水質を要しない非飲料用水の代替水源としてどのようなものがあるだろうか．現在，私たちが出す排水を再生したものや，地域で得られる雨水が一般的である．特に排水は安定した**代替水源**である．排水の処理技術の有効性と信頼性の向上により，排水の再利用は貴重な**補助水資源**として位置づけられている．これは図10.5に示す都市の水代謝の流れの中に小さな循環の輪をつくるようなものである．

### 10.2.2 排水再利用システム

再生水の使用用途としては，高い質を要求される飲料以外の用途で，トイレ洗浄水などが考えられる．しかし人体に直接触れたり，口などから体内に入る可能性がある洗面・手洗，風呂，洗濯用

は衛生面から対象外とされている．現在，再生水の使用用途例としては，トイレ洗浄水がほとんどであり，その他では散水，空調用冷却水，洗車用，修景用に使用されている．

排水の再利用の仕方には，**個別循環方式**，**地区循環方式**，**広域循環方式**がある．

### （1）個別循環システムと地区循環システム

個別循環は建物内に排水処理設備を設置し，建物からの排水を処理して，その処理水（再生水）を同じ建物内で使うシステムである（図10.6）．地区循環は地区（街区）に建っている複数の建物が，建物個々ではなく，ある箇所に集中して排水処理設備を設置し，その処理水（再生水）を各々の建物に再配分して使うシステムである．地区としては市街地再開発地区や大規模な集合住宅（団地）などがある．首都圏における二つの方式の代表事例としては，横浜市の横浜ランドマークタワー（個別循環），東京都区部の恵比寿ガーデンプレイス（地区循環方式）がある．

これらの方式で再利用される排水（原水）には，便所洗浄水，雑用水（厨房，洗面・手洗いなど），空調用冷却水，雨水などがある．原水の水質は，便所洗浄水や厨房排水などの汚れた排水（BODが200〜320 ppm程度）と，洗面・手洗いなどのあまり汚れていない排水（BODが40〜100 ppm程度）に大きく分けられる．

排水の循環の観点から見ると，汚水も含めて建物内からのすべての排水を処理して再利用する**循環型利用**と，あまり汚れていない排水（洗面・手洗い，雨水など）のみを処理してトイレ洗浄水に

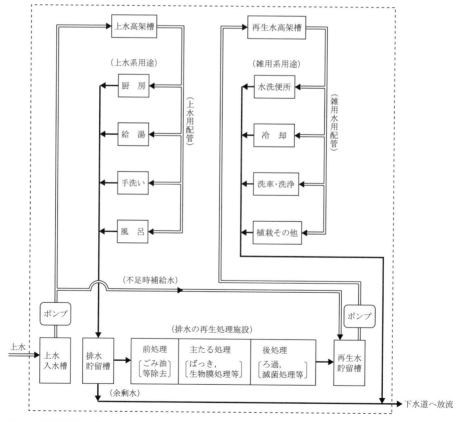

**図10.6 ● 個別循環方式のシステム概要**
［国土庁長官官房水資源部編：平成25年版水資源白書「日本の水資源」，大蔵省印刷局，2013より引用］

利用する**非循環型利用**とがある．現状では，一般に処理コストが小さい非循環型利用の事例が多い．

### （2）下水処理場を活用した広域循環システム

上記2方式に対して，広域循環方式は公共下水道を介して排水の循環が行われる．一般的には下水処理場の処理水をプラントで受け入れ，追加処理後，地域に敷設された中水導管により，広域な地域の建物に供給される（図10.7）．首都圏の事例では，東京都区部（新宿副都心，有明地区，品川駅東口地区および大崎駅東地区），千葉県の幕張新都心，埼玉県のさいたま新都心などがある．

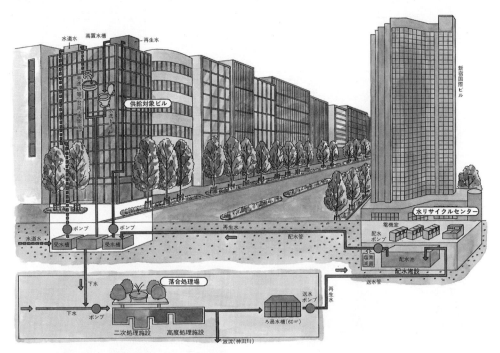

**図 10.7 ● 広域循環方式のシステム概要**
［東京都下水道局：「新宿副都心水リサイクルモデル事業概要」パンフレットより引用］

### 10.2.3 雨水利用システム

日本の年平均降水量は約1,700 mmであり，世界のそれの約2倍である．雨水はまさに都市で得られる自己水源である．しかし現在都市に降る雨のほとんどが使われず下水路を通じて河川や海に放流されている．そこで建物や地区内に**雨水貯留施設**を設置し，トイレの洗浄水などに利用する事例が増えてきている．

雨水の収集は屋根，または人の出入りの少ない屋上が一般的であるが，敷地など**路面流出雨水**を利用する場合もある．**雨水貯留槽（タンク）**は大規模ビルでは地下ピットなどを利用する場合が多く，一般の住宅や小規模ビルでは屋上や庭などに設置される場合が多い．

表10.3に雨水利用事例における水道水の節減割合を示す．雨水の利用目的用途における水道水の平均節減率は約35 %であり，1/3程度を雨水で賄っている．

東京都墨田区は雨水利用を推進しており，公共施設のトイレの洗浄水や冷却水に，雨水を利用したり，住民の雨水活用に対する助成制度がある．そのきっかけは**集中豪雨**のたびに一部の地域で下

表 10.3 ● 雨水利用事例における水道水の節減率

| 施設名 | 敷地面積 ($m^2$) | 延床面積 ($m^2$) | 雨水利用量 ($m^3$/年) | 水道水補給水量 ($m^3$/年) | 水道水節減率 (%) |
|---|---|---|---|---|---|
| 江東区立教育センター 東陽図書館 | 5,628 | 9,088 | 1,326 | 1,515 | 47 |
| すみだボランティアセンター | 1,270 | 1,421 | 360 | 588 | 38 |
| 目黒区立駒場野公園 | — | — | 11,000 | 5,500 | 67 |
| 上智大学中央図書館 | — | 26,737 | 1,399 | 0 | 100 |
| 大林組技術研究所本館 | 887 | 3,800 | 569 | 246 | 32 |
| 東京都庁舎 | 42,939 | — | 28,828 | 269,425 | 10 |
| 両国国技館 | 18,280 | 35,242 | 4,483 | 15,281 | 23 |
| 東京ドーム | 110,000 | 116,463 | 31,832 | 110,439 | 13 |
| 東京芸術劇場 | — | 46,166 | 9,327 | 10,305 | 49 |

[和田安彦,三浦浩之共著:水を活かす循環環境都市づくり,技報堂出版,2002より引用]

水の逆流による**都市洪水**が発生してきたことである.また,あふれないまでも,下水のポンプ場からは雨水とともに下水が排水され,内河川の水質汚濁を引き起こしてきた.これらは地面のコンクリート化,アスファルト化が進み,地下に浸透できない雨水が一挙に下水道に集中するために起きる現象である.

図 10.8 ● 街角の路地尊

図 10.9 ● 一般住宅の雨水貯留タンク(天水尊)

墨田区の雨水利用のシンボルが,「路地尊」と「天水尊」である.「路地尊」とは,江戸時代,火事に備え街角に置いた水桶(おけ)をデザインした施設で,雨水利用の防災井戸と防災掲示板からなる(図10.8).街角に3〜20 $m^3$ 程度の雨水タンクを設置し,周辺の民家の雨どいから水を集め,普段は散水用などに利用し,災害時には防火用水や雑用水に利用する.また,手こぎポンプがあり近所の子供の遊び場や,地域のコミュニケーションの場にもなっている.

また「路地尊」は「路地を守るシンボル」であり,「下町の生活の場である路地を尊ぼう」とい

う意味もあるらしい．墨田区では，1988年に1号基が設置されて以来，2015年3月現在路地尊タイプの雨水利用施設は21基が設置されている．「天水尊」は一般住宅用の雨水貯留タンクである（図10.9）．

### 参考文献

[1] 尾島俊雄編集：都市の設備計画，鹿島出版社，1973
[2] 厚生省監修：水道施設設計指針，解説，日本水道協会，1990
[3] 尹　軍：中国の河川流域における汚染物の削減量最適配分に関する研究，日本建築学会計画系論文報告集，第404号，pp. 17-22，1989
[4] 渡辺仁史監修：ハンディブック「建築」第6章「建築設備」（村上公哉担当），オーム社，2002

# 第11章

# 都市の廃棄物処理システム

　廃棄物処理の考え方は，過去十数年で一変した．廃棄物を「いかに適正に処理するか」から「いかに出さないか」へとである．これは，とりわけ日本においては，最終処分地の確保が逼迫しているためである．

　廃棄物の最終処分量を減らすことを目的として，「三つのR」の概念が明確にされた．まず，ごみの発生を抑制すること = Reduce，そのまま再使用すること = Reuse，そして，もう一度使えるように再生すること = Recycle である．

　これらの概念を具現化することを目指して，2000年，循環型社会形成推進基本法と一体的に，改正廃棄物処理法，資源有効利用促進法（旧再生資源利用促進法），建設リサイクル法，食品リサイクル法，グリーン購入法が整備された．廃棄物の適正な処理とともに，資源循環型社会形成への取り組みが始まっている．

　本章では，まず廃棄物処理システムについて説明し，次に一般廃棄物の循環型処理システムについて説明し，後段では産業廃棄物のうち建築，土木分野から排出される建設廃棄物について，現状の課題と循環型社会の形成を目指した取り組み等を解説する．

## 11.1 廃棄物処理システム

　私たちの生活や産業活動に伴い日々大量のごみが排出されている．**廃棄物処理法**（廃棄物の処理および清掃に関する法律）では，普通の廃棄物には家庭から出る**生活系廃棄物**と，工場，事務所，飲食店，商店などから出る**事業系廃棄物**とがある．事業系廃棄物は**事業系一般廃棄物**と**産業廃棄物**に分けられ，生活系廃棄物と事業系一般廃棄物を併せて一般廃棄物と呼ばれている．したがって，普通の廃棄物は産業廃棄物とそれ以外の一般廃棄物とに区分される．

　一般廃棄物の処理は市町村の責任であり，清掃事業として行われている．産業廃棄物は事業者の責任であり，自らの責任で処理することになっている．その処理の仕方には，自家処理，**産業廃棄物処理業者**や市町村の処理事業への委託などがある．本節では，廃棄物の処理システムとそれが抱える問題について説明する．

### 11.1.1 廃棄物処理システムの構成

　廃棄物は産業廃棄物とそれ以外の一般廃棄物とに区分されるが，本節では地方公共団体の事業と

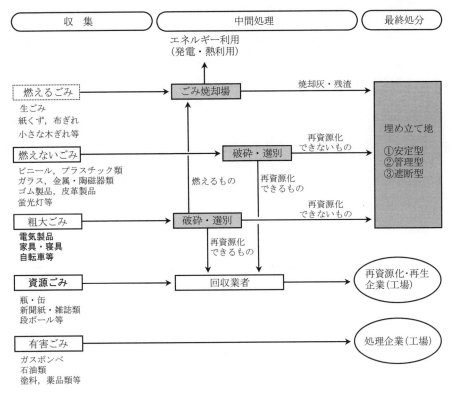

**図 11.1 ● 一般廃棄物の処理システム**

して行われる一般廃棄物の処理システムについて説明する．廃棄物処理は大きく収集・運搬，**中間処理**，**最終処分**に分けられる（図11.1）．

### （1）収集・運搬

現在，収集方式のほとんどはステーション方式である．これは各家庭で決められた**集積所**にごみを出して，収集車がそれを回収して回る方式である．これとは別の方式としてパイプラインでごみを真空輸送するパイプライン方式があるが，再開発地域以外ではほとんど普及していない．

また，集積所にごみを出す際は分別する．一般的には，生ごみ，紙くず，木・布ぎれ等の**可燃ごみ**（燃やすごみ），ガラス，金属類等の**不燃ごみ**（燃やさないごみ），家具，家電製品等の**粗大ごみ**，びん，缶等の**資源ごみ**に分けられるが，市町村によって分別の仕方は大きく異なる．

### （2）中間処理

集積所などから収集されたごみは中間処理施設に運ばれるが，一部直接**最終処分場**（埋立地）へ運ばれるものもある．現在3/4はなんらかの中間処理を実施してごみの**減量・減容化**を図っている．中間処理は大きくは**焼却**と**破砕**に分けられる．

まず，可燃ごみは焼却場で焼却され，焼却灰や残渣は最終処分場（埋立地）へ運ばれ埋立処分される．ごみは焼却すると重量で約85％，容積で約95％減少するといわれている．

次に不燃ごみや粗大ごみは破砕・選別され，①燃やせないものや再資源化できないものは最終処分場（埋立地）へ運ばれる．②再資源化できるものは回収業者などに引き渡す．③残りの燃やせるごみは可燃ごみとともに焼却場で焼却処理される．

### (3) 最終処分

　焼却処理したごみの焼却灰や残渣，燃やさないごみは最終的に埋立処分場に運ばれる．日本の埋立処分場の 2/3 は山間部に設けられている．そのためごみ焼却場に比べて目にする機会が少ないが，最終処分場の環境管理は重要である．それは雨水によって汚水（浸出水）が流れ出し，土壌，地下水や河川水を汚染する可能性があるからである．埋立地の種類には，安定型，管理型，遮断型の 3 種類がある．

　安定型は素堀のままの場所に埋められる形態である．産業廃棄物のうち，ガラス屑，陶磁器屑，建設廃材（コンクリートがら等）などのように水に溶けず水質汚染の心配がないものが対象となる．逆に遮断型は産業廃棄物のうち，有害物質が流れ出す可能性があるものを，コンクリートの壁と床で土壌から完全に遮断し，上部には屋根や覆いを設けた形態である．

　管理型は地面にゴムシートなどの遮水材を敷き，その上に廃棄物を埋める形態である．雨が降った際の汚水は底部に集水管を設けて集め，浸出水処理施設で処理されて排出される．産業廃棄物のうち安定型と管理型の対象とならないものはすべて管理型で処分される．また，一般廃棄物はすべて管理型で処分されることになっている．

### 11.1.2　廃棄物処理の現状

　現在，一般廃棄物の総排出量は年間約 4,500 万 t で，産業廃棄物のそれは年間約 3 億 8,000 万 t である．国民 1 人 1 日あたり一般廃棄物の排出量は約 1 kg となる．

　一般廃棄物の処理は市町村が直接または間接的に収集し，減量化や安定化の目的で中間処理を行い，最終処分するのが一般的である．総排出量のうち約 75 % が直接焼却処理されている．そして最終的に総排出量の約 10 % が埋立処分されている．

　産業廃棄物の排出量の内訳は，約 44 % が汚泥，約 22 % が動物のふん尿，約 16 % ががれき類である．これらで全体の約 82 % を占めている．総排出量のうち，約 22 % が直接再生利用され，約 1.6 % が直接埋立処分されている．

### 11.1.3　廃棄物処理システムの問題点

#### (1) ごみ焼却場の問題点

　不燃ごみは直接埋め立てられるが，可燃ごみは最終処分場の延命化を図るために，燃やされて減容化されているだけである．そのため焼却場は「中間処理施設」と呼ばれる．焼却施設では廃棄物の燃焼時に，塩化水素，窒素酸化物，ダイオキシン類などの有害物質を発生する．これらは除去装置で可能な限り排ガス中から取り除かれるが，残りは高い煙突により広域に拡散される．焼却場の役目は，廃棄物を減量，減容，安定化することであり，自然の循環系に組み込まれる物質へ変換するというより，循環系に組み込まれない物質を除去して汚染しない形に安定化している．

　日本では一般廃棄物の約 78 % が焼却処理され，その焼却量は世界一で，米国の約 1.3 倍，ドイツの約 4 倍といわれている．もともとは衛生的観点と減量化を目的に焼却処理が始まったが，現在ごみ焼却場の焼却の際に発生するダイオキシン類が問題となっている．この物質による発がん性等の人体の健康への影響が懸念されている．ダイオキシン類は意図的に製造されたものではなく，

燃焼工程や化学物質の製造過程で発生してしまう物質である．

　この焼却時に排出されるダイオキシン類の発生のメカニズムは完全には解明されていない．塩化ビニル製品などを焼却するときに発生されるともいわれている．燃えるごみの中にプラスチック類が混じって出されることが一因となっており，分別することがまずは大切である．また，燃焼温度を 800 ℃ 以上に保つことで発生を抑制することができるといわれている．

### （2）最終処分場の問題点

　廃棄物の処理過程において，**ダイオキシン問題**などから焼却処理のイメージが強いが，廃棄物の最終地点は埋立地である．不燃ごみは直接埋め立てられるが，可燃ごみは焼却後**焼却灰**として埋め立てられる．最終処分場では，敷地の確保や不適正処理による地下水の水質汚染や土壌汚染が心配される．

## 11.2　循環型廃棄物処理システム

　ごみ焼却場における環境汚染の問題，そして最終処分場の確保や安全性の問題から，従来の焼却中間処理→焼却灰の埋立最終処分という処理システムの限界が見え始めている．そのため処理システムにおける**脱焼却・脱埋立**等への転換が不可欠である．

　**環境基本計画**では，基本的な考え方として，第 1 に**発生抑制**（リデュース），第 2 に使用済製品の**再使用**（リユース），第 3 に回収されたものを原材料として利用する**マテリアルリサイクル**，第 4 にそれが技術的に困難あるいは環境への負荷程度等の観点から適切でない場合は環境保全対策を万全にしてエネルギー利用を推進（**サーマルリサイクル**），第 5 に最後に発生した廃棄物は適正に処理することが示されている．まずは廃棄物の発生抑制と循環利用（循環型処理）が重要といえる．そこで本節では循環型社会へ向けた循環型廃棄物処理システムについて説明する．

### 11.2.1　マテリアルリサイクル

#### （1）生ごみのコンポスト処理

　一般廃棄物の約 4～5 割は厨芥ごみ（生ごみ）である．生ごみは**有機性廃棄物**であり，**堆肥化**し，**土壌還元**することで自然の**物質循環**の輪に取り込める．したがって，生ごみを焼却処理せず，コンポスト（堆肥）化して農耕地などで土壌還元する循環型処理にする方が自然の生態系のメカニズムに調和している．また，近年農作物における**有機野菜**などの需要が大きくなっており，生ごみを農作物の堆肥として利用することは，有機野菜の生産や農耕地における土壌改良などに寄与する．

　現在，生ごみは可燃ごみとして焼却処理されているが，含有水分量が大きいために焼却時のエネルギー利用には障害となる．また，焼却量の減少はダイオキシン類などの減少にもつながる．また，最終処分場への**処理残渣**の搬入量の減少などのメリットが考えられる．

　現在，家庭や集合住宅レベルで堆肥化に取り組む事例は多くなってきたが，都市レベルの取り組

みはほとんどない．しかし近年，自治体レベルで生ごみの堆肥化に取り組む事例が出てきた．その一つ山形県長井市では，生ごみの堆肥化処理「レインボープラン」を1997年2月より実施している．長井市は山形県南部に位置する人口約33,000人の市である．生ごみの堆肥化は市全体ではなく，中央地区において実施されている．対象地区の人口は約16,000人（約5,000世帯）である．

各家庭より週2回生ごみを収集し，農家からの畜糞・畜尿・籾殻を混ぜて長井市レインボープランコンポストセンターにおいて堆肥化処理を行っている．生産された堆肥は山形おきたま農業協同組合に販売を委託している．現在はその堆肥を利用し，市内2,000戸のうち6戸程度の農家が「レインボープラン野菜（有機野菜）」の生産に努めている．そして，有機野菜は朝市などで市民が購入している．このように，家庭の台所の生ごみが堆肥化と農家を通じて，台所に戻ってくる，資源循環の輪を構築している．このためレインボープランは別称「台所と農業をつなぐながい計画」と呼ばれている．生ごみを焼却処理する場合と堆肥化処理する場合の比較概念図を図11.2に示す．

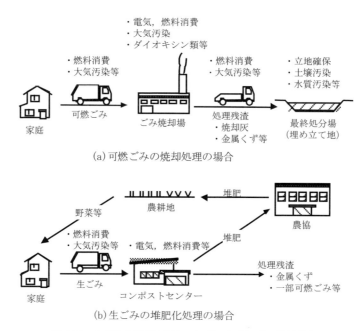

図11.2 ● 生ごみの焼却処理とコンポスト化処理の比較概念

長井市の例は，地方都市で堆肥を受け入れてくれる農家が身近に存在するために可能であるともいえる．では大都市では不可能であろうか．都市全体への影響は別に，大都市でも取り組みが試みられている．東京都北区の例を図11.3に紹介する．各小中学校に給食の残飯処理用の生ごみ処理機を導入し，給食から出た残菜は設置されている生ごみ処理機によってコンポスト（堆肥）化される．できた堆肥は学校の花壇や菜園に利用されているが，余った分は姉妹都市である群馬県甘楽町の甘楽有機農業研究会（19戸の農家）が，北区で月1回，3箇所あるエコー広場で行われるフリーマーケットで売る野菜を卸ろしに来た際に，甘楽町にその堆肥をもち帰り，少し手を加え2～3か月かけて**完熟堆肥化**した後に使っている．そしてできた野菜は，民間の業者（有）給食普及会を介して学校給食にも利用されている．

給食の残飯の堆肥化は子供たちの環境教育にも活かされている．たとえば，子供たちが花壇や菜

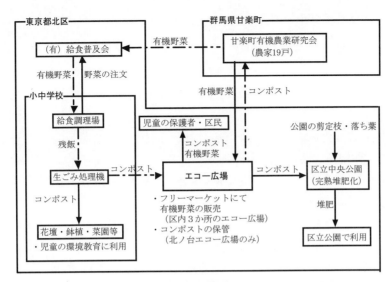

**図 11.3** 東京都北区における学校給食の循環処理の概念図 ［北区資料より作成］

園の堆肥として土に混ぜ，それが微生物によって還元され，その栄養が草花など植物の成長につながるという自然の物質循環を学んだり，調理くずや残飯が生ごみ処理機によって分解されコンポストになっていく様子を見せて，ごみ問題や環境問題について考えさせることなどである．

大きな都市では山形県長井市のように都市規模で生ごみの堆肥化に取り組むことは難しい．しかし，このように学校を拠点とした生ごみと農家の食循環は子供たちだけでなく，地域住民の環境意識の向上にも活かすことができる．

### (2) 容器包装リサイクル法

有機性廃棄物とは異なり，地下資源などからつくられた製品や商品は自然の力では循環しない．これらの製品や商品を循環の輪に組み込むには，人間の力つまり人工的な循環の輪が不可欠である．一般廃棄物のうち，缶，びん，プラスチック容器や紙などの容器包装系の廃棄物が容積で約6割を占めている．これらの減量化を図るとともに，再生資源としての利用を促進するために，「容器包装に関わる分別収集および再商品化の促進等に関する法律（**容器包装リサイクル法**）」が1995年に制定された．施行は2段階に分かれている．まず1997年4月からペットボトルとガラスびんが，次に2000年4月からはダンボールやその他の紙製容器包装，ペットボトル以外の**プラスチック製の容器包装**も対象となった．

この法律は，一般廃棄物のうちの容器包装廃棄物のリサイクルにおける三者の役割分担を明確化している．消費者は分別してごみを出す．市町村はそれを収集して法律で定める基準（分別基準）に従って分別を行う．事業者は分別基準に適合した容器包装廃棄物を再商品化する．事業者は自らの再商品化の義務を，国の認定を受けた指定法人「財団法人容器包装リサイクル協会」に委託することができる．

容器包装リサイクル法は市町村に対して強制力をもっていない．したがって，容器包装廃棄物を分別収集するかは自治体の判断である．その判断材料として市町村の経済的負担の大きさが課題となる．

### 11.2.2 サーマルリサイクル

#### （1）スーパーごみ発電

廃棄物の発生抑制，リユースやリサイクルが促進されたとしても，技術的困難性や環境への負荷の観点から適さない廃棄物が発生する．それらの対処法には環境保全対策を万全にしたエネルギー利用がある．

現在，焼却過程の高度化や焼却灰の減量化等に向けた技術開発が進みつつある．たとえば，代表的な技術として，**溶融固化**や焼却と溶融を総合し一体化した新たな技術として**ガス化溶融**などがある．また，エネルギー利用技術には，焼却廃熱を利用した廃棄物発電がある．廃棄物発電は2013年度には177万kW導入されている．

この廃棄物発電で注目されているのが，**スーパーごみ発電**である．通常のごみ発電は焼却炉の排熱で蒸気をつくり蒸気タービンを回して電気をつくる．その際の発電効率は一般的に10～15％である．発電効率は焼却炉の排熱温度が高いほど高くなる．しかし300℃以上の高温になると焼却に伴い発生する塩素ガスなどにより炉が腐食する．そのため蒸気温度を300℃以上の高温にできない．

そこでガスタービンを併設して，焼却炉で発生した蒸気をガスタービンからの高温排ガスにより500℃程度まで再加熱し，蒸気タービンに投入される蒸気温度を高め，より発電効率を高めるシステムがスーパーごみ発電である（図11.4）．これにより総発電効率は20～30％以上になる．現在，群馬県の高浜発電所，大阪府堺市の東工場第二工場，北九州市の新皇后崎工場の3箇所で稼働している．高浜発電所は，群馬県企業局がNEDO（新エネルギー・産業技術総合開発機構）と共同で，榛名町の高浜クリーンセンターの敷地内に建設したもので，総発電出力は25,000 kWである．堺市クリーンセンター東第二工場の総発電出力は16,500 kW，新皇后崎工場の総発電出力は36,300 kWである．

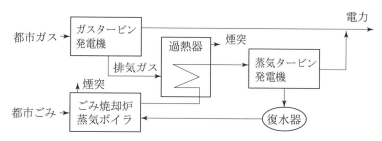

**図11.4** スーパーごみ発電のシステム図
[濱川圭弘，西川禕一，辻毅一郎共編：エネルギー環境学，オーム社，2001より引用]

## 11.3 建設廃棄物の処理

### 11.3.1 建設廃棄物処理の必要性

建設業は，日本の全産業が利用する資源量の約半分を使用している．また，建設業が排出する産業廃棄物の量は全産業廃棄物の約2割を占めている（図11.5）．資源利用の面からも，廃棄物の面

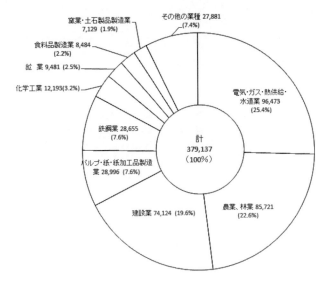

**図 11.5 ● 産業廃棄物の業種別排出量（2012 年度）**［環境省資料より引用］

からも，将来の資源循環型社会を形成する上で，建設業は重要な役割を担っているということができよう．

建設業界では，これまでも自ら排出する建設副産物の再利用率の向上について自主的に取り組んできているが，建設廃棄物の中でも特に解体廃棄物については，混合廃棄物として排出されるケースが多く，そのリサイクル率が低迷していることが問題となっている．

この状況に対して，2000 年 5 月に「建設工事にかかる資材の再資源化等に関する法」（通称**建設リサイクル法**）が制定された．これは建設業，主として建築物の解体により発生する廃棄物の削減を目的とした規制強化であった．

### 11.3.2 建設副産物の現状

**（1）建設副産物とは**

国土交通省は**建設副産物**を「建設工事に伴い副次的に得られたすべての物品」とし，その種類として「建設廃棄物（コンクリート塊，建設発生木材など）および**建設発生土**（建設工事の際に排出される土砂）の総称」と定義づけ，図 11.6 を示している．

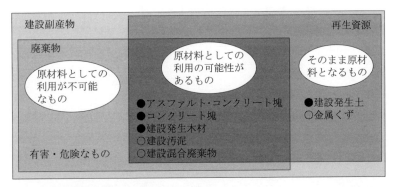

**図 11.6 ● 建設副産物の分類**［国土交通省のリサイクルホームページより引用］

## （2）建設廃棄物の排出量，再資源化率等

　国土交通省の建設副産物実態調査によれば，調査を開始した1995年度に9,914万tであった建設廃棄物排出量は年々減少を続け，2008年度には6,381万tまで減少したが，その後増加に転じ，2012年度は7,269万tであった（表11.1，図11.7）．

**表11.1 ● 品目別建設廃棄物再資源化率，再資源化・縮減率**
[国土交通省平成24年度建設副産物実態調査結果より引用]　　　　　　（単位：万トン）

| 年度 | 品目 | 場外排出量 | ①+②+③ | | | 再資源化率 | 再資源化・縮減率 |
|---|---|---|---|---|---|---|---|
| | | | ①再資源化量 | ②縮減量 | ③最終処分量 | | |
| 1995 | アスファルト・コンクリート塊 | 3,565 | 2,882 | 0 | 684 | 80.7 % | — |
| | コンクリート塊 | 3,647 | 2,359 | 0 | 1,288 | 64.6 % | — |
| | 建設汚泥 | 978 | 57 | 78 | 843 | 5.8 % | 13.8 % |
| | 建設混合廃棄物 | 952 | 53 | 48 | 852 | — | — |
| | 建設発生木材 | 632 | 234 | 11 | 387 | 37.2 % | 38.9 % |
| | その他（廃プラスチック，紙くず，金属くず） | 140 | 46 | 1 | 94 | — | — |
| | 建設廃棄物全体 | 9,914 | 5,629 | 137 | 4,148 | 56.8 % | 58.2 % |
| 2000 | アスファルト・コンクリート塊 | 3,009 | 2,964 | 0 | 45 | 98.5 % | — |
| | コンクリート塊 | 3,527 | 3,394 | 0 | 133 | 96.2 % | — |
| | 建設汚泥 | 825 | 248 | 92 | 486 | 29.9 % | 40.9 % |
| | 建設混合廃棄物 | 485 | 35 | 7 | 442 | — | — |
| | 建設発生木材 | 477 | 182 | 213 | 82 | 38.0 % | 82.3 % |
| | その他（廃プラスチック，紙くず，金属くず） | 153 | 55 | 1 | 97 | — | — |
| | 建設廃棄物全体 | 8,476 | 6,879 | 312 | 1,285 | 81.1 % | 84.8 % |
| 2002 | アスファルト・コンクリート塊 | 2,975 | 2,937 | 0 | 38 | 98.9 % | — |
| | コンクリート塊 | 3,512 | 3,425 | 0 | 87 | 97.6 % | — |
| | 建設汚泥 | 846 | 383 | 197 | 265 | 45.1 % | 68.3 % |
| | 建設混合廃棄物 | 337 | 58 | 64 | 216 | — | — |
| | 建設発生木材 | 464 | 284 | 131 | 50 | 61.6 % | 90.2 % |
| | その他（廃プラスチック，紙くず，金属くず） | 139 | 94 | 3 | 41 | — | — |
| | 建設廃棄物全体 | 8,273 | 7,181 | 395 | 697 | 86.8 % | 91.6 % |
| 2005 | アスファルト・コンクリート塊 | 2,606 | 2,569 | 0 | 37 | 98.6 % | — |
| | コンクリート塊 | 3,215 | 3,155 | 0 | 60 | 98.1 % | — |
| | 建設汚泥 | 752 | 360 | 200 | 192 | 47.9 % | 74.5 % |
| | 建設混合廃棄物 | 293 | 43 | 39 | 212 | — | — |
| | 建設発生木材 | 471 | 321 | 106 | 44 | 68.2 % | 90.7 % |
| | その他（廃プラスチック，紙くず，金属くず） | 363 | 288 | 19 | 55 | — | — |
| | 建設廃棄物全体 | 7,700 | 6,736 | 364 | 600 | 87.5 % | 92.2 % |
| 2008 | アスファルト・コンクリート塊 | 1,992 | 1,960 | 0 | 32 | 98.4 % | — |
| | コンクリート塊 | 3,127 | 3,043 | 0 | 84 | 97.3 % | — |
| | 建設汚泥 | 451 | 315 | 69 | 67 | 69.8 % | 85.1 % |
| | 建設混合廃棄物 | 267 | 85 | 20 | 162 | — | — |
| | 建設発生木材 | 410 | 329 | 37 | 43 | 80.3 % | 89.4 % |
| | その他（廃プラスチック，紙くず，金属くず） | 134 | 110 | 11 | 13 | — | — |
| | 建設廃棄物全体 | 6,381 | 5,841 | 138 | 402 | 91.5 % | 93.7 % |
| 2012 | アスファルト・コンクリート塊 | 2,577 | 2,564 | 0 | 13 | 99.5 % | — |
| | コンクリート塊 | 3,092 | 3,072 | 0 | 20 | 99.3 % | — |
| | 建設汚泥 | 657 | 452 | 107 | 98 | 68.8 % | 85.0 % |
| | 建設混合廃棄物 | 280 | 160 | 2 | 117 | — | — |
| | 建設発生木材 | 500 | 446 | 26 | 28 | 89.2 % | 94.4 % |
| | その他（廃プラスチック，紙くず，金属くず） | 164 | 138 | 12 | 14 | — | — |
| | 建設廃棄物全体 | 7,269 | 6,832 | 147 | 290 | 94.0 % | 96.0 % |

注）四捨五入の関係上，合計値とあわない場合がある．
再資源化率[*1]：①÷（①+②+③）
再資源化・縮減率[*2]：（①+②）÷（①+②+③）
※1）再資源化率：建設廃棄物として排出された量に対する再資源化された量と工事間利用された量の合計の割合．
※2）再資源化・縮減率：建設廃棄物として排出された量に対する再資源化および縮減された量と工事間利用された量の合計の割合．

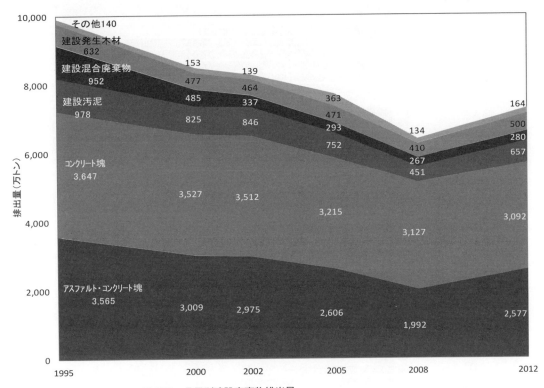

図 11.7 ● 品目別建設廃棄物排出量
[国土交通省平成 24 年度建設副産物実態調査結果より引用]

**再資源化率**は，1995 年度には 58 % であったが，2012 年度には 96 % まで上昇した．最終処分量も 1995 年度の 4,148 万 t から 2012 年度には 290 万 t まで，1 割以下に減少した．再資源化率は，アスファルト・コンクリート塊，コンクリート塊は 9 割を超え，建設発生木材も 9 割に近づいている．1995 年度に 6 % しか再資源化できていなかった建設汚泥も，2012 年度には約 7 割まで再資源化率が向上している．再資源化が技術上困難といわれている**建設混合廃棄物**は，1995 年からは 1/3 にまで排出量が減少したが，2002 年度以降は 300 万 t 弱で推移している（図 11.8）．

国土交通省平成 24 年度建設副産物実態調査において，建設廃棄物については，「建設リサイクル推進計画 2008」に基づいた総合的な施策展開，たとえば「リサイクル原則化ルール」の運用徹底，「建設リサイクルを推進した優良事例の周知・広報」などにより，着実なリサイクルが図られているとしている．

## 11.4 建設資材のリサイクル

前節で解説したように，建設廃棄物の適正な処理およびリサイクルは資源循環型社会を目指す上で非常に重要な課題である．中でも平均寿命 20 〜 30 年程度で**スクラップ・アンド・ビルド**が繰り返されている戸建住宅は木材などの資源ストック量では大きな割合を占めているが，とにかく安く新しい家を手に入れたいという消費者ニーズが強い中で，建設・解体ともに中小の工務店や解体

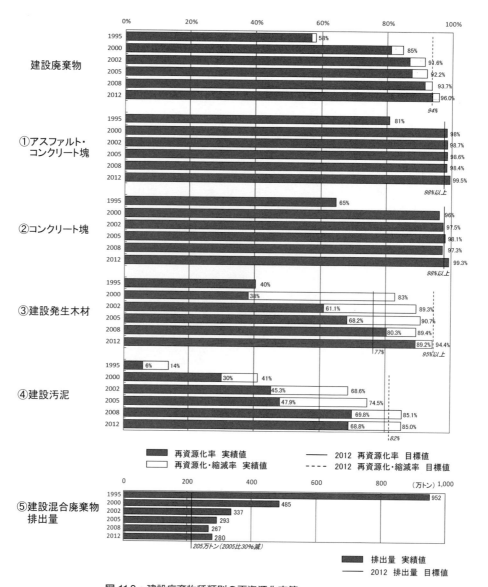

**図 11.8 ● 建設廃棄物種類別の再資源化率等**
[国土交通省平成24年度建設副産物実態調査結果より引用]

業者による価格競争が激しく，廃棄物処理やリサイクルに対する取り組みは遅れている．ここでは，建設資材のリユース・リサイクルの現状や，そのエネルギー消費について多少詳しく解説した上で，戸建住宅における先端的な取り組みの紹介を交えて，課題の達成に向けた今後の展望について述べる．

### 11.4.1 建材リサイクルにおける課題

さまざまな建設廃棄物の再資源化が進む中で，現在でも課題として残っているのは建設混合廃棄物である．これは，建材製造・加工技術の発達により見栄えやコスト低減を重視した複合建材が増加していることと，建設工事の合理化のために接着剤などを多用していて素材ごとの分離が困難となっているからである．

これらの建設廃棄物を削減するためには，前節で述べた法体系や処理施設などの社会基盤の整備に加えて，次にあげるような項目が重要な課題である．

① 継続的にリユース・リサイクルできる建材の開発
② 解体・剥離・分別が容易な工法の開発
③ 設計時に再資源化率等が予測できるツールの開発
④ リサイクル評価も含めた新たな**環境負荷評価指標**の開発
⑤ 古材・リサイクル材流通促進のための社会システムの構築　など

①に関しては，一部のメーカーですでにリサイクル建材が製品化されつつあるが，②から⑤の課題についてはまだ確立されたものはほとんど見られない．

### 11.4.2　リユースとリサイクル

解体された後の建材の処理には，廃棄・埋立という処分以外では，「リユース」と「リサイクル」に大別される．これをさらに細かく分けると，処理後の利用目的により，「再使用」，「再利用」，「再生利用」に分けることができる[1]．これらを素材の加工から使用・廃棄に至るフロー図で表したものが図 11.9 である．「再使用」は材料の用途・性質を変えずに再び使用することであり，ビール瓶の再使用や，民家を解体した際の柱・梁といった古材の再使用がこれにあたる．「再利用」は解体・分別後に破砕・洗浄などの処理を施してから同種の製品材料として再び利用することであり，使用後のガラス瓶が再びガラス原料として利用されるのがこれにあたる．最後の「再生利用」は再利用と異なり，素材レベルで別の製品原料として再び利用されることであり，使用後のガラス瓶がコンクリート骨材として利用されるのがこれにあたる．

現在，例としてあげた飲料容器業界では再使用や再利用が徹底されてきているが，建設業界では古材の再使用はごく特殊な例に過ぎず，再利用および再生利用についてもごく一部の建材についてのみ行われている状況である．あたり前のことであるが，「再使用」が最も廃棄物量は少なく，エネルギー消費量の点でも最も小さくて済む．

これらリユース・リサイクルがなぜ建設業界で行われていないかについてはいくつか理由は考えられるが，最大の原因はその経済性に行き着くであろう．前節でも触れたが，たとえば，短期間でのミンチ解体が一般的となっている住宅において，部材を再使用するために不可欠な手壊し解体を行うと，日数も手間も余分にかかるため解体費用が増大してしまう．また，建築物は飲料容器類と比べると耐用年数が長く流通経路も複雑なため，効率的な回収システムの構築が難しい．さらには，リサイクルなど考慮されずに建材が開発されてきたため，複合材料も多く規格もまちまちである．したがって，解体・分別にも，収集・運搬にも，そしてリサイクルにも費用が増大してしまう状況なのである．ただ，自動車業界や家電業界で部品のリサイクルが軌道に乗りだしているように，建設業界でもリサイクル型の社会システムを構築することは可能なはずであり，建築資材を循環させていく取り組みを早急に行うことが重要である．

---

[1]「リユース」，「リサイクル」や「再利用」，「再生利用」といった言葉にはまだ統一された定義がなく，ここで述べた定義は一例であり，文献によっては他の使い方も存在する．

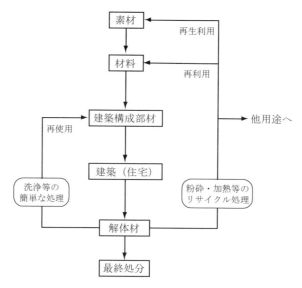

図 11.9 ● リサイクルの流れ

### 11.4.3 リサイクルした場合のエネルギー消費量

　では，新規原料から新規材を製造する場合と，「再利用」，「再生利用」材料からリサイクル建材を製造する場合のエネルギー消費量はどうなるのであろうか．建材のリサイクルの普及はまだこれからの状況であり，回収・運搬のシステムやリサイクルプラントなども整っていないため，素材ごとのリサイクルエネルギー消費量データも各所で調査中の段階である．そこで参考として，飲料容器など他業界において算出しているデータを表 11.2 に示した．これを見ると，アルミナからアルミ地金を製造する電解工程で膨大なエネルギーを消費するアルミニウムは，リサイクル製造時の方が新規製造時の 3％以下のエネルギーで済むのをはじめとして，削減率が大きな素材も少なくない．内装材や家具などで多用されているプラスチック類も削減率は大きい．分別や回収運搬を効率的に行えれば，リサイクルした方がエネルギー的に有利な素材は数多く存在するといえる．

　では，近年実際に製品化されつつあるリサイクル建材にはどのようなものがあるのであろうか．代表的なものとしては，木チップを固めた**パーティクルボード**や，木粉とプラスチックを混合し

表 11.2 ● 素材による新規製造時とリサイクル製造時の消費エネルギー比較

| 素材名 | 新規製造<br>エネルギー（MJ/kg） | リサイクル製造<br>エネルギー（MJ/kg） | 削減率 | 文献 |
|---|---|---|---|---|
| 鉄 | 15.19 | 9.60 | 36.8 % | ① |
| ガラス | 12.01 | 10.81 | 10.0 % | ① |
| アルミ | 241.34 | 6.70 | 97.2 % | ② |
| PET | 101.95 | 41.60 | 59.2 % | ③ |
| PP | 72.08 | 35.90 | 50.2 % | ③ |
| PVC | 55.60 | 35.90 | 35.4 % | ③ |
| PS | 89.25 | 19.59 | 78.0 % | ③ |

① 日本建築学会 「建物の LCA 指針（案）」
② アルミ缶リサイクル協会資料
③ プラスチック処理促進協会「プラスチック一般廃棄物を対象とする LCA 的考察」

て固めた**リサイクルウッド**,廃ガラスを混合した**リサイクルレンガ・タイル**などがあげられる.これらはみな廃棄物を原料として再利用・再生利用した製品ではあるが,元となっている建材の設計時から考えられていたものではないため,**循環し続ける建材**にはなっていない.リサイクル建材開発もまだ過渡期であると考えられるが,いずれは設計時から,回収・リサイクル後に再び建材(他産業製品でもよいが)に戻るような循環型の製品開発が望まれるところである.

### 11.4.4 建材のリサイクルを考慮した住宅の事例紹介

現在の戸建住宅は20～30年の短い周期で取り壊され,その解体材には木くずや混合廃棄物が多く,解体廃棄物の不法投棄も問題となっている.このような現状に対して,リユース・リサイクルを徹底的に追及した戸建実験住宅の事例として,早稲田大学尾島研究室が建設した2棟の完全リサイクル住宅(PRH:perfect recycle house)を紹介する.

### (1) 木造の完全リサイクル住宅　W-PRH [6][8]

1998年に新築され,2001年に移築された.日本古来の木造軸組民家型工法にならい,天然素材の建材のみを使用し,継ぎ手・仕口を使った接合により解体・リユースを容易としたモデル住宅である.構造材には大断面木材を使用し,木組みにより構造躯体には金物は一切使用していない.素材は廃棄後も自然に還る**天然素材**の使用を徹底し,木材,瓦,天然石,土,漆喰に加え,塗装には柿渋とベンガラ,断熱材にも籾殻を使用した.この解体・移築実験では,一部木材等に破損材を生じたが,建物全体としてのリユース率は約96%という非常に高い結果が得られた(図11.10).

### (2) 鉄骨造の完全リサイクル住宅　S-PRH [7][8]

2000年に新築され,2001年に移築された.設計時から解体・分別を考慮し,構造躯体の重量鉄骨をはじめとして,外装のガラスとアルミ,ペットボトルリサイクルボードなど内装の樹脂系材料はすべて,同素材でのリサイクル(再利用)が可能な建材のみを使用している.工法もビスや両面テープなどを用い,接着剤を使用しない**乾式工法**によりリサイクルを徹底した**工業化モデル住宅**である.W-PRHと同様の解体・移築実験では,廃棄物として一部の破損材とボルトやテープなど接合用の消耗品を生じたが,建物全体としてのリユース率は約98%となり,工業化住宅としても非常に高い分離性能が実証された(図11.11).

これまで建設されてきた住宅,特に戦後復興期以降の住宅は,大量生産・大量消費を達成するために製造・施工の合理化を追求してきたため,結果として解体しにくく廃棄物になりやすい建物が大部分を占めている.これら2棟の実験住宅に共通するコンセプトは,設計時から素材ごとの分離・解体の容易性を考慮して使用建材と接合方法に関する技術開発を行った点である.そして,実際に解体・移築の実験を行い,混合廃棄物を限りなくゼロに近づけられることを実証している.実験住宅という性質上,使用建材・工法ともにある意味極論ではあるが,地球環境問題に配慮した今後の住宅のあり方として,日本古来の伝統技術を見直していく方法と,近代工業化技術を改良していく方法の二つの目指すべき方向性を提示しているといえよう.

図 11.10 ● 完全リサイクル住宅 W-PRH [6][8]

図 11.11 ● 完全リサイクル住宅 S-PRH [7][8]

## 11.4.5 建築資材リサイクルの展望

　建材のリユース・リサイクルへの取り組みとしては，現在ストックとして建っている建築物の解体後の処理の問題と，これから設計・施工される建築物が解体後にリユース・リサイクルしやすいように使用建材や工法を改良する問題と，二つの側面がある．当座の最終処分量削減のためには前者であるが，将来を考えると後者も早急に取り組むべき問題である．また，建物の**長寿命化**など循環型社会構築に向けた取り組みが浸透していくにつれて，特に集合住宅では今後，内装や設備の**リフォーム工事**の需要が増加してくることが想定される．リフォーム工事は1回の工事で排出される廃棄物は比較的少なくても，定期的に行われることで廃棄物量も積み上がってくる．すなわち，解体時ばかりでなく定期的なリフォームをあらかじめ考慮した接合方法などの開発・普及も必要不可欠な課題である．

　前述した古材のリユースに関する取り組みでは，NPO法人の日本民家再生協会や古材バンクの会などがあり，徐々に全国にネットワークを増やしつつある．工業化建材のリサイクルについても，北九州市にある北九州エコタウンでリサイクル技術の研究開発が進められている．このような

社会基盤の整備が進み，メーカーや工務店の製品・工法開発が進み，そして最も肝心なこととして施主・生活者といったユーザー側の環境に対する意識改革が進めば，建物の完全リサイクルが現実のものとして見えてくるであろう．

•参考文献•

[1] 環境庁編：平成10年版環境白書，大蔵省印刷局，1998
[2] 石井一郎編著：廃棄物処理，森北出版，1997
[3] 中村三郎：リサイクルのしくみ，日本実業出版社，1998
[4] 尾島俊雄，村上公哉共著：環境に配慮したまちづくり，早稲田大学出版部，2000
[5] 国土交通省：平成24年度建設副産物実態調査結果，2014
[6] 中島裕輔，高口洋人，尾島俊雄ほか：完全リサイクル型住宅（木造編），早稲田大学出版部，1999
[7] 中島裕輔，高口洋人，尾島俊雄ほか：完全リサイクル型住宅Ⅱ（鉄骨造編），早稲田大学出版部，2001
[8] 中島裕輔，高口洋人，尾島俊雄ほか：完全リサイクル型住宅Ⅲ（生活体験と再築編），早稲田大学出版部，2002

# 第Ⅲ部

# まちづくりと都市環境整備

*12.* 都市環境計画と環境管理
*13.* 環境のまちづくり事例
*14.* 環境評価

# 第12章

# 都市環境計画と環境管理

　良好な都市環境の確保，そして地球温暖化対策のため，**環境共生型都市**への変革が求められている．都市の変革には長い年月を必要とし，この手法についても普遍的な解が確立されているというわけでもない．しかしながら，地域の特徴を活かしたさまざまな取り組みが各地で試みられているのもまた事実である．本章では，まちづくりと都市環境整備を考えるためのいくつかの視点を学び，この実践への足がかりとするものである．

　地球温暖化効果ガスの一つである**二酸化炭素の排出量削減**の地域計画としての取り組み，都市における継続的な環境保全行動を社会的な仕組みとする**都市環境管理**に関する考察，都心居住や季節による都市分散の省エネルギー性・環境保全性の検討など，本章で学ぶ事柄はそれぞれ無関係のようでありながら，いずれもより良い都市環境を形成するための都市環境計画と環境管理の考え方を述べている．

## 12.1　地球温暖化対策と地域計画

### 12.1.1　地球温暖化防止と建築・都市

　気候変動枠組み条約第3回締約国会議（COP3）が1997年12月に開催され，先進国における法的拘束力をもつ温室効果ガスの排出削減目標などを定めた「京都議定書」が採択された．その結果，日本は2008年から2012年までの5年間を第一約束期間として，温室効果ガスの排出量を1990年に比べて6％削減するという数値目標が決められた．

　その後1999年には，「**地球温暖化対策の推進に関する法律**」が施行され，今後の対策として部門別指針のみならず，地域別指針として都道府県，市町村についても，地球温暖化対策地域推進計画の策定が進められていくことになった．また，自治体は自らの事務事業に対する温暖化対策のための実行計画の策定が義務付けられることになった．また，住民や事業者が具体的な対策に取り組めるよう，都道府県には地球温暖化防止活動推進センターも設置されていくこととなった．そうした結果，2008年から2012年までの日本の排出量は1.4％増加となったものの，森林の吸収量や海外で実施した対策の削減量を入れることで8.4％削減となり，京都議定書の目標は達成することができた．しかし，次の約束である第2約束期間（2013～2020年）には参加せず，現在2030年の目標策定に向けた作業が進められている．

　温室効果ガスの排出削減策となるのは，エネルギーの供給側における自然エネルギーの導入と需

要側での省エネルギー対策である．エネルギー消費は産業部門が安定的に推移しているのに対して，民生部門，運輸部門での増加は著しいことが度々指摘されるが，これらの部門は建築と都市に密接なかかわりを有する分野である．建築や交通については，気候や都市構造といった地域の特性によって排出状況が大きく異なるため，そのような地域特性に応じた削減策が求められるところである．また，温暖化対策は大規模なものや，先進的なものに特化して対策を進めるだけでは不十分であり，より幅広い対象を相手に対策を講じることが重要である．

建築の省エネルギー対策については，省エネルギー基準という努力目標が定められているが，義務化されたものではなく，現状としては快適性の向上を目指したもので，温暖化対策につながるような省エネルギーには到達していない．そして，地場の中小建築事業者に知識や技術を浸透させていかなければならない．また，ライフスタイルの見直しによる省エネルギーも避けては通れない問題であるが，地域に即した普及啓発活動を地道に重ねていかなければならない．

このように，地球温暖化対策は地域密着型のきめ細かな対策の積み上げと，地域の資源を最大限活用していくことが重要であり，そのためには地域の主体的な取り組みが不可欠である．

## 12.1.2　二酸化炭素排出量の都市特性

#### （1）地域の温暖化対策の視点

現状として地球温暖化防止を視点とした建築，特に都市計画が地域レベルで実効性をもって展開されているとはいい難い．このような状況を生み出している原因の一つに，温暖化の影響やその原因が地域や市民レベルで十分に認識されていないことがあげられる．このような背景の中，地球温暖化防止を視野においた地域政策を検討するためには，まずは温室効果ガスの排出実態の地域別情報を整備する必要があると考えられる．

地域や都市の温室効果ガスの削減を考えた場合，その地域を構成し，大きな排出源になるものには，建築物を中心とする**固定発生源**と交通を中心とする**移動発生源**がある．また，そのような温室効果ガスの削減を実行する主体者という観点から考えれば，市民という立場からの対象領域は幅広く，地域に密着したものとなる．従来このような視点に相当するものとしては，住宅内でのエネルギー使用が中心的な対象領域になっていた．これはまた，建築の技術的な対策分野として，多くの調査研究や対策が進められてきた．しかし，市民生活という視点から見れば，住宅に限定した温室効果ガスの削減行動というのは現実的なものではない．生活者の視点に立てば，住宅だけでなく，交通からの温室効果ガス排出も含めた包括的な枠組みの中で，多様な行動を展開することが地域性を活かした取り組みにとって重要な点だといえる．

ここでは，生活者の視点から住宅のみならず，交通機関から排出される温室効果ガスの地域特性を概観することによって，持続可能な都市づくりへの基礎情報を提供する．

#### （2）住宅におけるエネルギー消費量の都市特性

わが国の**居住水準**は欧米諸国に比べて低いといわれ続けてきた．しかし，国民生活は豊かになり，居住水準についても年々向上している．住宅は広くなり，住宅設備も充実し，さまざまな家電製品に囲まれて快適な生活をおくることができるようになってきた．しかし，このような生活水準の向上は多くの場合，エネルギー消費の増大を伴う．現に，住宅でのエネルギー消費はわが国にお

ける消費全体の 14 % [1] を占めるに至っている．

　2012 年〜2014 年の 3 年間におけるエネルギー消費を示したのが図 12.1 である．札幌市や青森市から，那覇市まで，2 倍以上の格差がある．このような地域差は，暖房によるエネルギー消費の違いに主として起因している．札幌市や東北地方，北陸地方の諸都市のように寒冷な地域では排出量の半分から三分の一程度が暖房によるものとなっており，用途としては最大の比率を占め，気候の影響を大きく受けていることがわかる．照明コンセントによる消費は，寒冷地域以外では三分の一強を占め，最大用途となっている．この 25 年ほどの間に各都市とも著しい伸びを示し，2〜3 倍程度の増加を示している．

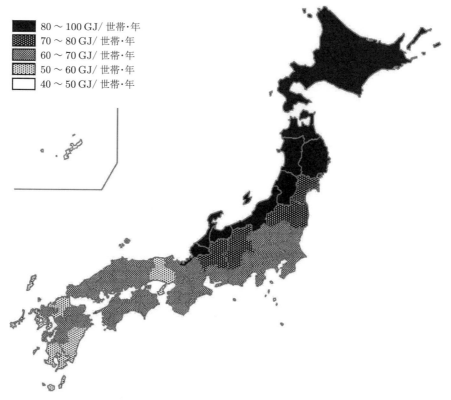

**図 12.1 ● 県庁所在都市における住宅のエネルギー消費**
（総務省家計調査から算出した 2012 年〜2014 年平均）

### （3）旅客交通におけるエネルギー消費量の都市特性

　自動車は現代文明を象徴する産物であり，わが国の経済成長とともに著しい勢いで普及台数を伸ばしてきた．その中でも，地方都市においては自動車への依存が近年特に高まっており，車中心のまちに変貌しつつある．そして，この自動車の増加によって運輸部門の二酸化炭素排出量は，国内全排出量の 24 % [1] を占めるに至っている．しかし，今後自動車からの二酸化炭素を抑制するには，自動車自体の技術的向上だけでなく，都市計画の面からもその利用を極力軽減できるような配慮が必要といえる．

　運輸部門の中でも市民生活にかかわりが深いのは特に旅客交通であるが，鉄道やバスといった公共交通でのエネルギー消費は世帯あたりにすればわずかであり，多いのは自家用車のガソリンであ

る．自家用車の都市別の世帯あたりエネルギー消費量を示したのが図12.2である．地方都市でのエネルギー消費量が大都市に比べて多くなっているのも，この自家用車の利用による違いである．また，自家用車のエネルギー消費量が少ない東京都区部や大阪市では，公共交通の利用が日常的な中心であり，自家用車の利用が少ないからである．

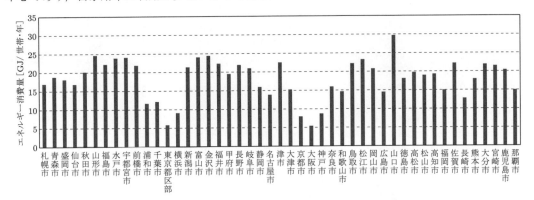

図 12.2 ● 県庁所在都市における自家用車のエネルギー消費量
（総務省家計調査から算出した 2012 年〜 2014 年平均）

自家用車のエネルギー消費は，そのまま二酸化炭素排出量となる．自家用車からの二酸化炭素排出量に対して影響をもたらすと考えられるのは，都市の広がりや密度，代替的交通手段となる公共交通の利用，運転者の数，**生活行動範囲**等である．図12.3には，都市の密度にかかわる指標として **DID 人口密度**と自家用車からの一人あたりの二酸化炭素排出量の関係を示したが，高い相関が見られる．また，最も排出量の多い山口市は唯一市街化区域の線引きが行われていない都市であることを考えると，都市の密度と広がりは二酸化炭素排出量に大きな影響を与えていると考えられる．

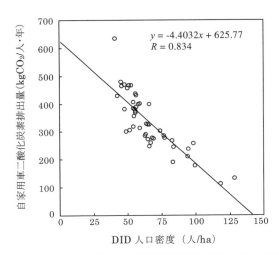

図 12.3 ● DID 人口密度と自家用車の二酸化炭素排出量（1993 年〜 1997 年の平均）

## （4）二酸化炭素排出量の都市類型

エネルギー消費量にエネルギー種別の二酸化炭素排出係数を乗じることで，二酸化炭素排出量が求められる．住宅では用途を照明コンセント，給湯コンロ，暖房，冷房と，交通の自家用車と公共

表 12.1 ● 一人あたりの二酸化炭素排出量による都市類型 [3]

| | | 照明コンセント | 供給コンロ | 暖房 | 冷房 | 自家用車 | 公共交通 |
|---|---|---|---|---|---|---|---|
| A 類型 全用途中自家用車が最大の都市 | 水戸市 | 365 | 374 | 229 | 17 | 466 | 37 |
| | 宇都宮市 | 356 | 381 | 249 | 15 | 466 | 34 |
| | 前橋市 | 306 | 375 | 183 | 20 | 465 | 19 |
| | 富山市 | 408 | 401 | 404 | 28 | 429 | 29 |
| | 福井市 | 418 | 412 | 283 | 32 | 437 | 25 |
| | 岐阜市 | 389 | 404 | 196 | 46 | 430 | 32 |
| | 津市 | 410 | 375 | 225 | 34 | 479 | 32 |
| | 鳥取市 | 372 | 350 | 279 | 25 | 380 | 31 |
| | 松江市 | 394 | 392 | 236 | 31 | 457 | 30 |
| | 山口市 | 369 | 343 | 252 | 31 | 635 | 34 |
| | 大分市 | 339 | 317 | 147 | 29 | 469 | 38 |
| | 宮崎市 | 360 | 265 | 127 | 36 | 390 | 43 |
| B 類型 照明コンセントについで自家用車が多い都市 | 金沢市 | 415 | 371 | 332 | 23 | 399 | 38 |
| | 岡山市 | 395 | 334 | 237 | 60 | 368 | 37 |
| | 徳島市 | 412 | 361 | 143 | 40 | 383 | 23 |
| | 福岡市 | 342 | 265 | 185 | 36 | 268 | 59 |
| | 佐賀市 | 376 | 319 | 212 | 41 | 374 | 38 |
| | 熊本市 | 407 | 296 | 188 | 44 | 325 | 46 |
| | 鹿児島市 | 371 | 286 | 129 | 39 | 326 | 56 |
| | 那覇市 | 310 | 244 | 8 | 87 | 246 | 54 |
| C 類型 A, B 類型以外で暖房よりも自家用車の方が多い都市 | 福島市 | 376 | 449 | 314 | 11 | 381 | 35 |
| | 長野市 | 316 | 438 | 364 | 6 | 407 | 31 |
| | 浦和市 | 415 | 372 | 215 | 34 | 258 | 56 |
| | 千葉市 | 344 | 287 | 199 | 26 | 261 | 59 |
| | 横浜市 | 378 | 352 | 208 | 30 | 237 | 70 |
| | 甲府市 | 394 | 369 | 217 | 19 | 356 | 27 |
| | 静岡市 | 373 | 358 | 132 | 34 | 248 | 28 |
| | 名古屋市 | 339 | 301 | 187 | 39 | 278 | 34 |
| | 大津市 | 333 | 348 | 254 | 30 | 327 | 43 |
| | 神戸市 | 327 | 310 | 175 | 40 | 210 | 64 |
| | 奈良市 | 365 | 354 | 236 | 32 | 276 | 61 |
| | 和歌山市 | 413 | 352 | 168 | 60 | 302 | 27 |
| | 広島市 | 360 | 349 | 207 | 40 | 305 | 47 |
| | 高松市 | 381 | 331 | 158 | 42 | 319 | 30 |
| | 松山市 | 384 | 331 | 184 | 30 | 285 | 38 |
| | 高知市 | 401 | 336 | 156 | 54 | 292 | 45 |
| | 長崎市 | 350 | 267 | 164 | 37 | 190 | 58 |
| D 類型 自家用車より暖房の方が多い都市 | 新潟市 | 393 | 391 | 446 | 20 | 401 | 51 |
| | 盛岡市 | 309 | 465 | 530 | 3 | 314 | 43 |
| | 山形市 | 378 | 435 | 491 | 7 | 398 | 26 |
| | 札幌市 | 322 | 432 | 793 | 2 | 287 | 56 |
| | 青森市 | 359 | 494 | 733 | 2 | 273 | 39 |
| | 仙台市 | 375 | 404 | 348 | 8 | 279 | 48 |
| | 秋田市 | 366 | 386 | 687 | 5 | 305 | 40 |
| E 類型 自家用車が冷房についで少ない都市 | 東京区部 | 401 | 311 | 184 | 36 | 134 | 62 |
| | 京都市 | 359 | 267 | 228 | 38 | 179 | 42 |
| | 大阪市 | 390 | 304 | 171 | 63 | 113 | 39 |

排出量単位：$kgCO_2/人・年$

交通を加えた全6用途の排出量をもとに都市を類型化したのが表12.1である．住宅と旅客交通の二酸化炭素排出構成比を見ると，旅客交通は全排出量の3割から4割，少なくとも2割以上を占めている．

自家用車が最大の排出用途となるA類型の都市が12都市ある以外に，照明コンセントについで自家用車からの排出が多い都市であるB類型の都市が7都市，暖房よりも自家用車からの排出が多いC類型の都市が17都市ある．これらは自家用車の対策が重要な都市といえる．D類型の多くは暖房が最大の排出用途であり，これらの都市には東北地方をはじめとする寒冷地の都市が中心で，暖房対策が重要な都市といえる．E類型は自家用車や暖房からの排出も多くはなく，照明コンセントや給湯コンロでの対策を中心にしなければならない都市である．

### 12.1.3 脱温暖化の地域計画に向けて

住宅および旅客交通における二酸化炭素排出量はいずれも増加が著しい．建築による暖房の省エネルギー対策のみならず，電化製品も含めた建物全体でのエネルギー管理を適切に行えるような対策が必要である．また，自家用車の対策も相当な重要性を有する部分であり，自家用車からの二酸化炭素排出量は，都市構造に大きな影響を受けており，たとえば，市街地のスプロールを防止する必要もある．また，公共交通機関の整備や利用の促進も重要であり，**パークアンドライドやカーフリーデー**等，さまざまな試みも始められようとしている．いずれにしろ，脱温暖化のためにはライフスタイルまで含めた広範囲な対策と多くの参加が要求されるだけに，今後の計画も**市民参加**が不可欠である．

生活者を視点として地域の温暖化対策を考えた場合，多様な方向性が見い出されるものと思われる．そのような方向性を見い出すためにも，今後の温暖化対策は，"**think globally, act locally**"地域が主体になって取り組まなければならない課題であるといえる．

## 12.2 都市環境管理とまちづくりの担い手

### 12.2.1 地球環境問題・都市環境問題解決への継続的な取り組みに向けて

地球温暖化防止のための取り組みが，緊急の課題と位置づけられてより久しい．2000年には日本建築学会をはじめとする建築関連5団体により**地球環境・建築憲章**[4]が起草された．ここでは，①**長寿命**，②**自然共生**，③**省エネルギー**，④**省資源・循環**，⑤**継承**を目標に掲げ，持続可能な循環型社会の実現に向かうとしている．さらに2団体が参加し作成された運用指針[5]では，持続的社会の実現を建築活動において展開する上でのさまざまな指針が示されており，徐々にではあるが実社会でも，これら理念に即した建築物が増えてきている．

これらの取り組みを建築単体のものにとどまらせず，継続的に都市・地域計画へと根付かせていくためには，都市計画に関する行政そのものに，市民参加を前提とする社会システムの一環として組み込んでいく必要がある．本節では，市民が自ら考え行動するための**情報基盤・社会システム整備**の方策として，都市環境管理システムを想定し，考察するものである．

### 12.2.2 まちづくりのPDCAサイクル

　これまでにも地方自治体において環境管理システムと称するものが存在している．多くは行政により設置されている気象・大気観測局の観測データなどを自動的に収集し，画面表示可能なものとしており，これを広域行政に資するものとすることを目的としていることが多い．しかしながらこれまでのシステムは，現象の把握という面で有用であったが，これら資料を活用して，具体的に環境保全のため建築・都市計画に十分に活かされていたとはいい難い．これらの環境観測が高度経済成長の時期に顕在化した，いわゆる公害問題への対処のため実施されてきており，汚染源監視が主目的であったであろうこと，建築・都市再開発など比較的小規模な事業の事業開始前後の**環境影響評価**（**環境アセスメント**）と事業計画への反映がなされる仕組みになっていないことに起因するものと推測される．

　一方で，地方自治体のみならず一般企業においても，自組織内の環境保全行動に対してISO 14001の認証を受ける事例が増えている．**PDCAサイクル**はこの中核となる考え方で，Plan（計画）— Do（実行）— Check（確認）— Action（見直し）のサイクルを繰り返しながら，組織の環境保全行動を継続的に実施する仕組みとなっており，この有用性がかねてより着目されている．このPDCAサイクルを，これからの環境保全型まちづくりのプロセスへ発展させるためには，これまで省みられてこなかった環境保全の要素を建築・都市計画の事業に組み込んでいく必要がある．現在の建築計画では，最低基準としての建築基準法が遵守されていれば基本的に設計の自由が保障され，さまざまな環境保全の取り組みは施主もしくは設計者の良識に任されるのみである．

### 12.2.3 都市環境管理システム

　さまざまな建設行為が進行している中で都市活動を制御していくには，個々の開発行為自体が環境保全に努めるのはもちろんであるが，これに加えて対象とする都市の保全すべき環境資源とまちの将来像を見定め，これに沿った開発管理・**成長管理**が必要不可欠となる．これを実現するシステムを都市環境管理システムとして提起すると，図12.4に示すようなものとなる．まず必要となる

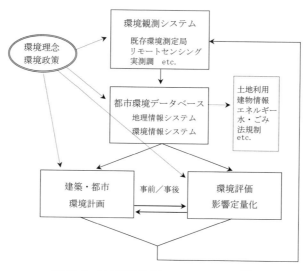

**図12.4 ● 都市環境管理システムの概念図**[6]

のは，都市の環境資源を認識するための**環境観測システム**の整備と，観測資料とともに土地利用・建物・エネルギーなどによる**都市環境データベース**である．これが建築・都市計画の際の基礎資料となるとともに，開発行為に対する事前／事後の環境影響評価の資料ともなる．これらはフィードバックシステムとして，開発行為の検証とともに他の開発の参考となるデータベースとなる．

環境観測システムは，行政によりこれまで継続されてきた既存環境測定局における観測項目の質的量的な充実が望まれる．これまでは省みられてこなかった都市のヒートアイランド現象緩和策のための気温・湿度や，風の道計画のための風向風速，さらには土壌・水質汚染に関する観測網整備が必要となるであろう．また，広域的な環境観測手法としては，航空機や人工衛星によるリモートセンシング技術や各種数値情報利用が有効である．地区レベル以下のスケールにおける詳細な環境把握には，実測調査も必要に応じて実施するべきである．

これらが土地利用・建物情報などとともに，都市環境データベースとして地理情報システム上で一体的に整備されることにより，自然環境との共生を目指した建築環境計画や都市環境計画のための基礎資料となり，開発行為による環境への影響も事前／事後評価として計画自体を再検討するための資料となる．諸計画実施後は事後検証のため再調査を行う必要もある．環境観測の項目自体が変化する場合も起こりえよう．このデータベースは，計画立案と事前評価そして事後評価と他の諸計画のための基本データとなるとともに，後述する市民参画のまちづくりの中核ともなる．

さまざまな環境計画は，保全すべき環境資源と当該都市の将来像により規定される．たとえば，7.1節で述べたように，シュツットガルト市（ドイツ）では，**風の道**と称して都市部への新鮮空気導入のため建物の配置や形態に制限が課せられている[7]．緑地や建物の配置，そして将来の市街地形成に対して適切な計画が必要である．

環境評価はいわば審査機構である．当該都市の将来像に沿った計画であるか，事業の環境への影響量と範囲はどれほどであるかなど，現行の環境アセスメント制度の適用範囲を拡大したものとなる．

現在の行政の仕組みにおいても，上記サブシステム一つひとつは存在しているものの，環境保全型都市計画の実現を目的にしておらず，さらにサブシステムそのものもさまざまな部局に分散し，相互の連携が取られていないことに一つの問題がある．また，環境評価を実施する際の価値基準を明瞭とすることもきわめて重要である．そのために保全すべき環境資源と都市の将来像を明確にそして共有すべきなのである．

### 12.2.4 環境情報の共有と市民参画

前述のとおり，当該都市の保全すべき環境資源や将来像，いわば**環境理念**が必要不可欠であると考えられるが，地方自治の本質からいってもこの環境理念は市民により創出されそして共有されなければならない．環境観測とこのデータベース化そして情報開示は，判断の主体が市民にあることを端的に表す．詳細なデータベースから導き出される知見・将来構想などを，市民に対してわかりやすく表現し，これを都市建設にかかわる行政に反映させるためには，専門家集団の人的情報的ネットワークの支援がこれを可能とすることも予想されよう[8]．

このような都市環境管理システムは，本来行政が取り組むべき課題と考えられるが，現行部局の業務を横断したデータベースの構築とこの活用といったシステムの性質を考慮すると，第三者機関

による運用も考えられる．行政には基盤となる環境観測システムの整備とデータベースの構築，そして簡便な情報開示を求めることとし，開発行為に対する事前/事後評価を行うのは独立した機関とすることによって，市民参画の実をあげるべきであろう．

# 12.3 都心居住

## 12.3.1 都心居住と再開発

### （1）都心部の衰退

中心市街地の再生は，1998年に施行された**中心市街地活性化法**が示すとおり，近年日本の都市政策の大きなテーマである．商業施設が衰退し，かつて，賑わいを呈した都心部の商店街は，閉じた店舗がならぶシャッター街と形容され，閑散とした有様である．一方，大きな駐車場をもつ**郊外型店舗**は，その利便性から高い集客力をもっている．このような郊外型店舗が，都心商業地の衰退を招いたとの認識から，都心部でも衰退した商店街に駐車場をつくり，活性化を図るなどの策を講じても，結局は，十分な駐車場をつくることができず，また，都心部へのアクセスが渋滞を招き敬遠される結果となっている．しかし，郊外型の店舗が都心商業地の衰退を招いたとの考えは，やや安易な帰結である．郊外型の店舗が栄える前提には，車に生活を依存する車社会がある．さらにその背後には，車社会を前提とした，戦後，延々と続いてきたスプロールを是認する宅地開発にあると考えるべきである．このような中心部の衰退は日本の多くの都市での共通の課題である．人口が安定的な傾向を示し，変動が小さいにもかかわらず，依然，土地区画整理による農地の宅地開発化が進行しており，居住者は，都市中心部から郊外の住居単一機能であるベッドタウンに移り住んでいる（図12.5）．北九州市を例にとれば，この状況は現在も変わっていない．

では，都市環境としての視点からこのような都市のあり方を考えてみよう．

車社会に依存するこのような郊外型住居を前提とした都市は，第1章で述べたように一人あたりのエネルギー消費量や，二酸化炭素・窒素酸化物排出量は，東京や大阪のような大都市に比べ極端に高い．車に依存した生活が，大きな環境負荷の原因である．商業施設に限らず，銀行や役所，郵便局などの公共施設や，ハコモノと揶揄されるホールなどの文化施設も，地方都市では車での来客を前提とし，郊外につくられることが多い．一方，このような新興の住宅地は，同世代居住中心で，**多世代居住地域**に比べ，保育所の不足，幼稚園の不足，小学校の不足，高齢者施設の不足など，時間経過とともにその地域に必要な施設が変化していき，その都度，必要に追われ，社会資本を補充していかなければならない．さらに考えると広域的に広がった都市では，電気・ガス・上下水道・通信などの公共公益事業や道路整備のメンテナンスに将来大きな負担をもたらすことになる．また，近年の自然環境保全の視点から考えると，山林を切り開く宅地開発による緑地の一方的喪失は，生態系を悪化させ，既存の動植物の生息域をどんどん狭め，希少種の絶滅を招いている．

ひるがえると，衰退が危機的状況を示しているかつての都心は，すでに，社会インフラや公共インフラ，商店街，学校，病院などの生活インフラが充実している地域とみることもできる．さらに，一人あたりのエネルギー負荷という観点からは，車よりもはるかに優れている大量輸送交通の

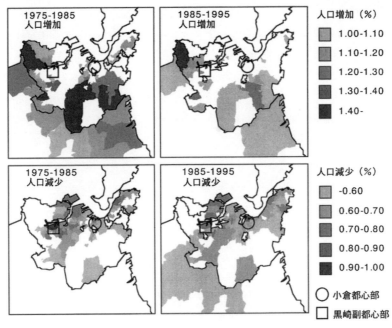

図 12.5 ● 北九州市の人口増減[9]

拠点である駅を中心としている．長期的視点で見ると，このようにすでに存在している**都心資産**をないがしろにし，郊外型の住宅地に新たに生活インフラをつくっていくことは，非効率であることは明らかである．

少子化と高齢化を抱える日本にとっては車社会を前提にしたライフスタイル自体を変えざるを得ず，現在の都市のあり方を大きく修正する必要がある．

**（2）都心資産の再活用**

車社会を前提としない都市づくりが，一人あたりの地球環境へ与える環境負荷という視点から重要であることはいうまでもないが，その実現のためにはもう一度，魅力あふれる都心づくりと豊かな都心居住空間を確保する必要がある．これまで都心に投資してきた多大な都市資産を有効活用することができなければ，衰退した都心がやがて大量の建設廃棄物を生むことになる．

この前提には，日本人の戸建てから集合住宅への居住形態の嗜好改革が必要である．近年，日本の大都市でつくられる超高層住宅は，日照，採光，通風といった居住環境や，眺望，夜景といった新たな魅力をもち，都心居住の大きな需要を生み出している．地方都市においても，都心居住が戸建て住宅に替わりうる新たな魅力をもたなければならない．それは，ある意味では，都心にしかない利便性であり，機能一辺倒ではなく，歩道や緑地，公園などの整備によるアメニティの向上であり，既存の**都心資産の再活用**である．

## 12.3.2　建築物の用途複合に伴う設備負荷の平準化

建物は夜間消費型の住宅系と昼間消費型の業務系に大きく分かれる．わが国の都市は，土地利用的にそれらが混在せず，**職住分離**の都市形態の中で昼間消費型の都心部と夜間消費型の周辺部に大きく分かれているものが多い．これは都心部の土地価格が高騰することによって収益性の高い建物

用途でなければ維持することができなくなり，業務，商業施設が集中する土地利用の特化現象が起こり，居住機能が都市周辺部へとスプロールすることに起因するものである．都市周辺部への市街地のスプロールに応じて，供給処理機能を担うインフラストラクチャーもスプロールし巨大化する．市街地のスプロールに伴う**ドーナツ化現象**で問題になるのは，インフラストラクチャー整備の**二重投資**が起きてしまうことである．本項では，都心居住つまり住宅系建物が都心部に立地すること，表現を変えると夜間消費型の建物が昼間消費型の地区に立地することによるインフラ的効果を検討する．

一般に，業務，商業施設のエネルギー消費は昼間消費型であり，住宅のそれは朝方と夕方以降の夜間消費型である．したがって，これらの建物用途が混在することなく，都心部とその周辺部で土地利用が二極化することは，都心部のインフラストラクチャーは昼間に集中的に使用され，周辺部のインフラストラクチャーはおもに夜間に集中して使用されることなる．そのため都心部および周辺部に構築されたインフラストラクチャーの一日の平均使用率は低くなり，結果的に対投資効果も低くなる．

都心居住が進み，都心部に住宅が建設されると，昼間はオフィス等でエネルギーを使用し，夜間は住宅が使用する形態となり，都心部のインフラストラクチャーの有効利用率が高くなる．また，都市周辺部に面的に拡大するインフラストラクチャーの負荷の発生源はおもに住宅系の建物であるために，都心部に比べて負荷密度が低い．そのため都心部のインフラストラクチャー整備の投資効果に比べて，周辺部のインフラストラクチャー整備の投資効果は相当に低い．都心居住が進めば，郊外での投資効果が低いインフラストラクチャー整備が不要になるとともに，整備の二重投資の回避が可能となる．

住宅系と事業系の**用途複合建物**では，建築設備の容量の削減効果と稼働率の向上効果が考えられる[10]．二用途の建物がそれぞれ単独で建設された場合は，二用途の建物で保有する設備容量の合計値はそれそれのピーク消費量の合計値を賄えるように決定される．しかし，オフィスビルのような昼間にエネルギーを消費する建物と，住宅のような朝・夜間にエネルギーを消費する建物が複合することで，一日の消費変動が平準化され，設備の平均使用率が向上する．これにより，設備投資とエネルギー等の利用効率において経済的効果が得られるのである．

## 12.4 都市分散とエネルギー

東京をはじめとする巨大都市への一極集中化は，夏期における電力需要のピーク時先鋭化をますます加速し，都市供給処理施設に過大な負担を強いている．この問題を解決する一法として，リゾート地等郊外部への夏期・冬期の都市人口分散が有効であると考えられる．

夏期・冬期におけるエネルギー消費量は，エアコン，冷暖房機等の普及に伴い年々増加してきており，その負荷は大きなピークを形成している．この結果，エネルギー供給システムの増強化が余儀なくされており，不経済をもたらしている．万一，このシステムがパンクするようなことがあれば，都市機能は完全に停止してしまう．このような事態を回避するためにも，エネルギー消費のピークカットは必要不可欠といえる．

地域の環境条件によって季節移動が自然に発生し，そこから地域の整備が必要になる．つまり季節による住処は，渡り鳥や回遊魚の知恵であり，また，遊牧民族に代表されるように人間本来の知恵であろう．数都市住替えの思想をもつには，まず人々の意識の変化や物流の発達，コミュニケーションネットワーク整備の充実などが必要である．夏の都，冬の都という二都政策を取れば，東京で大地震という事態になっても，第二の拠点として，もう一つの都市が機能することができる．

### ● 参考文献 ●

[1] 三浦秀一：全国の住宅における用途別エネルギー消費と地域特性に関する研究，日本建築学会計画系論文集，第510号，pp. 77-83，日本建築学会，1998
[2] 三浦秀一：全国都道府県庁所在都市の住宅におけるエネルギー消費と $CO_2$ 排出量の推移に関する研究，日本建築学会計画系論文集，第528号，pp. 75-82，日本建築学会，2000
[3] 三浦秀一，阿部成治，外岡豊：家庭生活における住宅と交通からの $CO_2$ 排出の地域特性に関する研究，日本建築学会大会学術講演梗概集 D-1 環境工学，pp. 953-954，日本建築学会，1999
[4] 日本建築学会，日本建築士連合会，日本建築士事務所協会連合会，日本建築家協会，建築業協会：地球環境・建築憲章，（パンフレット），2000
[5] 日本建築学会，日本建築士連合会，日本建築士事務所協会連合会，日本建築家協会，建築業協会，空気調和・衛生工学会，建築・設備維持保全推進協会：地球環境・建築憲章運用指針，（パンフレット），2000
[6] 渡辺浩文，須藤諭：都市環境管理システムの概念とその運用主体，日本建築学会大会学術講演梗概集（九州），環境工学Ⅰ，pp. 849-850，1998
[7] 日本建築学会編：都市環境のクリマアトラス，ぎょうせい，2000
[8] 田中貴宏，佐土原聡，村上處直：「福島県原町市における GIS を活用した環境調和型まちづくりに関する実践的研究」の概要－福島県原町市における GIS を活用した環境調和型まちづくりに関する実践的研究　その1－，日本建築学会大会学術講演梗概集（東北），環境工学Ⅰ，pp. 667-668，日本建築学会，2000
[9] Bart Dewancker, Fukuda Hiroatsu and Toshio Ojima, "Research on the creation of an urban biotope network in the city of Kitakyushu", PROCEEDINGS 4th International Symposium on Architectural Interchange in Asia,The Architectural Society of China, Chongqing, China, Sept. 2002, pp. 435-441
[10] 須藤諭，尾島俊雄：建築物の職住用途複合にともなう負荷の平準化に関する研究（業務施設，住居施設のエレベータ負荷，エネルギー－負荷の時刻変動からみた検討），日本建築学会計画系論文報告集，第443号，pp. 31-40，1993

# 第13章

# 環境のまちづくり事例

　環境は時代のキーワードになっているが,多様な広がりをもつ概念であり,地域としての扱いも都市部の環境から農村部の環境まで広範囲な捉え方がある.しかしながら,今求められているのは総合的な視点で環境を見ていくことであり,持続可能な社会の実現へ向けた具体的な一歩をいかに踏み出せるかということである.

　本章では,地域の環境を総合的に理解するために,都市環境のみならず農山村の環境についてもその現状と課題について述べている.そして,各地で広がりつつある環境を軸としたまちづくりの事例を通して,新しい地域づくりの未来を考える.

## 13.1 持続可能な発展と都市・農山村の環境

### 13.1.1 持続可能な発展とローカルアジェンダ

　21世紀は環境の世紀とうたわれて幕を開けた.そうした潮流を生み出すきっかけとなったのが,1992年6月に開催された「環境と開発に関する国連会議」,いわゆる**地球サミット**であるが,この中で**持続可能な開発**(sustainable development)という概念が重要なキーワードになった.この持続可能な開発は,将来の世代が自らの欲求を充足する能力を損なうことなく,今日の世代の欲求を満たすような開発と説明されている.また,この会議の行動計画として策定された**アジェンダ21**は,地方公共団体の役割の重要性を的確に指摘しており,その具体策としてローカルアジェンダ21の策定を求めている(表13.1).たとえ地球規模の環境問題であっても,結局取り組んでいかなければならないのは地域なのである.

　ローカルアジェンダ21はその策定や実施における幅広い参加のプロセスを重要視している.環境そのものの持続性のみならず,経済や文化等,地域社会全体としての持続性が必要と考えられる

**表13.1 ● アジェンダ21の支持における地方公共団体のイニシアティブ(行動の基礎)**

| |
|---|
| アジェンダ21で提起されている諸問題および解決策の多くが地域的な活動に根ざしているものであることから,地方公共団体の参加および協力が目的達成のための決定的な要素になる.地方公共団体は経済的,社会的,環境保全的な基盤を建設し,運営し,維持管理するとともに,企画立案過程を監督し,地域の環境政策,規制を制定し,国および国に準ずるものの環境政策の実施を支援する.地方自治体は,その管理のレベルが市民に最も直結したものであるため,持続可能な開発を推進するよう市民を教育し,動員し,その期待・要求に応えていくうえで重要な役割を演じている. |

からである．こうした多様な主体が多様な要素に対していかに合意形成を図っていくかという問題は，私たちに投げかけられている大きな課題である．

### 13.1.2　都市と農山村の環境計画

　これまで環境問題は主として都市の問題であった．そして，都市の環境問題の代表が公害問題であったといえる．そうした中では，過密化によって悪化する都市内の環境を，都市としてどう改善していくかということが問われた．一方，地方の農山村は**過疎化**に悩まされ，大都市への食糧供給基地へと化していったが，いわゆる環境問題はあまり顕在化しなかった．しかしながら，こうした大量生産・大量消費型の農業生産構造の中で，地方農山村自身も地域自立的な姿を失い，農家でありながら外国の野菜をスーパーで買わなければならない状況に陥っている．また，自然と調和した美しい田園景観はほとんど姿を消し，単調で人工的な農地へと様変わりしている．**農薬**や**農業廃棄物**の問題も頻発している．そして，地球温暖化と関連するエネルギー消費や生活系の廃棄物については，都市部と何ら変わらない問題を抱えている．これまで環境問題とは無縁と思われてきた地方農山村においても，環境問題は重要な課題になりつつある．

　こうして都市と農山村は，それぞれにおいて環境問題を抱える中で，互いに歩み寄ることで環境改善を図ろうとする流れが生まれようとしている．都市住民による里山づくり，棚田づくり，海の環境を守るための森づくりなど，さまざまな活動が各地で展開されるようになっている．また，**地産地消**として，地域の農家が地域の消費者に農産物を供給するという流れも加速している．そして，自然エネルギーという持続可能な発展に欠かせない資源を開拓しつつある．

　これまで，わが国では都市と農山村は別個のものとして扱われ，制度的にも一体的な計画が行われてこなかった経緯がある．しかし，環境という観点では両者はむしろ一体のものであり，総合的に計画されなければならないものである．こうした中で地方の中小都市，農山村において，持続可能な社会に向けた新しい動きが活発化している．それもローカルな環境改善のみならず，グローバルな環境改善に向けた挑戦が地方から生まれつつある．これは，豊かな自然資本を抱える地方都市が，持続可能な地域づくりという新たな方向性を見い出しつつあるからである．

### 13.1.3　持続可能性と地域経済

　地域の経済的自立は，環境の持続可能性を成り立たせる前提でもある．従来，環境対策といえば経済的な負担が強調され，環境と経済は相反するものとして見られてきた．しかし，環境対策においても経済原理を活用することが効果を上げやすいこと，経済においても環境対策を無視できなくなってきたことから，環境と経済は互いに歩み寄りを見せている．環境への負荷が少ないものへの課税を低減する**グリーン税制**が自動車税に導入されたり，温暖化対策として二酸化炭素の排出量に応じて課税する炭素税の検討が進められている．こうして環境規制が強化されることで対策技術が磨かれ，やがては競争力のある企業を生み出すことにもなる．そして，**地場産業**を活かして**環境関連産業**を育成することによって，地域経済の活性化や雇用の拡大にもつなげられるのである．

　また，貨幣経済そのものを見直し，特定の地域のみで通用する**地域通貨**と呼ばれるものが次々と誕生している．このような仕組みが生まれる背景には，現状のワンウェイ型の経済から循環型の経済に変革していかなければ，人類の生存条件である地球環境を飲み込んでしまうのではないかとい

う危機感がある．グローバルな経済原理とは異なるシステムが地域には存在するのであり，従来の貨幣システムでは十分に評価されなかった，環境や福祉の分野を地域独自の仕組みとして取り込んでいくことで，地域通貨は地域社会の再生に貢献するものと期待されている．そもそも循環型地域社会とは，地域の自然資本を基調とするものであるがゆえに，地域の資源を使う中で，地域経済をも循環させ，活性化させていく可能性を有している．現に，持続可能な発展を理念にあげる地域通貨は多く，有機農産物や自然エネルギーの普及に地域通貨を導入するところも現れている．地域通貨は，地域の中の人と自然，人と人を結ぶ仕掛けとして，循環型社会構築へ向けて大きな役割を果たそうとしている．

## 13.2 地域の環境計画とまちづくりの手法

### 13.2.1 地域の環境計画

　従来の公害を中心とした環境問題への対応から，多様な環境問題への対応が地域においても迫られる中，その手法もまた多様化している．こうした地域の取り組みを体系化するために計画が策定される．過去，公害対策基本法に基づいて各地で公害防止計画が作成されたが，これは限定された地域が，限定された要素について策定を行うもので，大都市のための計画であった．多様な環境要素に対応し，より総合的な対策を講じることができるよう，1993年に環境基本法が制定され，1994年には環境基本計画が策定された．そして，地域レベルでも環境基本計画が策定されたり，環境基本条例が制定されたりするようになってきた．国の策定以前に環境基本計画を策定する地方自治体もあったし，過去の公害対策についても，地方自治体が国に先んじて施策を講じるケースは数多く見られた．環境問題は地域にこそ問題や原因があり，その対応が現実問題として問われていたからである．こうした基本計画は地域の環境改善に対して即効薬となるものでは必ずしもないが，地方自治体において環境が地域政策の重要な要素として認識され始めたということを示している．

　また，地域環境政策を具体化しようとするところでは，個別の環境目的のための計画を策定するようになる．たとえば，地球温暖化については地球温暖化対策の推進に関する法律により，地方公共団体は「実行計画」の策定が求められており，都道府県を中心に計画が策定されている．また，エネルギーの分野においても**地域新エネルギービジョン**や**地域省エネルギービジョン**と称される計画が数多く策定された．さらに2011年の東日本大震災における福島原発事故以降，再生可能エネルギーに関する関心が高まり，より戦略的なエネルギー計画が立てられるようになった．環境基本計画の策定が進められた時期は理念的な計画が多く，必ずしも実効性のあるものではなかったが，現在の再生可能エネルギーに関する計画づくりは具体的なプロジェクトを実現していくための政策指針となりつつある．こうした計画を事業化していくための補助制度も用意されているとともに，住民レベルでの取り組みを支援する**草の根型の支援制度**も用意されるようになってきている．従来国家レベルで管理されていたエネルギー政策であるが，地域にも門戸が開かれてきている．こうした計画は政府の補助金によって策定されているものの，法定計画ではなく，任意の自発的な計画である．そのために，成果を上げていない計画も多いが，環境というテーマを通してさまざまな地域

像を地域自らが描いていけるという側面をもっている．より強力な権限と，予算が地域に与えられる必要性はあるものの，自主的な取り組みは持続的な地域づくりとしての重要な視点である．

### 13.2.2 住民参加による計画づくり

　従来，行政計画の中でプロジェクトが打ち出され，それに基づいて公共事業が組まれることが多かった．逆に，そうしたハードな公共事業を推し進めるために計画を策定していくという側面が多分にあった．しかし，環境計画はそうしたハードな施設整備を目的とするものではない．環境改善のために必要となるハードな整備事業もあるが，それに至る長期的，総合的な計画を実現するための社会的な仕組みをどう形成していくかが問われるものである．

　都市計画においてもインフラ整備や規制などを通して環境問題はさまざまな形で扱われてきたが，ハード面の物的な整備計画が中心となって，根本的な原因に至る対策が十分に吟味されてきたとはいえない．利便性や豊かさを追求するあまり，環境を破壊する公共事業も多々あった．しかし，近年の都市計画において個別事業中心の画一的なものから脱却し，地域独自の都市像そのものを描きながら，総合的な計画を策定しようとする方向へと転換しつつある．その例が**都市マスタープラン**であり，その策定過程では**市民参加**が重要視されている．このような市民参加の過程で出てくる意見の多くに環境問題があり，自治体としても環境を大きな軸とした計画方針を立てるところが多くなっている．

　近年問題となっている環境問題の多くは，ごみ問題のように住民自らが原因者でもあり，一方的な規制措置だけでは解決できない要素をもっている．さまざまな誘導的な措置とともに，住民の主体的な活動と実践が何よりも期待されているところであり，幅広い住民参加をどのように図るかということが今最も重要な点になっているといえる．そのための平易な表現として「まちづくり」という言葉がよく使われるのである．

　また，近年環境関連の**NGO**や**NPO**の活動は活発になっており，国際的な政治の舞台でも，地域の草の根的な活動においても大きな役割を果たすようになっている．行政においてもこうした組織の活動やアイデアを積極的に活用し，**パートナーシップ**を組むことが必要不可欠となっており，**ボトムアップ型**の環境計画が求められている．特に環境施策の実施段階において，こうした組織の行動力は大きな威力を発揮するが，そうした主体的な参加を得ていくためにも計画策定の初期段階からの参画が重要になってくる．また，そうした計画を実現していくためには，従来の普及啓発を越えた戦略的なソフト事業も重要になっているのである．

### 13.2.3 地域の環境マネジメントシステム

　環境問題には待ったなしの緊急を要するものが多く，廃棄物問題のようにすでに多くの問題を現実に投げかけているものも多い．また，地球温暖化問題は京都議定書によって2010年という時限付きの数値目標を突きつけることとなったが，このような義務化された影響力の大きい目標を定めたことは歴史的なことであり，さまざまな環境計画へ与えた影響も大きい．これら環境問題における動向は，環境計画に対してその実効性を問うこととなった．従来の各種行政計画では，さまざまな施設の整備を通して一定のサービス水準に到達することを目標とするものが多く，希望的な観測のもとに計画が策定されることが多く，計画の進捗状況はあまりフォローされることがなかったと

いえる．しかしながら，昨今の環境計画ではこの計画の進行管理をいかに図り，目標を達成していくかが問われるようになっており，従来の計画とはその意味合いも大きく異なるものである．

このような中で注目されているのが環境マネジメントシステムであり，その代表がISO14001である．**ISO14001**は**国際標準化機構**がまとめた**国際規格**であり，組織が環境負荷に対して目標を設定し，低減するために行う継続的な活動を認定するものである．計画の点検や見直しに対する明確な取り決めが必要であり，環境計画に実効性をもたせるのに有効な手段と考えられ，環境に積極的な取り組みを示そうとする地方自治体が現在数多く取得している．これらの多くは庁舎内の事務活動に限定した計画が多いが，これは行政自らが率先的に実践し，リーダーシップを取りながら地域にアピールしようとするものであり，**環境自治体**という言葉も使われる．また，行政内部に環境保全の意識を浸透させる中で，環境管理の対象を各種計画にまで広げていくことで，地域全体の環境配慮化をねらっている．こうした，行政サイドからのトップダウン型の環境計画として，環境マネジメントシステムは今や必要不可欠のものとなりつつある．

### 13.2.4　環境教育とまちづくり

近年，環境問題が深刻化していく中，さまざまな対策が講じられるようになってきた．しかしながら，その対策の多くは対処療法的なものが多く，根本的な原因を変えることができずにいる問題も多いのが現状である．現代の環境問題を解決していくためには，私たち人類が環境とどうかかわっていくかという基本的な哲学が求められている．環境に対するしっかりとした考えをもつことが，長期的には環境問題を解決していくための一番の近道になり，環境教育はそのための最も重要な方策となる．さまざまな場面での環境教育が徐々に進められつつあるが，その基盤となるのは学校教育での環境教育である．環境先進国といわれる国々の多くは幼少からの**環境教育**に力を入れてきており，その成果が今現れているといえる．

その一方で，頭では理解しているものの，なかなか実践できないという現実がある．テレビや新聞でも環境問題は頻繁に取り上げられ，一般的に環境に対する意識はずいぶん高まっているといえる．しかし，その意識の高まりを一歩進めて行動まで移すには，これまでの習慣やまわりの雰囲気がじゃまをする場合が多い．こうした状況を変えていくためにも，学校という集団生活の中で環境について考え，行動することは貴重な体験となるのである．

わが国においても，総合的学習が2002年度より導入されることになり，この中で環境問題が大きなテーマとして取り上げられている．自然環境を題材とした環境学習は，すでに多くの学校で実施されているところであり，**体験学習**としてもさまざまな題材がある．自然の中のさまざまな生命と触れ合うことを通して環境を考えることは，人間と環境のかかわりを考える基本となるものだといえる．そのような側面とともに，現在環境を悪化させている人間側の課題として省エネや廃棄物といったものも重要なテーマとなりつつある．こうした日常生活を題材とした**生活型環境教育**に対する期待は日増しに高まっている．すでに廃棄物の問題は身近な社会問題として取り上げられる例が多いが，最近では地球環境やエネルギーの問題を取り上げるところも増えてきている．図13.1は実際に省エネ学習に取り組んでいる学校の例であるが，図13.2のように省エネに対するイメージが改善され，意識や行動に変化が現れている．

また，学校区は**地域コミュニティ**の単位でもあり，学校が核となりながら地域の環境保全活動を

図 13.1 ● 省エネ学習に取り組む児童

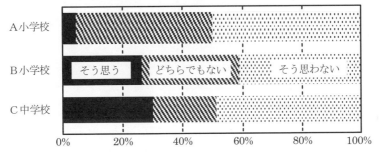

図 13.2 ● 児童の省エネに対するイメージ「何かと手間がかかりめんどうだと思う」[4]
（A 小学校は省エネ学習に取り組んだ学校）

推進できる可能性も高く，環境のまちづくり手法としても期待される．現に地区の古紙回収を行っている小学校は数多くあり，地域のリサイクル活動を支えている．このような環境教育の普及が，やがて本当の環境先進都市を生み出していくであろう．

# 13.3 環境のまちづくり事例

### 13.3.1 水俣病から環境モデル都市へ

水俣病と呼ばれる世界的にも有名な公害を引き起こした水俣市は，過去の苦い経験をもとに現在，環境を軸とした地域の再生に取り組んでいる．環境モデル都市としての宣言や環境基本条例，そして市民と一体となって策定された環境基本計画の中で地域経営の方針として環境を骨格的なものとして位置づけている．ISO 14001 の認証取得や，それにならった独自の制度として**家庭版 ISO** や**学校版 ISO** の創設，**環境マイスター**の認定や**エコショップ**の指定など，環境保全行動を活性化するためのさまざまな施策を講じている．その他，ごみの分別・減量，自然エネルギーの導入計画策定，自転車利用の促進など広範囲に環境施策を展開している．

水俣市の例は独自の体験を原動力にしたものであるが，環境を軸とした都市戦略がさまざまな施策展開に結びつくことを示している．

### 13.3.2 循環のまちづくり

2000年度は建設リサイクル法,食品リサイクル法,グリーン購入法,循環型社会基本法と相次いで制定され,2001年度からは家電リサイクル法が施行となった.これら**リサイクル関連法**も,今後地域がどのような循環型社会を築けるかにかかっている.

エコタウン事業は経済産業省が推進する事業であるが,環境産業の振興を通じた地域振興と,地域における**資源循環型社会**の構築を目指すものである.北九州はこの事業に取り組む代表的な都市である.鉄鋼のまちとして養った公害対策技術をもとに,さまざまなリサイクル施設を整備しながら地域振興を図っている.

11.2節でも述べたように,山形県長井市は現在「長井市レインボープラン」と呼ばれる家庭の**生ごみリサイクル**に取り組んでおり,全国からの視察者が絶えない.食の安全や地産地消といった問題を契機に,生ごみ堆肥化を通して農家と家庭を結び,地域内循環を実現するために住民が主体になってアイデアを練り,行政を動かせた例である.家庭の生ごみ分別回収は決して楽な作業ではないにもかかわらず,多くの市民が協力的に取り組んでいる.レインボープラン推進協議会の菅野芳秀氏はレインボープランについて「人と人との新しい出会い直しを織り込みながら,市民と行政が同じ地域の生活者として共同でまちづくり,未来づくりをしようとする合意の体系である」と語っている.このことからもわかるように,地域循環をつくるということは,何よりも人の輪をつくることが重要であり,それ自体がまた大きな目的となるのである.一般家庭におけるリサイクルが多くの難題を抱えながら足踏みしている中で,**住民主体のまちづくり**が成果をあげた好例である.

### 13.3.3 自然エネルギーのまちづくり

化石燃料に支えられた物質文明の中で自然資本の価値は低下し,地方都市はその恵まれた自然環境にあまり目を向けることなく,地域のアイデンティティを失いつつあった.しかし,地球温暖化対策が重要度を増す中で,自然環境に恵まれた多くの地域で自然エネルギーを軸としたまちづくりが進められている.

山形県立川町(現庄内町)は長年強風に悩まされてきた.その強風を活かした逆転の発想で,今や**風力発電**のまちとして有名になった.将来的には町の電力すべてを風力発電で賄おうとしている.また,森林資源を多く抱える自治体では木質エネルギーを導入するところが急増した.北海道下川町や山形県最上町などは特に有名であり,森林の間伐利用や雇用拡大効果が期待されている.

風力発電をはじめとする自然エネルギーは自治体が中心になって進められてきたが,ここでも市民が主体となって建設する例も現れている.NPO法人北海道グリーンファンドは,電気料金に対して5%分のファンドを積み立てながら風車建設の基金にするという,**グリーン電力料金制度**を独自に開始し,2001年9月に日本で初めての市民共同出資による風力発電施設を建設した.その後,電力会社も同様の制度を設けることとなったが,欧米の先進的な制度を市民がいち早く取り入れることのできる力をすでにもち始めていることを示している.

### 13.3.4 低環境負荷交通のまちづくり

近年都市の大きな環境負荷源になっているのが自動車である.自動車は排気ガスや騒音を通して,ローカルな環境にも,グローバルな環境にも大きなダメージを与えている.特に地方都市にお

ける自動車依存度はきわめて高く，ローカルな環境にこそ大きな影響はあまり現れていないものの，都市構造に大きな変化を与えている．自動車交通を主眼とした施設立地では駐車場の確保を優先して，市街地郊外に商業施設などが進出する．また，安価な宅地を求めて住宅も市街地郊外に建設されていく．このようなことが，中心市街地の空洞化を深刻なものにしている．

　自動車は環境的な側面のみならず，都市そのものの存続にも大きな影響を与えており，そのような都市の拡散現象を見直し，中心市街地の活性化を図るため**コンパクトシティ**という方向性が模索されている．また，自動車交通そのものの利用を減らし，公共交通機関の利用を促進するため，自転車利用環境，路面電車（トラム）の整備，パークアンドライドなどの試みが始まっている．脱自動車社会の動きも欧州では活発であり，カーフリーデー（欧州を中心に1,600以上の都市で実施されるノーカーゾーンを設ける日）やカーシェアリング（自動車共同利用システム）のような試みも盛んになっている．交通需要マネジメント TDM（transportation demand management）は，ハード面の整備のみならずソフト面からもさまざまな手法を通して，道路交通渋滞を緩和する方法であるが，今後の**自動車社会**が避けては通れないものであろう．そして，車中心の都市から，人を中心としたまちづくりを取り戻す第一歩でもある．

### 13.3.5　生き物のすむまちづくり

　都市での生活は自然とは遠く離れたものになりつつある．しかし，人間は自然とどこかで共生しながら生きていくものであり，そのつながりを垣間見る機会はいつの時代でも必要なものである．貴重性に価値基準をおくだけでなく，本来どこでもあたり前に見られた生き物を，また身近に見ることができるような環境づくりが進められている．自然な状態で多様な動植物が生息する環境のことを**ビオトープ**と呼ぶが，そうした地域のビオトープを保全，復元，そして豊富化するエコアップの取り組みが盛んになっている．横浜市では100箇所以上の公園や学校にトンボ池を整備するなどしている．また，小学校に生き物の生息空間となるビオトープを子供達の手でつくり上げるところも増えている．

　一方，河川はこのようなエコロジカルなネットワークの大動脈となるものであるが，1997年の河川法改正においても大きな転換が図られ，環境への配慮と，住民参加という大きな方針を打ち出した．そして，従来の治水対策一辺倒の考えから転換し，生物の生育環境や自然景観に配慮した多自然型河川の整備が進められている．コンクリートで固められた直線的で人工的な河川を，再び自然の姿へと蘇らせていかなければならない．

　このような生き物のすむまちづくりは，多くの地域住民の思いの結晶であり，多くの市民の手で実現されてきたものである．トンボやホタルが都市の中を飛び交う姿を目にするのは決して夢物語ではない．

### 13.3.6　五感で感じるまちづくり

　私たちは，五感を通して空間や場所を感じている．しかしながら，設計者やプランナーは得てして物的な空間そのものの視覚的な環境側面に思いを馳せがちである．現実のまちにはさまざまな活動が入ることで，動的で多様な環境変化が生まれる．こうした環境変化には大きなものから小さなもの，快適なものから不快なものまでさまざまなものがある．視覚的な環境は景観として私たちに

大きな刺激を与えるが，より質の高い環境を実現するには五感を通しての総合的な計画が必要になる．目以外の耳や鼻を通して感じられる環境は繊細なものも多い．不快な状況においてはそうした環境変化も大きく現れるが，快適な状況を生み出すにはより繊細な環境にも目を向けていく必要がある．

こうした五感を通した都市環境へのアプローチとして，**サウンドスケープ**という考え方がある．音という環境を捉えながら，その背景にある物的な状況や社会的な状況を関連づけ，計画に結びつけていこうとするものである．たとえば，水辺空間は景観的にも重要な要素であるが，そこには水が流れ，瀬と淵が点在しながらせせらぎが生まれる．こうしたせせらぎの存在は豊かな環境の証でもあり，それが人を心地よくするのである．逆にコンクリート三面張りの水辺空間では，せせらぎが聞こえることもなく，生き物も生息しない．水路という歴史的な環境資源を都市空間と重ね合わせた例が図13.3である．こうした新たな環境的視点を得ることで空間が生きたものとして評価されるようになる．

図13.3 ● 山形市における水路の音分布 [6]

## 13.3.7 環境のまちづくりの方向性

以上のように，環境のまちづくりはさまざまな観点から取り組みが行われているものであり，地域性と密接な関係にある環境をテーマにするがゆえの到達点である．また，環境問題は多くの住民

が直接かかわる問題であり，その参加なくしては解決もない．このように多様な方向性を展開させている「環境のまちづくり」は，**地域のアイデンティティを取り戻し，地域と人のつながりを呼び戻しながら，新たなコミュニティを形成しつつある**．環境は地域の計画に新しい風を呼び込んでいる．

## • 参考文献 •

[1] 国連事務局監修，環境庁・外務省監訳：アジェンダ 21 —持続可能な開発のための人類の行動計画—，海外環境協力センター発行
[2] 三浦秀一：循環型地域づくりとローカルアクション，農山村地域ではじまる持続可能な社会へ向けた挑戦，2002 年度日本建築学会大会研究懇談会資料「環境共生型ローカルアクションからみた都市-農村計画の方向」
[3] 坂本龍一，河邑厚徳編：エンデの警鐘，NHK 出版，2002
[4] 三浦秀一，森田正己：学校を中心とした地域省エネプロジェクト—小学校を核とした環境のまちづくりに向けた試み—，日本建築学会大会学術講演梗概集教育，pp. 777-778，2001 年 9 月
[5] 横浜市：やってみよう！ トンボ池，1998
[6] 三浦秀一，佐々木由佳：山形市市街地における農業用水路の景観と音環境に関する調査研究，日本建築学会計画系論文集，第 513 号，pp. 61-68，1998

# 第14章 環境評価

都市環境を評価する方法には、統計データや実測データを用いる**客観評価**と、アンケート等により住民が環境に対する自らの意識を述べる**主観評価**に分けられる。客観評価として代表的なのは、国そして地方自治体の多くで整備された**環境アセスメント**制度であろう。1970年代の公害問題に端を発したこの制度は、地方自治体での制定が国に先行したという、環境問題が地域固有のものであることを強く反映している。昨今では、日本をはじめ世界の建築関連の学協会で検討が進められている建築物の環境性能評価手法や、**LCA（ライフサイクルアセスメント）**の考え方や計算手法も普及してきている。本章では、建築や都市そして環境を理解するための環境評価手法を学び、環境認識に基づき自らが「何をすべきか」を考え、実践する契機とするものである。

## 14.1 環境アセスメントと都市環境

### 14.1.1 環境アセスメントの目的

**環境影響評価**、いわゆる**環境アセスメント**（environmental assessment 以下、EA と略す）とは、「土地の改変、工作物の新設その他これらに類する事業を行う事業者が、その事業の実施にあたりあらかじめその事業による環境への影響について自ら適正に調査、予測・評価を行い、その結果に基づいて環境保全措置を検討することなどにより、その事業計画を環境保全上より望ましいものとしていく仕組み」である（環境省ホームページより）。

### 14.1.2 先駆的自治体による初期段階環境アセスメント

制度の中に住民手続（公示・縦覧・周知等）を含んだ本格的な EA 条例は、1976年10月に制定、1977年7月に施行された「川崎市環境影響評価に関する条例」がわが国で最初である。川崎市が全国に先駆けて EA を制度化した背景には、公害発生の反省があると考えられる。川崎市の EA 対象事業規模は比較的小さく、小規模な開発事業までチェックするシステムとなっているのが特徴であった。

これに続いた先駆的 EA 条例制定自治体としては、北海道（1978年）、東京都（1980年）、神奈川県（1980年）などがある。

このうち、東京都の EA 制度は、評価書案（現行法の準備書に相当）の作成、説明会開催のほ

かに，評価書案に対する意見書についての見解をまとめた見解書の作成，説明会開催，見解書に対する意見書の提出，さらには事後調査の実施を制度化している点で，川崎市よりさらに住民参加の度合いの大きい革新的なEA制度であった．

なお，2014年7月現在，地方公共団体のEA制度化については，47都道府県および18政令指定都市で条例が制定されている．

### 14.1.3 環境影響評価法の公布・施行による新段階環境アセスメント

国の**環境影響評価法**は，1997年6月13日公布，1999年6月12日施行された．地方自治体は，国における統一法の早期制定を要望したが，国のEA制度の法制化が先駆的自治体に遅れること20年以上になった．この理由は，EA制度による訴訟，紛争の多発，開発事業遅延等に対する経済界の懸念があったためと考えられる．

国の環境影響評価法の大きな特徴は，以下の2点である．

① スクリーニング（必ずEAを行う第一種事業のほかに，これに準ずる第二種事業について，個別の事業や地域の違いを踏まえEAの実施の必要性を個別に判断する仕組み）を導入した．これにより，EAを行う事業規模に満たない事業にすることよる意図的EA逃れを排除できることになった．

② スコーピング（事業者がEAの項目および調査等の手法についてEA方法書を作成して，環境保全上の意見を聴く手続き）を導入した．これにより，早い段階から手続きが開始されることになった．

なお，国の環境影響評価法が制定され，地方公共団体の手続き等が法律に規定されたため，地方公共団体でも法に合わせた手続き，内容等について条例等の改定を行っており，環境影響評価法のスクリーニングやスコーピングを採用している．

### 14.1.4 先駆的自治体および国による計画アセスメント導入への動き

**計画アセスメント**（戦略的環境アセスメント：strategic environmental assessment）とは，たとえば，道路整備計画や空港整備計画といった国の中長期計画を対象に，政策や上位計画の立案段階で環境への影響を評価・把握し，環境に配慮した計画策定を行おうとするものである．

EAの最近の動向として，先駆的自治体および国による計画アセスメント導入の動きがある．

東京都の総合環境アセスメント制度では，①計画立案のできるだけ早い段階からの環境配慮と②広域的な開発計画等における複合的・累積的な環境影響への適切な対応を目的とし，東京都が策定かつ実施する計画を対象として，条例に基づくEA手続き（基本設計段階）のさらに前段階において，総合環境アセスメント手続き（基本計画段階）が1999年から試行された．さらに，2002年7月（2003年1月施行），東京都は，事業段階EAのみを規定している条例を改正し，新たに計画段階EAを導入し，東京都のEA制度を，計画アセスメントと事業アセスメントからなる一体・一連の制度として再構築している．

計画アセスメントは，「採用可能な複数の計画案」について環境影響を比較評価し，その結果を計画に反映することにより，環境配慮を一層推進させるものとすることに特徴がある．

川崎市環境影響評価に関する条例では，市が行おうとする事業（条例および規則で定める）を対象として，同様の前段階において環境配慮計画書の手続き（基本計画段階）が2000年から施行されている．また，2011年4月（2013年4月施行），国の環境影響評価法が改正され，計画段階環境配慮書手続（配慮書手続）が創設されている．

### 14.1.5 環境影響評価法による環境アセスメントの手続きの流れ

環境影響評価法によるEAの手続きの流れは，以下のとおりである．

#### （1）計画段階環境配慮書の手続き

事業への早期段階における環境配慮を可能にするため，第一種事業を実施しようとする者が，事業の位置・規模等に関する複数案の検討を行う．

#### （2）スクリーニング（第二種事業の判定）

第二種事業については，当該事業の許認可等を行う行政機関が，都道府県知事に意見を聴いて，事業内容，地域の環境特性に応じてEAを行うかどうかの判定を行う．

#### （3）スコーピング（環境影響評価方法書の手続きならびに環境影響評価項目および手法の選定）

事業者は，EAの項目および手法の案を記載した方法書を作成し，都道府県知事，市町村長，環境の保全の見地から意見を有する者の環境保全上の意見を聴く．これらの意見や事業特性・地域特性の把握結果を踏まえ，具体的なEAの項目および手法を選定する．

#### （4）環境影響評価の実施および環境影響評価準備書の手続き

事業者は，事業の実施前に，環境影響の調査，予測および評価ならびに環境保全措置の検討を行い，その結果を記載した準備書を作成し，都道府県知事，市町村長，環境の保全の見地から意見を有する者の環境保全上の意見を聴く．

#### （5）環境影響評価書の手続き

事業者は（4）の手続きを踏まえて，評価書を作成する．環境影響評価書について，環境大臣は必要に応じて許認可等を行う行政機関に対し環境の保全上の意見を述べ，許認可等を行う行政機関は，当該意見を踏まえて，事業者に環境の保全上の意見を述べる．事業者は，これらの意見を踏まえて評価書を再検討し，必要に応じて評価書を補正し，EA手続きの最終的な評価書を提出する．

#### （6）許認可等における環境保全の審査

許認可等を行う行政機関は，許認可等の審査にあたり，評価書に基づいて対象事業が環境保全について適正に配慮されているかどうかの審査を行い，その結果を許認可等に反映する．

#### （7）報告書の手続き

事業者は，環境保全措置等の結果の報告・公表を行う．2011年法改正により追加された．

### 14.1.6 環境アセスメント事例

筆者が従事した三つのEA事例[1]～[3]のうち，日本電気本社ビル建設事業[1]のEA事例を紹

介することにより，都市環境における EA の役割を考える参考としていただきたい．

## （1）開発計画の概要

計画地は，東京都港区芝で，敷地面積が約 2.1 ha の広大な敷地である．

現三田事業場（従業員数：約 6,000 人）を解体し，新たに本社ビル（延床面積：約 14.6 万 m$^2$，駐車台数：約 420 台，高さ：地上約 180 m，階数：地上 43 階，地下 4 階，主要用途：事務所ビル，従業員数：約 6,000 人，工期：1985 ～ 1989 年）を建設した．港区における既存建物の最高高さは 165 m で，計画建物はこの高さを約 15 m 上回ることになった．

## （2）環境アセスメントのポイント

東京都環境影響評価条例の高層建築物の設置条件（高さ：100 m 以上かつ延床面積：10 万 m$^2$ 以上）に該当した事例である．評価書の提出，受理は，1985 年 2 月であった．

一般的な予測・評価項目以外の項目としては，超高層ビルの計画による日照阻害，電波障害，風害，景観，既存工場の解体および新設ビルの建設工事による土壌汚染，地形・地質が選定された．

このうち，EA のポイントとなった風害について，概要を記す．最初は箱型ビルが提案されたが，周辺環境への配慮が必要であることから，風害対策をテーマとし，基本形状を含め，各種の建

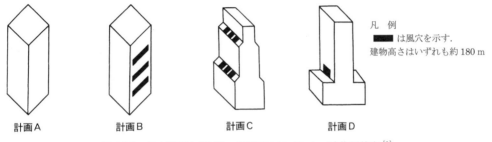

図 14.1 ● 日本電気本社ビル　計画アセスメント　建物形状案[1]

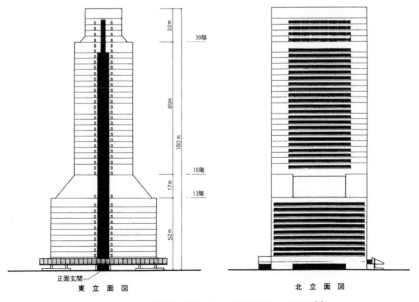

図 14.2 ● 日本電気本社ビル　建設事業　立面図[1]

物形状について基礎実験を行った．その結果，計画地では建物に風穴をあけ，しかも集約すれば効果の上がることが確認された．オフィス計画も考慮して，図14.1のCとDの折衷案を練り上げ，風穴のある超高層ビルの建物形状が確定した．風穴の向きは，気象観測資料および周辺地域の土地利用状況とを考え合わせて南北方向とし，風穴の位置は13階から16階に相当する部分に設け，大きさは高さ約15 m，幅約35 mとした（図14.2）．さらに，計画建物周辺には主として常緑樹を中心に大規模な植栽を行っている．本アセスメント（基本計画段階）の前に事業早期の計画アセスメント（基本構想段階）を実施した成果である．

### 14.1.7 これからの環境アセスメントと都市環境

#### （1）環境緩和の追及

従来のEA制度では，評価の考え方が環境基準方式の場合には，環境基準等を環境保全のための目標として設定し，この目標を達成するかどうかだけを評価してきた．しかし，環境影響評価法では，環境基準の達成だけでなく，環境影響緩和のために最善の努力がなされているかどうかについて評価を行うという考え方を導入している．これからのEAの課題としては，EAにより，事業者とともに都市環境への影響緩和（回避，最小化，修正，軽減/消失，代償等）をいかに幅広く検討していくかが求められていると考えている．

#### （2）計画アセスメントの重視

条例による手続きEAの効果を疑問視する識者の意見もあるが，事業主にEAを義務づけることにより，それなりの都市環境への配慮が実施されてきたものと思う．たとえば，日本電気本社ビルのEA[1]の場合，基本構想段階で計画アセスメント，基本計画段階で本アセスメント，基本設計段階で条例に基づくEA手続きを行った．これからのEAの課題としては，この基本構想段階での計画アセスメントに重点を置くことにより，より根本的な都市環境への配慮を事業者とともに求めていくことであると考えている．

## 14.2 環境共生建築と都市環境

建築物は，その建設，運用，改修，廃棄の一連の過程においてさまざまな資源を消費し，かつ外界への環境に負荷を与えている．建築物が直接的もしくは間接的に環境に与える負荷としては，①資源の消費（エネルギー，材料，水，土地），②外界への負荷（地球温暖化，オゾン層破壊，酸性化，廃棄物，熱汚染），③人体の健康への負荷（空気質，温熱環境，照度，騒音）などが大まかに分類される．地球環境や都市環境の問題を考える場合，地球環境や都市環境への負荷の発生元となっている人々の暮らしの場である住宅や建築物のあり方を考える必要がある．建築分野において環境問題への関心が高まる中，Green Building，**環境共生建築**といった概念のもとに環境に配慮した建築物が世界各地で計画され，建設されつつある．各国，各地域でさまざまな先進的な事例が出てくる中，世界共通の認識としての環境共生建築はどのようにデザインされ，建設され，そして運用されるべきかということが議論され，またそうした建築物がどのようにすれば普及するかという

ことが検討されている．こうした動きの一つとして世界各国で建築物の環境面での評価方法の提案や開発が行われている．建築物の性能を正確に評価することにより，環境に配慮した建物の具体像が明確になるとともに，建物所有者や利用者に対しても正確に建築物の性能を提示することが可能となり，環境に配慮した建築物の普及が促進されると考えられる．本節では，建築物の環境性能を総合的に評価する環境性能評価手法について述べる．

### 14.2.1 世界の環境性能評価法

環境性能評価手法は，敷地や立地などの条件が具体的に与えられた建物に対して，建物およびその建物の立地条件，設計，建設，運用方法なども含めた環境負荷，環境性能を総合的に評価する手法である．1990年代前半から世界各国で環境性能評価手法が開発されている．代表的な手法として，イギリスの建築研究所（BRE）において開発された **BREEAM**，カナダのブリティッシュ・コロンビア大学（UBC）で開発された **BEPAC**，アメリカ・グリーンビルディング協会（US-GBC）により開発された **LEED** Green Building Rating System，1998年に，カナダ天然資源省が主唱し世界14ヶ国が参加し，共同で開発された **GBTool**（現 **SBTool**），そして日本で開発された **CASBEE** などがある．これらの評価手法は，建物の環境面での性能を総合的に評価することを意図して開発され，地球環境，地域環境，室内環境などの面を評価する．各評価手法は各国の状況を反映し，評価領域の構成や評価方式，評価結果の表示の方法は異なるが，地球環境，都市環境，建築・室内環境など各スケールに対応した評価項目を網羅した内容となっている（表14.1）．また近年，BREEAM Communities，LEED for Neighborhood Development，CASBEE for Cities など，各評価ツールは都市スケールに対応したバージョンが開発され利用されつつある．

### 14.2.2 SB（Sustainable Building）評価法

SB評価法（旧GBC評価法）は，世界14ヶ国の研究者，設計者，技術者が集まり，各国で検討された環境に配慮した建物の考え方をもちより，議論を重ねた結果に基づき形づくられた建築物の総合的な環境性能評価手法であり，この手法に基づき開発されたツールがSBToolである．そこで合意された評価の枠組みは，①資源消費，②環境負荷，③室内環境，④サービス，⑤経済性，⑥管理，⑦都市環境の七つの評価領域からなり，各評価領域は118の評価項目から構成される．これら七つの領域の事柄を考慮して設計，建設された建築物が優れた環境共生建築であるとする考え方である．

SB評価法の特徴は，既存の評価手法の評価項目を網羅していることと，地域性を考慮し各国，各地域で状況に応じて変更できるように意図されていることである．SB評価法の評価の枠組みは，階層構造となっており，複数の評価領域，評価部門，評価項目などから構成されて，建物の環境性能の評価項目が細かく区分されている．たとえば，資源消費の領域においては，その下層部に，評価部門として R1 ライフサイクルエネルギー，R2 土地利用，R3 水消費，R4 材料消費があり，その下層部に評価項目として，R4.1 建設に使用された資材量，R4.2 改修時または解体時に回収可能な資材量というように分かれている．実際の評価，スコアリングは，評価細項目レベルで行い－2〜＋5点の間で採点し，各項目の得点に重み係数を掛け合わせて合計し，最終的には評価部

表14.1 ● 各国の評価手法と評価項目

|  | 室内・建築環境 | 近隣・都市環境 | 地球環境 |
|---|---|---|---|
| BREEAM<br>イギリス, 1991年<br><br>1. 地球環境問題と資源利用<br>2. 地球環境問題<br>3. 室内環境問題 | 照明<br>空気質<br>有害物質<br>ラドン<br>室内騒音<br>レジオネラ菌 | 水資源の保護<br>レジオネラ菌<br>交通 | $CO_2$ 排出<br>酸性雨<br>オゾン層の破壊<br>材料のリサイクル |
| BEPAC<br>カナダ, 1993年<br><br>1. オゾン層の保護<br>2. エネルギー利用<br>3. 室内環境<br>4. 資源保護<br>5. 立地と交通 | 室内空気質<br>室内光環境<br>室内音環境<br>建物外皮の設計<br>HVACシステム<br>HVAC機器<br>エネルギー管理・制御システム<br>照明と電気機器<br>給湯 | 大気汚染物質の削減<br>建物とランドスケープの保存<br>木材保全<br>敷地内での水の制御<br>適正な土地利用<br>建物デザインと交通 | ODP物質の表示<br>システム設計と対策機器の設置<br>非ODP物質への転換<br>電力消費の削減<br>ピーク電力の削減<br>建物の水使用量削減<br>環境負荷の小さい材料使用<br>廃棄物のリサイクル設備 |
| LEED<br>アメリカ, 1997年<br><br>1. サステイナブルな敷地<br>2. 水消費の効率化<br>3. 材料資源の保護<br>4. 室内環境<br>5. プロセス | 室内環境性能<br>VOCの低い材料の使用<br>喫煙の制御<br>化学物質源, 汚染物質源の制御<br>$CO_2$ の監視<br>システムの制御性<br>換気効率の向上<br>熱的快適性<br>昼光・眺望<br>建物システムの性能検証<br>最善な管理運営<br>計測と検証 | 浸食・沈降制御<br>生息地への障害低減<br>敷地選定<br>雨水管理<br>都市再開発<br>ヒートアイランドの低減<br>荒廃地の再開発<br>光公害の低減<br>交通機関の選択肢<br>植栽のための効率的な散水<br>革新的な下水量低減技術<br>既存建物の再利用<br>地域の材料<br>建設廃棄物の管理 | 再生可能エネルギー<br>CFC削減<br>グリーンパワー<br>水消費量の低減<br>エネルギー性能の最適化<br>エネルギー効率<br>再生可能なものの保管収集<br>リサイクル材の含有<br>短期間に再生可能な材料<br>資源の再利用<br>認定を受けた木材 |
| GBTool<br>世界14ヶ国,<br>1998年～<br><br>1. 資源消費<br>2. 環境負荷<br>3. 室内環境<br>4. サービス<br>5. 経済性<br>6. 管理<br>7. 都市環境 | 空気質と換気<br>熱的快適性<br>昼光と照明<br>騒音と音響<br>適応性と適合性<br>システムの制御性<br>性能の維持管理<br>経済性<br>建設計画の策定<br>試運転調整<br>建物運用計画の策定 | 土地利用<br>固体廃棄物<br>液体排出<br>敷地と近隣への負荷<br>敷地内のアメニティ施設<br>発生交通量最小化の方策<br>地域の大気特性<br>輸送環境<br>開発予定地の地価と不足度<br>既存建物の修復および再利用<br>適切な上水供給<br>需要に対して収支的に見合う<br>公共インフラの妥当性<br>文化・娯楽・商業の利用<br>市街地の文化的・歴史的価値 | 温室効果ガスの排出量<br>オゾン層破壊物質の排出量<br>酸性化物質の排出量<br>ライフサイクルエネルギー<br>水消費量<br>材料利用 |

[文献 [7] [8] [9] より作成]

門，評価領域ごとに－2～＋5点として性能を表示する．その地域で一般的な建物と同等な性能の場合，点数は0点となる．

　総合的な評価を行う場合，異なる次元の評価項目を同一の尺度で評価することになるが，ここで重要となるのが重み係数である．SB評価法では，評価領域，評価部門，評価項目，細評価項目ごとに各項目の重要度を重み係数を用いて表現し，各項目の得点に重み係数を乗じて点数を合計し，最終的には単一の点数として表示し，建物の性能を表示する．重み係数の決定にはさまざまな方法があり，コストに基づく方法，ダメージに基づく方法，専門家間の意見に基づく方法などがある．現在のところコスト，ダメージに基づく重み係数の決定は研究途上であり，専門家の意見に基づく方法がとられている．

　一概に環境共生建築といっても，さまざまな要素に対して考慮し計画する必要があり，それらの対策を客観的に評価することにより，より性能の優れた建物ができ，そうした積み重ねにより地球環境，都市環境への負荷を低減していく必要がある．

## 14.3　都市環境に対する住民の意識

### 14.3.1　都市環境評価の方法

　**WHO**（世界保健機関）は都市環境の必要にして十分な条件として，**安全性**（safety），**健康性**（health），**利便性**[1]（efficiency），**快適性**（comfort）の四つをあげている．しかし，安全，健康，利便，快適という言葉はきわめて広い意味をもっているため，都市環境を評価する場合は，その目的や対象とする都市や地区の特性を踏まえて項目を設定しなければならない．

　都市環境を評価する方法には，統計データや実測データを用いる客観評価と，アンケート等により住民が環境に対する自らの意識を述べる主観評価に分けられる．

**（1）客観評価**

　都市環境を安全性，健康性，利便性，快適性の面から客観評価するためには，設定された項目のそれぞれに対応する評価指標を決め，統計データや実測データによってその評価指標を数値化する．たとえば，「公園」に対応する評価指標を「人口一人あたりの公園の面積」と決めた上で，この評価指標の数値を都市ごとの統計データから算定すると都市間の比較ができる．それぞれの項目の評価指標はその項目の性格に合わせて決める必要があるが，騒音や大気汚染などのように国や地方自治体によって環境基準が定められている項目については，実測データと環境基準を比較することによって環境目標の達成状況を把握できる．

**（2）主観評価**

　都市環境の主観評価では，アンケートによって住民の意識を調査する．アンケートとは「調査」を意味するフランス語"enquête"からきており，「質問紙調査」と呼ぶこともある．

　住民の意識を調査する一環として都市環境に関する住民の満足度を調べるには「満足」，「やや満

---

[1] 効率性あるいは経済性ともいう．

足」,「どちらでもない」,「やや不満」,「不満」という5段階の選択肢から選ばせるのが答えやすい[2]．一例として「あなたは外の静かさに満足ですか」とアンケートで聞いてこの5段階から選ばせる．その回答の比率から屋外の騒音について回答者全体の満足度を把握できる．

また,「屋外の騒音について気がついたことを書いて下さい」などというように自由記入欄を設けると，住民の多様な意識を受けとめることができる．その回答は文章形式なので選択式のように簡単に集計できないが，住民の実感が生き生きと描写され，数値データとは異なる形で都市環境の実態が明確に示され，読む者にさまざまな示唆を与える．

「環境とは主体を取り巻くもの」という環境の基本的な定義に従うと，アンケートは環境側に直接アプローチするのではなく，環境の主体側にアプローチし主体が自分を取り巻く環境について日々感じていることを聞き出す作業といえる．

都市環境の評価を行う際には，その目的に応じて客観評価と主観評価を使い分けたり，同時に行ったりする必要がある．大気汚染やダイオキシンのような極微量有害物質による環境汚染などは住民が五感で感じ取れないものも多いので，主観評価のみに頼ることは危険であり，客観評価を欠くことはできない．一方，交通量の多い道路沿道でその騒音に対する意識をアンケートで聞けば，騒音レベルの実測データだけではわからない騒音に対する住民のさまざまな反応を把握することができる．

### 14.3.2 アンケート票の作成方法

#### (1) アンケート票のチェック

アンケート調査は，アンケート票の質問項目によってすべてが決まるといっても過言ではない．いわば，アンケート票は住民の意識を計測するセンサである．計測器のセンサが正常に作動しないと環境の正確な計測はできないように，アンケート票が精査されていなければ住民の意識を正確に把握することはできない．そこで，大量のアンケート票を配布する本調査の前段階として一部の住民に対して**パイロット調査**を行うと，アンケート票に欠陥がないかをチェックできる．時間的な制約などでそうした段階を経ることができない場合は，身近な者に回答させることが最低限必要である．アンケート作成者が気づかなかった盲点がこうしたチェックで発見されることが多い．

特に最近は高齢者の在宅時間が長いため，回答者はその世帯の誰でもよい旨を依頼状に書いた場合は，家族のうち高齢者が回答することが多い．アンケート票の文字をできるだけ大きくして読みやすく答えやすくする工夫が欠かせない．

なお，アンケート票に添付する依頼状には，調査の主旨，回収方法，回答期限，問い合わせ先に加え，アンケートの性格に応じて適宜「個人の氏名が公表されることはないこと」,「特定の住民の利益のために行うものではないこと」を明記する必要がある．

#### (2) 予備アンケートの実施

アンケート票を作成する際には調査対象とする都市や地区の環境を考慮しながら選択肢を設定するなどして質問を構成する．その場合，アンケート票作成の基礎資料を収集するため一部の住民に

---

2) 満足度の5段階は「非常に満足」,「満足」,「どちらでもない」,「不満」,「非常に不満」でもよい．

「住まい周辺の環境について気がついたことを書いて下さい」というような自由記入欄を中心とした予備アンケートを実施する方法がある．アンケートの回答者は市報やポスターなどで募集してもよい．その募集に自発的に応募する住民は都市や地区の環境に高い関心をもっているので，自由記入欄中心のアンケートであっても熱心に回答することが多く，幅広い環境要因についてさまざまな視点から観察した文章を効率的に収集できる．募集した住民を**環境モニター**と名づけ，このモニターを対象として繰り返しアンケートを行い都市環境に関する多面的な記述を大量に収集することもある[11]．アンケート作成者の想像力のみに頼るのではなく，住民の生の声をもとにアンケート票を作成することによって，住民の意識を正確に捉えることが可能になる．

### （3）弱者の声を聞くこと

アンケートの欠点は**高齢者**や**障害者**などペンをとって書けない人には回答できないことである．そうした人には面談して話を聞く方法がある．これを**ヒアリング**と呼ぶこともある．アンケートと異なり対象にできる人数は限られるが，一人ひとりからじっくりと話を聞ける方法である．面談の調査者は，相手の話を逐一理解しながら適切な質問をはさんで話を展開させることに意識を集中するので，話の進行に関する簡単なメモはとれても漏れのない詳細な記録を取るのはほとんど不可能に近い．必ず小型の録音装置をもちこんで録音する必要がある．手間はかかるがその録音を文章に起こすと生き生きとした話を再現できる．面接を始める前に，相手に対し録音の許可を取る必要があることはいうまでもない．

### （4）アンケートの効用

もとから環境に対してあまり関心のなかった住民が，アンケートに回答することによって自分の住む都市や地区の環境に関心をもつようになることもある．「このアンケートに答えて初めて夜道の明るさの大切さがわかった」，「自分がもっと静かなところに住みたいと思っていることに気付いた」とアンケート末尾の自由記入欄に感想を書く住民もいる．アンケートの主目的は都市環境に対する住民の意識を明らかにすることであるが，それと同時に，環境に対する住民の意識が喚起されることもアンケートの効用として見落とせない点である．アンケートによって「もっとよい環境に住みたい」という住民の要求を育むことが環境改善の原動力となる．

## 14.3.3 住宅地の環境に対する住民の意識

アンケートによって住宅地の環境に対する住民の意識を調べた結果を紹介する．

地域の環境を管理する基礎単位である自治会を対象として，地区の環境上の問題に対する意識を調べるためアンケート調査を行った[12]．対象は首都圏近郊のさいたま市大宮地域（旧大宮市）であり，アンケート票をこの地域の全282自治会の会長宛てに郵便で送付した．その際，郵便料金受取人払いの返信用封筒を同封し，この封筒により回収したところ，152の自治会から回答があり，回収率は54％に達した．通常，アンケート票を郵便送付・郵便回収する場合の回収率は15～30％なので[3)]，この回収率の数字自体がこの地域の自治会の環境問題に対する関心の高さを物語っているといえる．

---

3) 各戸を訪問して配布と回収を行うと回収率が高くなる．

「あなたの自治会ではどのような環境に対して関心があるか」を質問し，40項目の選択肢から複数回答可で選択させた結果を図14.3に示す．この図はこの地域の住民が感じている環境上の問題の所在を明確に示している．回答のあった自治会のうち4割が関心のある環境要因として「夜間の街灯の明るさ」，「車両交通による騒音」，「道路の整備状況」，「暴走行為による騒音」，「道路の幅」をあげている．道路自体の整備状況と夜間の暗さ，また，道路を通過する車両の騒音など道路に関連する環境要因への関心が高いことがわかる．この地域では既成市街地の中心部を除いて道路の整備が不十分なまま開発された地区が多く，こうした状況に自治会が敏感であることを示している．

こうした環境に対する意識は，そこに住んでいる住民にアンケートを行って初めて明らかになるものである．これをもとに計測器を用いた実測を行うことによって，主観評価と客観評価を連動させた都市環境評価が可能となるのである．

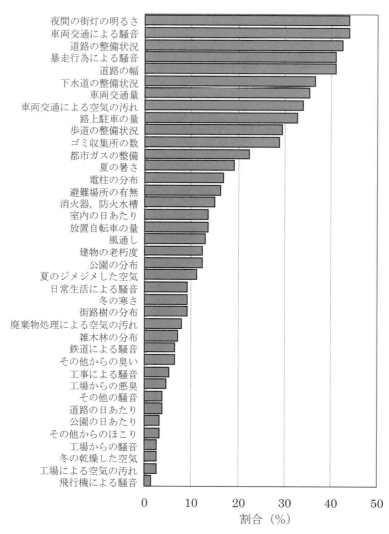

図 14.3 ● さいたま市大宮地域（旧大宮市）の自治会が関心をもっている環境要因 [12]
（回答数 153 票，複数回答可）

## 14.4 建築LCAによる地球環境負荷の低減

　LCA（life cycle assessment，ライフサイクルアセスメント）は，主として製造業企業が総合的に環境影響の小さな製品を開発するために行う環境影響評価手法の一つとして始められた．製品の製造，流通，消費または供用，廃棄の全過程にわたって評価すること，つまりライフサイクル全体を通した評価としてLCAと呼ばれる．実際にはその環境影響を全過程で評価するものであるが，LCAという名前には環境の語は入っていない．LCAはシステムバウンダリー（system boundary），すなわち定量評価対象範囲次第で評価値が違ってくるが，概念としてLCAが目指すものが全体を通じた総合評価であるので，直接間接にありとあらゆる影響をできるだけ取り込むべきものである．したがって，生産工程では原料資源の収得（発掘等），エネルギー資源の収得（油井等），資源輸送（たとえば貨物船の軽油消費），製造工程での環境影響や素材消費等，**産業連関**を通じた間接的な影響を含めて幅広く評価の対象に含まれるし，流通ではトラック輸送の大気汚染や$CO_2$排出だけでなく，梱包に伴う廃棄物発生や保管施設の建設，道路港湾等の固定資本損耗なども概念として含まれる．工業製品消費財の場合，たとえば容器入りの中性洗剤を使えば水質汚濁があるであろう．その廃棄段階とは空になった容器が廃棄物となり，再資源化されたり，中間処理されたり，焼却処理されたり，最終処分場に至ってそこでの環境影響を含めて評価される．このように全過程を対象にそれぞれおもむきの異なる環境影響を総合評価することがLCAの目的である．

　LCAと簡単にいうものの，建築の事例のようにライフサイクルが長期間にわたる場合には想定したサービスの供用期間を全寿命として1年あたりの損耗量相当影響量を評価する．建築の場合には供用期間中にその場で冷暖房・照明等のエネルギー消費（運用時消費）がなされ，その水準が建築物の設計によって規定されている等，ライフサイクルの構成要素は複雑である．さらに廃棄後の環境影響も考慮されなければならないが，部分的な再利用や，再資源化がなされた場合の評価や，廃棄時の処理手法による環境影響の違いを**建設企画段階**で想定して評価に取り込むことは難しく，**解体廃棄段階**のような下流に行くほど評価は不確定性が多く含まれ厳密な評価が困難になる．LCAの手順としてはまず評価の範囲を決め，定量評価し，その結果を解釈して総合評価する．指標の算出以上に解釈が重要である．紙面の都合上詳しくは関連書[13][14]等を参照されたい．

### 14.4.1　建築LCAと環境負荷データベース

　建築計画時のLCA手法については建築学会で公開しているソフト[13]があるので，それを利用いただきたい．建築LCAを行うには建築材料全般の単位消費量あたりの環境負荷を与える必要がある．正確な影響評価には，信頼できる基礎データとして環境負荷原単位が用意されていなければならない．日本の**産業連関表基本表**を用いた環境影響原単位分析の試みはいくつかなされており，その一つに筆者等が開発した海外波及を含む$CO_2$誘発排出量分析[15]~[17]の手法がある．建築学会ではそれに従って最新データを作成し，鉄鋼製品，セメント等の主要資材等について各種統計から独自の推計を行い，また利用できる推計資料から最良値を吟味して取り込み，基礎データとして公開している[13]．

図 14.4 〜 14.6 は建築部門産業連関表を基礎資料として建物用途別・構造別に日本の現況を $CO_2$ について LCA 分析した例で，いわば日本の現況の平均像である．$LCCO_2$ 排出量の主要部分は建設時の排出（図 14.4）と運用時の排出（図 14.5）である．建設時の排出は建築構法により鉄，セメント等の資材量が異なり，昨今は木造公共建築推進法（2010 年）が整備され中小業務建物を木造で建設することが推奨されているが，木造で建物重量が軽い建築にすると基礎の本数が少なくてすみ素材消費量，特にコンクリート消費量を大幅に減らし $LCCO_2$ 削減につながる効果もある．運用時における排出とは冷暖房，衛生動力や照明等のエネルギー消費に伴う排出がおもなものであり，電力消費による火力発電所での間接的な排出が特に多い．

LCA からすると，$CO_2$ 排出量は，鉄やコンクリート，非鉄金属，木材等の素材選択とその量が重要で，建物寿命が長いほど 1 年あたりの排出量が少なくなり，運用時における排出量の方が相対的に大きくなる（図 14.6）．

現状で用意されている環境負荷指標は，$SO_2$，$NOx$ [17]，$CH_4$ と CFC，HCFC，HFC 等の冷凍機冷媒についても排出量計算ができるので，それらの評価は可能である．特に解体廃棄段階での環境影響項目としては $CO_2$ だけでは不十分であり，解体時のアスベスト処理や発泡断熱材の

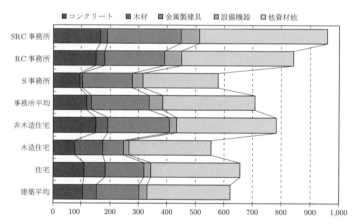

**図 14.4 ● 建築用途別床面積あたりの建築 $LCCO_2$ 排出量 [$kgCO_2/m^2$]**
（2005 年・海外・資本形成含む）［建設部門産業連関表より推計］

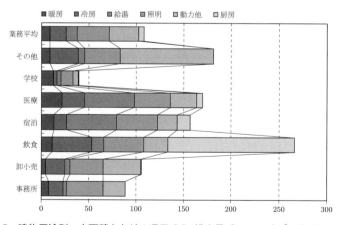

**図 14.5 ● 建物用途別・床面積あたりの運用 $CO_2$ 排出量 [$kgCO_2/m^2$ 年]**（2005 年度）

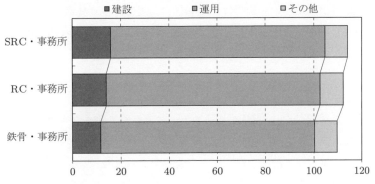

**図 14.6** ● 建築 LCCO$_2$ 排出量 [kgCO$_2$/m$^2$ 年]（構造別・事務所，2005 年）
［建物寿命は減価償却資産の耐用年数想定，鉄骨は 50 年，RC，SRC は 60 年として計算した.］

CFC 類の処理，建設廃棄物中間処理におけるダイオキシンその他の有害物質排出や廃棄物最終処分場の環境影響なども重要である．元来の建築 LCA としては，CO$_2$ だけでなく平行して多様な環境影響項目について評価すべきものである．

### 14.4.2 木造住宅 LCA

日本では戦後の拡大造林による大量の杉材が伐期を迎えているが，輸入木材に押されて国産材の需要が伸びず材木価格が低迷，日本の林業は疲弊し，間伐と再植林が進まず人工林が荒れ国土保全にも支障をきたしている．持続可能な社会と強靭な（resilient）国土を再建するには余っている国産杉材を活用して日本の林業を立て直さなければならない．2010 年に公共建築木材利用促進法が施行されたが，状況はなかなか打破できていない．国産木材のおもな利用先はやはり住宅である．そこで国産材利用に着目した木造住宅の LCA を行った[18]．省エネルギー，長寿命，化学物質を使わない健康影響にも配慮した環境優良住宅を，国産杉材を多用し伝統軸組構法で造った住宅を典型平均的な木造住宅と比較した（図 14.7）．阪神・淡路大震災以来，木造住宅でも基礎に床下一面にコンクリートを打設する構法が普及しその建設 CO$_2$ 排出量が大きいが，木造住宅で基礎のコンクリート使用量を削減しかつ長寿命であれば LCCO$_2$ をかなり削減できる．伝統構法では石場建というほとんどコンクリートを使わない構法もあり，石場建は耐震性も実験で確認されており，江戸時代からの匠の技を伝承する効果もあり，総合的な LCA 評価において見直されてよい手

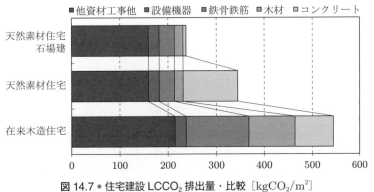

**図 14.7** ● 住宅建設 LCCO$_2$ 排出量・比較 [kgCO$_2$/m$^2$]

法である[18]. $CO_2$排出量だけの評価では国産杉材の利用による森林側の副次的環境効果をLCAに取り込むことが難しいが，住宅単体だけでなく素材としての木材とその供給源としての森林をも評価対象に含んだ新しいLCAが試みられている[18].

### 14.4.3 低炭素社会のLCA——ヒューマンライフサイクル排出量

生活のLCAも不可能ではない．HLCE（ヒューマンライフサイクルエミッション）という生活誘発排出評価指標を作成し，$CO_2$について試算した[19][20]．図14.8はその例である．住宅と職場（業務建築）でのエネルギー消費や自家用車や公共交通の利用，**環境家計簿**などはフロー（消費支出）だけの部分的な環境影響評価であるが，固定資本の損耗すなわち住宅，業務建物の建設や都市基盤施設等も寿命想定から年間償却相当分を計上し加算した．住宅直接エネルギー消費は日常生活における給湯（風呂），厨房，暖冷房，照明，家電機器等のエネルギー消費に伴う排出を世帯あたりから1人あたりに換算したものである．公共交通は小さいが自家用車燃料は大きい．また，食品その他の日常生活購入品の製造輸送からの誘発排出も大きい．東京都区部，地方都市，農村等の地域的な生活様式や都市基盤施設状況の違いがHLCEに影響することを示している．全国各地で造られた生活物資が流通しているばかりでなく，世界的な市場経済のもと各種製品が輸出入され，大型発電所と広域供給体系による日本の電力需給構造では，各地域での生活や生産と温室効果ガスの排出場所は一致しない間接的な排出寄与が大きいので，他地域への間接的な誘発排出量を加算して評価しなければ削減対策の効果を正確に評価できない．したがって，自治体別の排出削減政策評価においては狭い地域での直接排出量を評価対象にしても無意味であり，すべての誘発排出を総合したこのHLCE指標は地域別の排出削減対策効果の評価や低炭素都市地域開発に適用できるほかにない評価手法である．地域別に正確な値を算出するには公表統計だけでは限界があるが，インターネットを活用した情報収集や限られた情報からの想定等，工夫をし，できるだけ実態に近いと考えられる値を算出することにより，HLCEを用いて排出削減可能性を定量分析することが可

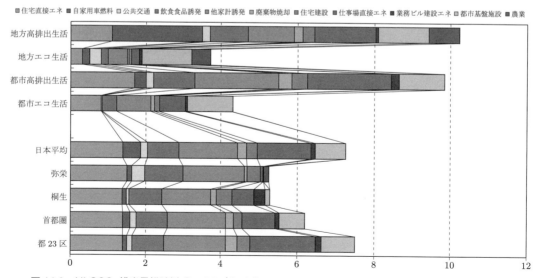

**図14.8**●HLC$CO_2$排出量推計例［kg$CO_2$/人・年］
（桐生（群馬県）は地方都市の例．弥栄（島根県，現在は浜田市の一部）は農村の例．高排出，エコ生活は想定）

能になる.

　工業製品の生産から流通販売を含めたカーボンフットプリントを数値化し公開する動きがあるが，生活形態や購入品の選択を通じてライフスタイルによる違いをHLCEにより評価し，環境負荷を最小化する生活を工夫して競い合う時代がきている．

### 14.4.4　これからのLCA手法

　日本のLCAでは排出量比較評価にとどまる例が多いが，大気中寄与濃度での評価[21][22]や健康影響を評価するLCAも可能である．現状では単に計算できた排出量の多少を比較しているだけの例が多く，それでは元来のLCAの趣旨にほど遠い．ある欧州のLCAの研究書[23]では相当のページをさいて健康影響評価について論じている．将来的にはLCAと環境リスク評価を統合したような真のLCAが可能になるであろう．また，社会的（social）LCAといわれるより総合的な評価への発展も期待される．評価すべき項目が環境影響だけでないのは自明のことである．環境影響への関心が高まり社会的にも取り入れられるようになるにつれて，従来型の地域環境問題，気候変動やオゾン層破壊，砂漠化などの地球規模環境問題，あるいはPOPs（長期残留性有機汚染物質）など地球規模の汚染，そしてリサイクルと廃棄物問題，さらに資源枯渇の問題といった多方面な環境影響を同時に考えなければならなくなってきた．それらを止揚して資源生産性（resource productivity）を追求しようとする考え方も普及している[24]．最近では工業製品の生産流通販売における資源消費量を企業グループ全体で追跡してマテリアルフローとして世界的に評価する手法の開発を進める動きもある．上述のHLCEは$CO_2$排出量についてだけ示したが，将来は資源消費や廃棄物環境負荷も含めた総合評価に発展させることができるようになるとよいと期待している．

　評価手法の開発も重要ではあるが，評価の目的を見失わないよう，真に環境影響を最小化しようという強い意志，熱い思いをもって現在利用できる手法を活用して実践的にLCAに取り組むことこそが肝心である．

### ●参考文献●

[1]　日本電気株式会社：環境影響評価書—日本電気本社ビル建設事業—，1985
[2]　サッポロビール株式会社：環境影響評価書—サッポロビール恵比寿工場跡地再開発事業—，1990
[3]　三井不動産株式会社：川崎鹿島田三井住宅開発計画に伴う環境影響評価報告書，1983
[4]　環境影響評価情報支援ネットワークホームページ：環境影響評価法の概要，2002
[5]　鹿島建設環境開発部：環境アセスメントの実務，鹿島出版会，1987
[6]　社団法人 日本環境アセスメント協会：環境アセスメント入門研修会テキスト，2000
[7]　GBC' 98 Assessment Manual, Vol.1,2,3,4, R.Cole, N.Larsson, 1998
[8]　Building Research Establishment Environmental Assessment Method, (BREEAM), Building Research Establishment, Version 1,2,3,4,5,/93
[9]　Building Environmental Performance Assessment Criteria (BEPAC), Version 1, Office Buildings, British Columbia, 1993
[10]　LEED Green Building Rating System™ 2.0, U.S. Green Building Council, 2000
[11]　久保田徹，三浦昌生：環境モニターによる居住環境評価手法の一提案，日本建築学会計画系論文集，第538号，pp. 45-52，2000

［12］三浦昌生，水野歩，猪熊周平，久保田徹：自治会を対象としたアンケート調査とケーススタディ対象地域の選定〜自治会との協調に基づく地区スケールの住環境マップの作成手法と利用可能性に関する研究　その1，日本建築学会大会（北陸）学術講演梗概集，環境工学 I，pp. 891-892，日本建築学会，2002
［13］日本建築学会（外岡豊分担）：建築の LCA 指針―温暖化・資源消費・廃棄物対策のための評価ツール改訂版，日本建築学会編，丸善，2013，日本建築学会 https://www.aij.or.jp/，LCA 評価手法検討小委員会 http://news-sv.aij.or.jp/tkankyo/s5/
［14］伊坪徳宏，稲葉敦：LIME2 意思決定を支援する環境影響評価手法，産業環境管理協会，2010，LIME3 開発中，lime3.jimbo.com
［15］外岡豊，本藤祐樹，内山洋司：LCA への基礎解析―素材生産の排出原単位分析，エネルギーシステム・経済環境コンファレンス講演論文集 第 15 回，1999
［16］本藤祐樹，森泉由恵，外岡豊，神成陽容：1995 年産業連関表を用いた温室効果ガス排出原単位の推計，日本エネルギー学会誌，Vol. 81, No. 9, pp. 828-844, 2002
［17］本藤祐樹，外岡豊，内山洋司：産業連関表を用いたわが国の生産活動に伴う環境負荷の実態分析，電力中央研究所報告 Y97017,（データ集・付録），1998
［18］Tonooka,Y. H.Takaguchi, K.Yasui, T.Maeda：Life Cycle Assessment of Domestic Natural Material Wood House, Energy Procedia, 2014.pp. 1634-1637, DOI:10.1016/j.egypro.2014.12.313
［19］日本建築学会（1999）環境対策 WG 報告（地球環境委員会環境管理小委員会）1998 年度
［20］外岡豊ほか：HLCE ヒューマンライフサイクルエミッションによる地域排出水準評価，エネルギーシステム・経済・環境コンファレンス講演論文集 27, pp. 371-374, 2011
［21］外岡豊，本藤祐樹，内山洋司，神成陽容，佐藤治：大気環境影響濃度を考慮した LCA 手法，エネルギー・資源学会研究発表会講演論文集 第 18 回，1999
［22］外岡豊：トリップ・エネルギー分析による交通環境影響評価，社会科学論集 Vol. 99・100, p. 91-112, 2000
［23］Hofstetter, P.：Perspectives in Life Cycle Impact Assessment -A Structured Approach to Combine Models of the Technosphere, Ecosphere and Valuesphere, Kluwer Academic Publishers, 1998
［24］Gross, R. and T.J. Foxon：Policy support for innovation to secure improvements in resource productivity, International Journal of Environmental Technology and Management, 2002

## おわりに

　2011年の東日本大震災の発生を受け，尾島俊雄名誉教授の指導のもと，本書の姉妹編となる『都市環境から考えるこれからのまちづくり』の企画・編集に着手した．その作業と並行して，本書の改訂を行うこととなった．

　まず，尾島教授が序章について率先して修正されコンパクトな論説とされた．それを受け，改訂の全体方針を編集幹事の私と渡辺が話し合った．その方針をもとに，各執筆者が古い記述やデータを更新した．第4章には，渡辺氏が東日本大震災に関して執筆した「巨大地震の広域影響」を加えるとともに，増田氏が防災に関して執筆した「事業継続の取り組みと建築・都市のレジリエンス」を加え，さらなる内容の充実を図った．また，読者にとってよりわかりやすいようページレイアウトを見直すとともに，表紙デザインを一新して改訂をアピールした．

　こうした改訂作業を編集幹事として取りまとめながら感じたことは，都市環境はたえず変化を続けているものの，そのあるべき姿は不変であることである．本書は初学者が都市環境学の基礎を学ぶ教科書を志向しているが，本書に通底する都市環境とインフラストラクチャーの整備に関する基本的な考え方は初版から変わらない．

　2001年7月に私と渡辺氏が尾島教授を訪ね，それまで練られていた都市環境学教材の出版企画をもとに，詳細な目次と執筆分担の作成を始めた．そうやって出版に辿りついた初版を読者にご評価いただき改訂に至ったことは大変な光栄である．本書が都市環境学の導入編として，引き続き学生や一般の方々に広く読まれることを願わずにはいられない．

編集幹事　三浦昌生

　本書は，初学者が都市環境学の基礎，特に高度経済成長期から21世紀初頭までの都市環境形成過程を主として学ぶものである．それが読者の共感を得て改訂版の発行に至ったことは，この分野の重要性が徐々に社会に浸透していることを示すことでもあり，編集幹事の一人として率直に嬉しく，そして光栄に感ずるところである．

　本改訂では，経年に伴う資料・記述の更新とともに，東日本大震災を経て再認識が必要となった都市災害に関する追記を施した．とはいえその内容は，あくまでも初学者向けの基本的な事項にとどめており，これを踏まえてさらに学修や研究を深めていただきたいと希望している．

東日本人震災は，地震動・津波・放射能汚染の直接的な被害地域のみならず，東京をはじめとする全国の都市に大きな影響を及ぼし，都市のあり方そのものに再考を迫り，当然，都市環境の教科書にも影響を及ぼすこととなった．そのため改訂議論の当初から，別途，これからの都市環境を考えるための姉妹本の企画・編集を進めている．これも都市環境を考究する手掛かりを与えてくれるものと思う．

　多勢の執筆者による本書の編集は，編集幹事だけでなく出版社の支援が不可欠であった．適切な激励と助言に，編集幹事は時に奮起し，時に沈思し，編集作業を遂行することができた．森北出版株式会社の森北博巳氏，石田昇司氏そして丸山隆一氏に謝意を表するものである．

編集幹事　渡辺浩文

# 索引

**英数字**

1次エネルギー　120
1次処理　157
2次エネルギー　120
2次処理　157
2方向受電　128
3次元　80, 85
BCP　60
BEPAC　211
BREEAM　211
CASBEE　211
CHP　141
DEP（ディーゼル車排ガス粒子状汚染物質）　40
DID 人口密度　187
DID 面積　12
GBTool　211
GCP　72
GIS　66
ISO14001　200
ITS　131
$k$-$\varepsilon$ 型 2 方程式モデル　84
LCA　206, 217
LCP　60
LEED　211
Navier-Stokes の方程式　82
NGO　199
NMHC（非メタン炭化水素）　35
NOC　130
NPO　199
PDCA サイクル　190
pixel　71
PM2.5（微小粒子状物質）　34
PM 規制　40
SBTool　211
SET*　85
SPEEDI　52
SPM（浮遊粒子状物質）　34
think globally, act locally　189
UTM 座標系　68
WHO　213

**あ行**

アジェンダ21　196
アムステルダム宣言　106
アンサンブル平均　84
安政江戸地震　53
安全性　213
位置情報　66
一般局　35
移動の代替性　131
移動発生源　185
インテリジェントシティ　129
インテリジェントビル　129
インフラストラクチャー　110
ウィンドファーム　138
雨水貯留施設　163
雨水貯留槽　163
渦相関法　23
渦粘性近似モデル　91
海風　30
運動量の輸送　79
栄養塩類　161
エコショップ　201
エネルギー散逸率　83
エネルギー消費原単位　30, 118
エネルギーフロー図　142
エネルギーペイバックタイム　138
延焼市街地分布　53
オーバーレイ　95
屋外温熱環境解析　87
屋上緑化　31, 105
汚染物質の輸送　79
オゾン層破壊　11
汚泥処理　157
オフショア型　138
卸供給の自由化　143
温室効果ガス　75
温度勾配　20
温度の輸送方程式　82
温熱快適性指標　85
温熱環境緩和効果　87

**か行**

カーフリーデー　189
街区形態　87
街区スケール　79
解体廃棄段階　217
快適性　213
外部空間　10
海陸風　104
加害者と被害者　15
拡散作用　83
ガス化溶融　172
風環境評価尺度　103
化石資源　136
風の道　191
河川の自然流水　160
画素　71
過疎化　197
学校版 ISO　201
活性汚泥法　157

家庭版 ISO　201
可燃ごみ　167
ガバナステーション　135
ガバナ（整圧器）　135
カラー画像合成　72
環境アセスメント　190, 206
環境アセスメント制度　206
環境影響評価　190, 206
環境影響評価法　207
環境家計簿　220
環境観測システム　191
環境関連産業　197
環境基準　34
環境基本計画　169
環境基本法　11
環境教育　200
環境共生型都市　184
環境共生建築　210
環境自治体　200
環境シミュレーション　79
環境負荷評価指標　177
環境マイスター　201
環境モニター　215
環境リスク評価　221
環境理念　191
環境緑地　106
管渠路線　156
乾式工法　179
完熟堆肥化　170
関東大震災　52
気温感応度　31
気温低減効果　81
幾何補正　72
帰還困難区域　52
危機管理意識　48
気候学的視点による提言　99
気候の緩和効果　103
気候分析図　95
気候要素　95
帰宅困難者　51
客観評価　206
キャブシステム　117
吸収式冷凍機　150
境界条件　85
行政区域単位　95
共同溝　115
共同溝整備道路　115
共同溝法　115
共同体意識　55
京都議定書　11, 184
業務核都市　28

225

| | | |
|---|---|---|
| 居住水準 185 | 106 | 持続可能な開発 196 |
| 居住制限区域 52 | 国際標準化機構 200 | シティウォール 100 |
| 切土・盛土境界 49 | 国際標準試験方法 40 | 指定廃棄物 52 |
| 緊急対応 46, 76 | 国勢調査 12 | 自動車社会 203 |
| 近郊都市 122 | 国土インフラストラクチャー 111 | 自動車排ガス測定局（自排局） 35 |
| 空間線量率 52 | コジェネレーションシステム 128 | 自動料金収受システム 131 |
| クールスポット 104 | 固定資産税概要調書 30 | 地場産業 197 |
| 区画整理 55, 56 | 固定発生源 185 | 地盤液状化 50 |
| 草の根型の支援制度 198 | 個別循環方式 162 | 市民参加 189, 199 |
| クライシスマネジメント 62 | ごみのパイプ輸送 111 | 市民の共同出資 140 |
| クラインガルテン 107 | コミュニティーガーデン 107 | 社会システム整備 189 |
| グリーン税制 197 | コルモゴロフのマイクロスケール | 社会資本 110 |
| グリーン電力料金制度 202 | 83 | 集積所 167 |
| グリーンベルト 106 | 混合層理論 20 | 集中豪雨 163 |
| グリッドデータ 67 | コンバインドサイクル発電 134 | 住民主体のまちづくり 202 |
| クリマトープ 95 | コンパクトシティ 203 | 主観評価 206 |
| グローバル化する環境問題 140 | | 取水場 156 |
| グロス建ぺい率 102 | **さ 行** | 主体 9 |
| 計画アセスメント 207 | サーバーセンター 111 | 循環型利用 162 |
| 計画停電 51 | サーマルリサイクル 169 | 循環し続ける建材 179 |
| 継承 189 | 災害危険区域 49 | 循環利用 113 |
| 慶長津波 49 | 災害対応力強化対策 46 | 純放射 19 |
| 下水管渠施設 157 | 災害対策基本法 47 | 省エネルギー 189 |
| 下水処理 157 | 災害発生防止対策 46 | 障害者 215 |
| 下水道 123 | 災害発生抑止能力 43 | 貞観地震津波 49 |
| 下水道施設 155 | 再資源化率 175 | 蒸気 146 |
| 健康影響評価 221 | 最終処分 52, 167 | 焼却 167 |
| 健康性 213 | 最終処分場 167 | 焼却灰 169 |
| 減災 49 | 再使用 169 | 蒸散による潜熱放散 85 |
| 建設企画段階 217 | 再生可能エネルギー 136 | 省資源・循環 189 |
| 建設混合廃棄物 175 | 細密数値情報 13 | 浄水場 156 |
| 建設発生土 173 | サウンドスケープ 204 | 上水道施設 155 |
| 建設副産物 173 | 産業型公害 11 | 蒸発 19 |
| 建設リサイクル法 173 | 産業廃棄物 166 | 蒸発効率 87 |
| 建築スケール 8 | 産業廃棄物処理業者 166 | 情報インフラストラクチャー 129 |
| 建ぺい率 102 | 産業用エネルギー消費量 10 | 情報基盤 189 |
| 減量・減化化 167 | 産業連関 217 | 消防・避難活動 57 |
| 高圧ライン 135 | 産業連関表基本表 217 | 昭和三陸地震津波 49 |
| 広域循環方式 162 | 酸性雨 133 | 職住分離 193 |
| 広域熱供給ネットワーク 151 | 三大都市圏 11 | 植生の生存機構 104 |
| 公益事業 111 | 市街化区域 123 | 除染実施区域 52 |
| 公園整備 56 | 市街化調整区域 123 | 除染特別地域 52 |
| 高温水 146 | 市街地拡大 12 | 処理残渣 169 |
| 公開空地 105 | 市街地建築物法 55 | 処理施設 157 |
| 郊外型店舗 192 | 自家発電設備 128 | 新エネルギー 136 |
| 公害対策基本法 10 | 事業系一般廃棄物 166 | 人工衛星ランドサット 14 |
| 公害防止条例 148 | 事業継続マネジメント 60 | 人工地盤上の緑化 105 |
| 工業化モデル住宅 179 | 事業系廃棄物 166 | 人口集中地区 12 |
| 公共事業 111 | 資源枯渇 221 | 人工排熱 20 |
| 工業用水 156 | 資源ごみ 167 | 人工排熱量 87 |
| 工業立地 10 | 資源循環型社会 202 | 震災関連死 49 |
| 高度経済成長 10 | 資源生産性 221 | 浸水深 49 |
| 高度処理 157 | 時刻別原単位 119 | 新耐震基準 49 |
| 合流式 157 | 地震動の周波数特性 49 | 人的・物の被害 44 |
| 高齢者 215 | 自然エネルギー 136 | 森林除染 52 |
| 国際規格 200 | 自然共生 189 | 水質汚染 15 |
| 国際住宅・都市計画会議（IFHP） | 事前対策 46, 76 | 水質環境基準 159 |

水蒸気（絶対湿度）輸送方程式　82
水蒸気の輸送　79
水分移動　19
数値シミュレーション　83
数値流体力学　79
スーパーごみ発電　172
スクラップ・アンド・ビルド　175
スクリーニング　207
スコーピング　207
スプラストラクチャー　110
スプロール現象　122
生活型環境教育　200
生活系廃棄物　166
生活行動範囲　187
生活用水　156
成長管理　190
生物学的処理　157
生物の棲息空間　105
世界測地系　69
世界保健機関　213
赤外線放射温度計　27
石油危機　10
潜在エネルギー量　140
占用物件配置標準　114
総合設計制度　105
総合モニタリング計画　51
送電施設　134
総量規制　40
属性情報　66
測地体系　68
粗大ごみ　167
粗度長　87

### た 行

タービン発電機　140
ダイオキシン問題　169
大気安定度　19
大気の乱流拡散　79
大気放射　19
大気乱流モデル　93
体験学習　200
代謝量　85
耐震改修促進法　49
大深度地下　118
代替エネルギー　136
代替水源　161
堆肥化　169
太陽電池パネル　129
対流　19
対流・放射・湿気輸送連成解析　85
託送料金　143
宅地利用動向調査　13
多重防御　49
ダストドーム　20
多世代居住地域　192
脱焼却・脱埋立　169
建物用途別エネルギー消費原単位

建物用途別延べ床面積　30
ダム貯水池　160
短波長放射　19
地域エネルギー供給システム　133
地域コミュニティ　200
地域循環システム　112
地域循環風系　104
地域省エネルギービジョン　198
地域新エネルギービジョン　198
地域通貨　197
地域のアイデンティティ　205
地域の気候　103
地域分断　105
地域防災計画　46
地域防災計画・原子力災害対策編　52
地域メッシュ統計　67
地域冷暖房　111, 144
地域冷暖房推進地域　148
地下水位　19
地下埋設物　114
地球温暖化　11
地球温暖化ガス　133
地球温暖化対策の推進に関する法律　184
地球温暖化防止京都会議　11
地球環境・建築憲章　189
地球環境問題　10, 133
地球サミット　196
地球スケール　8
地区ガバナ　135
地区循環方式　162
地区詳細計画　98
蓄熱槽　147
地産地消　197
地上解像度　71
地中化　128
地表面の凸凹　93
着衣量　85
中圧Ａライン　135
中圧Ｂライン　135
中間処理　167
中間貯蔵施設　52
中高層集合住宅団地　100
柱上変圧器　134
中心市街地活性化法　192
中水道　111
沖積層　55
長期残留性有機汚染物質　221
超高圧変電所　134
長周期振動　50
長寿命　189
長寿命化　180
長波長放射　19
直接供給　143
直列構造　142

直下型地震　53
地理情報システム　66
通勤・移動負担の削減　131
月別原単位　119
津波シミュレーション　49
低圧ライン　135
ディーゼル車NO（ノー）作戦　40
低位発熱量　140
低層住宅地　100
データセンター　111, 130
適風域　103
デジタル標高モデル（DEM）　67
テレワーク　131
電気事業法　143
電子商取引　131
電線共同溝（C・C・BOX）　117
テンソルの表記法　83
伝導　19
天然素材　179
電力使用制限　51
東京市政調査会　56
道路管理者　115
道路占用位置　114
道路の付属物　115
道路幅員　114
都市インフラストラクチャー　111
都市ガス　123
都市型公害　11
都市環境管理　184
都市環境気候図　94
都市環境クリマアトラス　94
都市環境データベース　191
都市気候　18
都市機能障害　44
都市計画区域　122
都市計画法　55
都市景観　134
都市洪水　164
都市災害　52
都市施設　110
都市スケール　8, 79
都市整備事業　111
都市的な生活様式　12
都市のコンパクト化　125
都市の自然喪失　15
都市マスタープラン　199
土壌還元　169
都心資産　193
都心資産の再活用　193
トータルエネルギーシステム　154
土地区画整理　125
土地被覆　28
土地被覆分類　72
土地利用　28
ドーナツ化現象　194
トリハロメタン　161

## な 行

内陸型気候　30
ナビゲーションシステム　131
生ごみリサイクル　202
軟弱地盤地　49
二酸化炭素の排出量削減　95，184
二重投資　194
日射反射率　87
日本測地系　69
人間の活動総量　107
熱汚染　18
熱供給事業法　144
熱供給のネットワーク　151
熱収支　20
熱中症　31
熱電比　141
ネット建ぺい率　102
ネットワーク化　128
熱の輸送　79
熱併給発電所　151
年間エネルギー消費原単位　119
燃料電池　143
農業廃棄物　197
ノード（結節点）　130

## は 行

廃棄物処理法　166
配水場　156
配電用変電所　134
パイロット調査　214
パークアンドライド　189
ハザード　45
ハザードマップ　46，76
破砕　167
バックアップ　128
発生抑制　169
パーティクルボード　178
パートナーシップ　199
バブル経済崩壊　11
阪神・淡路大震災　44，53，126
非圧縮性流体　89
ヒアリング　215
ビオトープ　107，203
被害想定　46
東日本大震災　44
非構造部材　50
被災状況の想定　127
非循環型利用　163
非適風域　103
ヒートアイランド強度　26
ヒートアイランド現象　18
ヒートアイランド対策関係省連絡会議　31
ヒートアイランド対策大綱　31
避難指示解除準備区域　52
避難場所　58
兵庫県南部地震　53

標準型の $k$-$\varepsilon$ モデル　92
標準地域メッシュ　68，73
表面温度　27
ビル風　102
風速増速領域　92
風速低減　85
風速ベクトル　87
風洞実験　100
風力発電　137，202
蓋掛け式 U 字型溝　117
復旧・復興対策　46，76
物質循環　15，169
不燃ごみ　167
プラスチック製の容器包装　171
プラットフォーム　70
プレート型地震　53
ブロック化　128
文化遺産　45
分光反射特性　71
分散型地域エネルギープラント　111
分散電源の配置　143
分流式　157
平均放射温度 MRT　85
平面直角座標系　69
壁面緑化　105
ベクトルデータ　66
防災緑地　106
放射　19
放射計算　80
放射収支　19
放射性廃棄物の処理　134
補助水資源　161
保水性建材　87
ボトムアップ　199
ポンプ場　157

## ま 行

マイクロガスタービン　154
マスキー法　39
マテリアルリサイクル　169
マルチスペクトルデータ　71
ミクロスケール　79
水の代謝　160
乱れの運動エネルギー　83
密集市街地　53
宮城県沖地震　49
未利用エネルギー活用型地域冷暖房　140
民生　28
明治三陸地震津波　49
明暦の大火　53
メソスケール　79
メッシュデータ　67
木質バイオマス　139
盛土　49

## や 行

山谷風　104
有機性廃棄物　169
有機野菜　169
ユーティリティトンネル　151
ユニバーサル横メルカトル図法　68
容器包装リサイクル法　171
用途複合建物　194
用途別延床面積　118
用途別水使用　161
溶融固化　172
四日市ぜんそく事件　33
四大公害病　10

## ら 行

ライフサイクルアセスメント　112，206，217
ライフサイクルコスト　112
ライフサイクル二酸化炭素排出量　112
ライフライン　44，50，126
ライフラインの機能停止　126
ラスターデータ　66
ランドサット　70
乱流エネルギー　83
乱流渦　83
乱流拡散　83，85，92
乱流水蒸気フラックス　84
乱流熱フラックス　84
リアルタイム被害推定システム　76
リサイクルウッド　179
リサイクル型エネルギー　136
リサイクル関連法　202
リサイクルレンガ・タイル　179
リスク　45
リダンダンシー　130
リフォーム工事　180
利便性　213
リモートセンシング　58，70
流体計算　80
緑地　57
臨海コンビナート　10
ループ化　128
冷気流　81，98
冷水　146
レイノルズ応力　84
レイノルズ数　83
冷房排熱　29
レジリエンス　60
連続式　82
ローカルアジェンダ　196
ロサンジェルス・スモッグ　39
路面流出雨水　163

| 編集担当 | 丸山隆一（森北出版） |
|---|---|
| 編集責任 | 石田昇司（森北出版） |
| 組　版 | 日本制作センター |
| 印　刷 | ディグ |
| 製　本 | 同 |

都市環境学（第 2 版） 　ⓒ 都市環境学教材編集委員会　*2016*

2003 年 5 月 10 日　第 1 版第 1 刷発行　【本書の無断転載を禁ず】
2014 年 10 月 10 日　第 1 版第 6 刷発行
2016 年 6 月 10 日　第 2 版第 1 刷発行
2025 年 3 月 10 日　第 2 版第 5 刷発行

| 編　者 | 都市環境学教材編集委員会 |
|---|---|
| 発行者 | 森北博巳 |
| 発行所 | 森北出版株式会社 |
| | 東京都千代田区富士見 1-4-11（〒102-0071） |
| | 電話 03-3265-8341／FAX 03-3264-8709 |
| | https://www.morikita.co.jp/ |
| | 日本書籍出版協会・自然科学書協会　会員 |
| | JCOPY ＜(一社)出版者著作権管理機構　委託出版物＞ |

落丁・乱丁本はお取替えいたします．

**Printed in Japan／ISBN978-4-627-55252-4**